中文版

Creo Parametric 5.0 模具设计实例教程

詹建新　主编

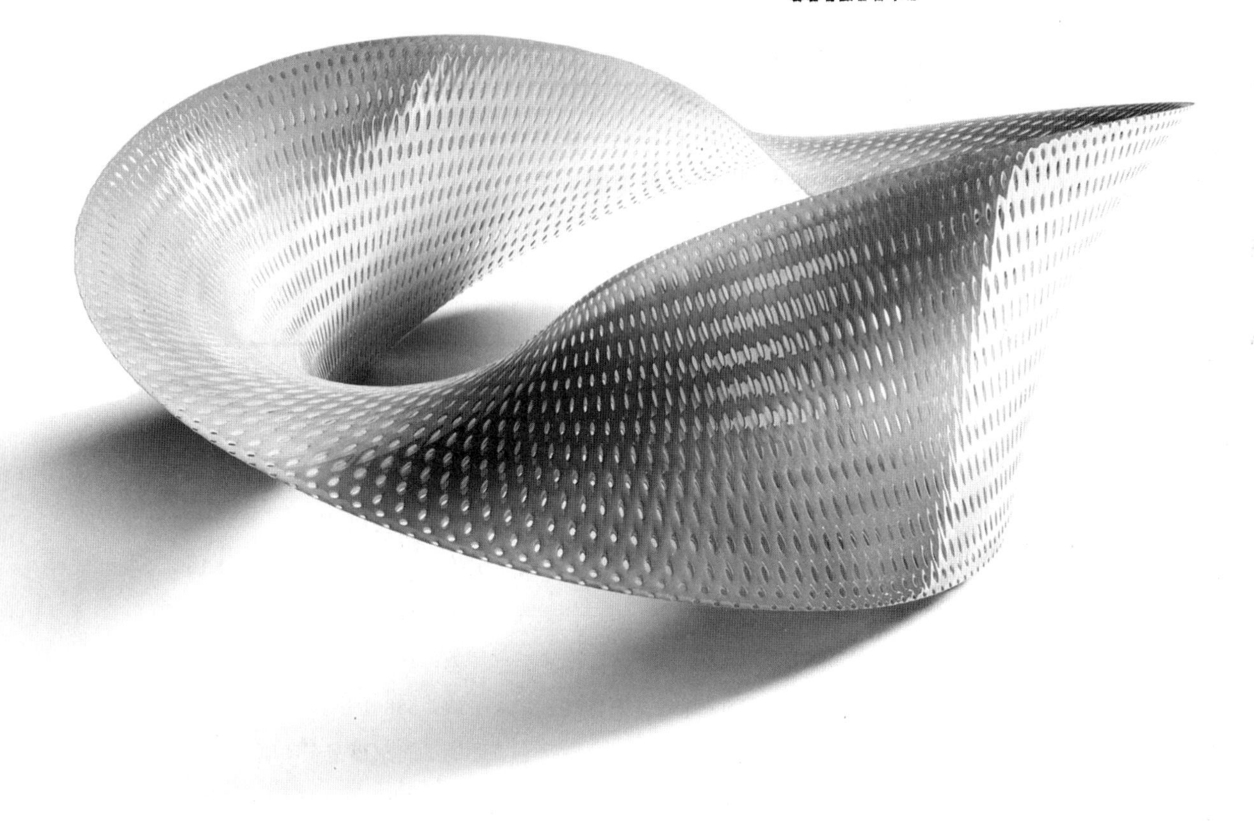

北京希望电子出版社
Beijing Hope Electronic Press
www.bhp.com.cn

内容简介

本书共分 18 个项目。每个项目都从产品造型开始讲解，逐步深入到收缩率、工件、分模线、分型面、抽取零件等设计环节，每个实例都自成一个完整的流程。通过本书的学习，读者不仅能够掌握 Creo 软件的基本操作，完成滑块、斜顶、镶件等常用模具零件的设计方法，熟悉两板模与三板模的结构及区别，还能够独立完成生产中常用模具的结构设计。全书内容深入浅出，针对性强，图文并茂，讲解细致。

作者在编写本书时，综合考虑模具企业一线工作岗位中 Creo 模具设计常用知识点，所选案例具有典型性，能够解决模具生产与设计中的实际问题。

本书不仅能满足职业院校、本科院校学生的学习需要，也能作为本科毕业生、硕士研究生毕业时创作毕业论文的参考书，还可以作为从事模具、机械制造、产品设计人员的培训参考教材，同时非常适合培训有志于在模具公司从事一线模具设计工作的人员。

图书在版编目（CIP）数据

中文版 Creo Parametric 5.0 模具设计实例教程 / 詹建新主编. -- 北京 : 北京希望电子出版社, 2019.8

ISBN 978-7-83002-690-5

Ⅰ. ①中… Ⅱ. ①詹… Ⅲ. ①模具－计算机辅助设计－应用软件－教材 Ⅳ. ①TG76-39

中国版本图书馆 CIP 数据核字(2019)第 145529 号

出版：北京希望电子出版社
地址：北京市海淀区中关村大街 22 号
中科大厦 A 座 10 层
邮编：100190
网址：www.bhp.com.cn
电话：010-62978181（总机）转发行部
010-82702675（邮购）
传真：010-62543892
经销：各地新华书店

封面：深度文化
编辑：李　萌
校对：刘　伟
开本：787mm×1092mm　1/16
印张：16.5
印数：1~2000
字数：338 千字
印刷：北京市密东印刷有限公司
版次：2019 年 8 月 1 版 1 次印刷

定价：49.80 元

本书编委会

主　编： 詹建新

副主编（按照章节编写顺序排序）：

董海东　雷　芳　温法胜

李凌华　谢克勇

参　编： 李　桦

主　审： 杨向东

前 言

作者在编写本书时，综合考虑模具企业一线工作岗位中Creo模具设计常用知识点，与当前职业院校学生的实际情况，精心挑选出来的相关典型实例，不仅非常实用，也颇具针对性，能解决实际问题，这些实例在多年的教学实践中得到学生的认可。

本书内容全面，所有实例的建模步骤都经过作者的反复验证，语言通俗易懂，讲解细致，能提高在校学生的学习积极性，即使没有Creo基础的学生和生产一线的企业员工，也能根据书中的操作步骤进行操作，实现无师自通。

本书共分18个项目，所选的实例非常经典，也不复杂，每个实例都讲得很深很透，广大教师可以在2～4节课连上的情况下完成教学任务。

本书的每个实例都从产品造型开始讲解，逐步深入到收缩率、工件、分模线、分型面、抽取零件等设计环节，每个实例都自成一个完整的流程。通过本书的学习，读者不仅能掌握Creo软件的基本操作，完成滑块、斜顶、镶件等常用模具零件的设计方法，熟悉两板模与三板模的结构及区别，还能够独立完成生产中常用模具的结构设计。全书内容深入浅出，针对性强，图文并茂，讲解细致。

本书重点讲解了两板模与三板模的结构及区别，并讲解了EMX模架的加载过程，这是本书的特色，也是其他同类书籍中所没有的知识点。

本书不但能满足职业院校、本科院校学生的学习需要，也能作为本科毕业生、硕士研究生毕业时创作毕业论文的参考书，还可以作为从事模具、机械制造、产品设计人员的培训教材，非常适合培训有志于在模具公司从事一线模具设计工作的人员。

本书由广州华立科技职业学院詹建新担任主编，其中第 1 ～ 3 章由陕西工业职业技术学院董海东编写，第 4 ～ 6 章由东莞职业技术学院雷芳编写，第 6 ～ 9 章由广东省河源理工学校温法胜编写，第 10 ～ 12 章由湖南省郴州职业技术学院李凌华编写，第 13 ～ 14 章由广州市交通运输职业学校谢克勇编写，第 15 ～ 18 章由广州华立科技职业学院詹建新编写，全书由广州华立科技职业学院杨向东为主审，李桦老师负责本书案例的整理工作。

尽管编者为本书付出十分的心血，但书中疏漏、欠妥之处在所难免，敬请广大读者不吝指正。如果在使用过程对本书有任何疑问，请直接联系本书作者，作者将会在第一时间给您解答（QQ 号：648770340）。

本书配有实例建模图，请广大读者朋友按照图书封底介绍的方法下载。

编　者

目 录

项目 1 简单零件的模具设计

本章通过 1 个简单的实例，详细介绍 Creo Parametric 5.0 产品设计和模具设计的一般过程，如图 1-1 所示。

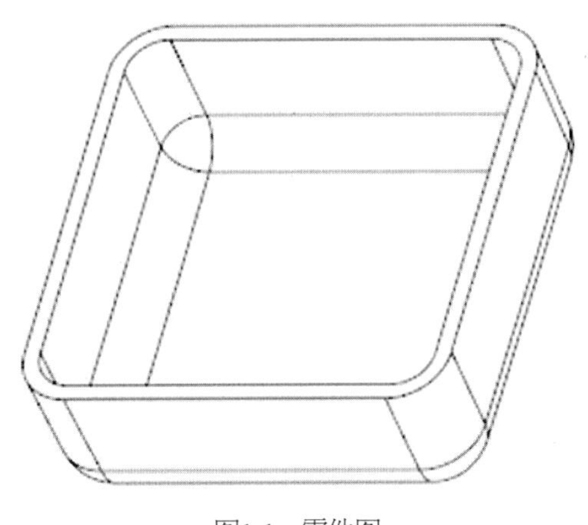

图1-1　零件图

1.1　产品设计

Step 01 在模具设计开始前，请先创建“E：\项目1”文件夹。

Step 02 启动Creo Parametric 5.0，在Creo Parametric 5.0的起始界面下单击“选择工作目录”按钮，如图1-2所示，选择“E：\项目1”为工作目录（所设计的零件图和模具图保存在该文件夹中，否则将会保存在Creo的起始目录中）。

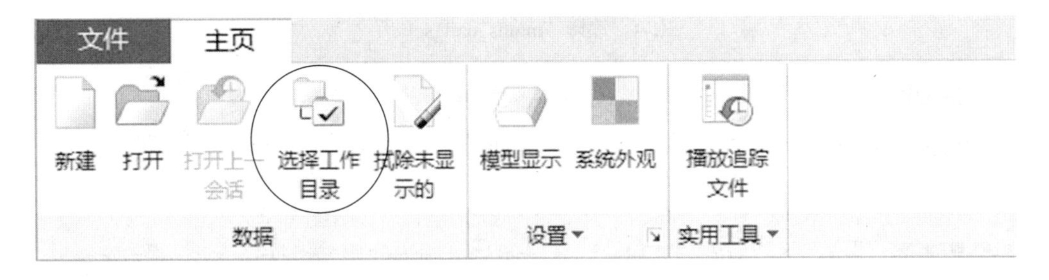

图1-2　单击“选择工作目录”按钮

Step 03 单击“新建”按钮，在【新建】对话框的“类型”选项区中选择“◉ 零件”，将“子类型”选为“◉ 实体”，输入文件名为“fanghe”，取消“□使用默认模板”的前的“√”，即取消选中状态，如图1-3所示。

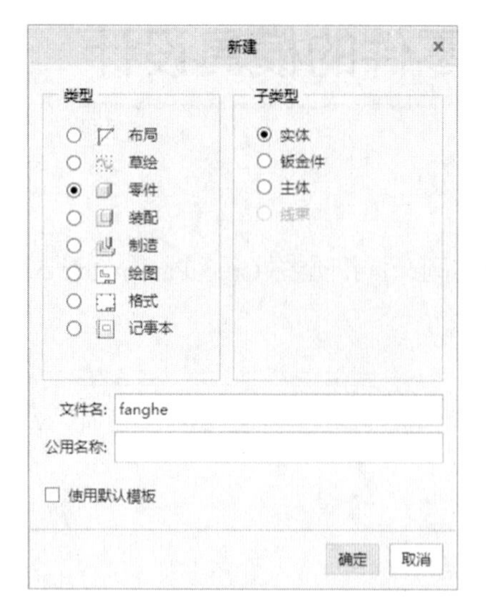

图1-3　设定【新建】对话框参数

Step 04 单击“确定”按钮，选择“mmns_part_solid”（单位为毫米·牛顿·秒，公制），如图1-4所示。

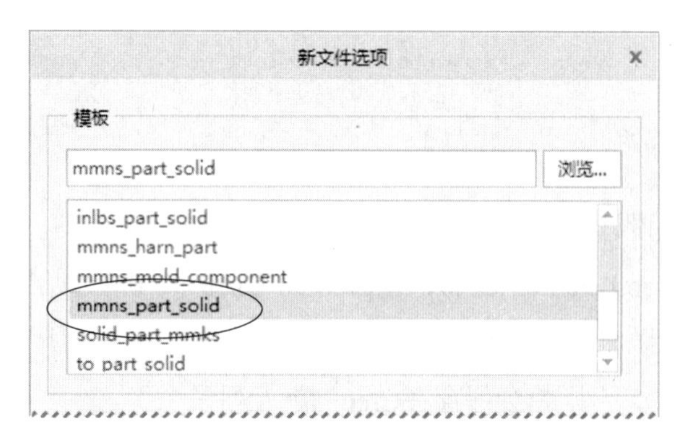

图1-4　选择“mmns_part_solid”

Step 05 单击“确定” 确定 ，进入建模环境。

Step 06 在横向菜单中单击“模型”选项卡，再单击“拉伸”按钮，如图1-5所示。

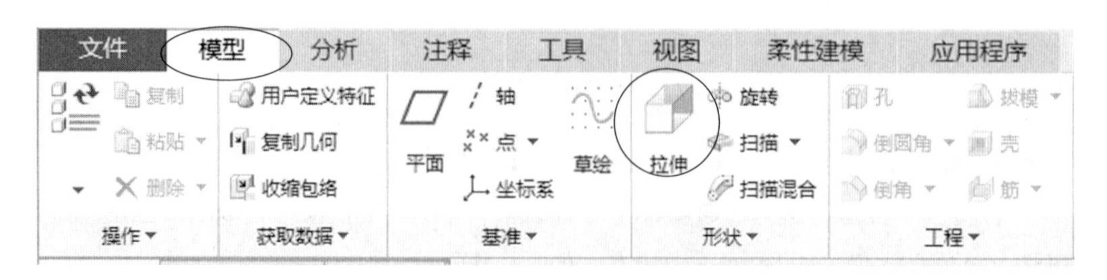

图1-5　单击“拉伸”按钮

Step 07 在“拉伸”操控板中单击“放置”按钮 放置 ，再在“放置”滑板中单击“定义”按钮 定义... ，如图1-6所示。

图1-6 单击“定义”按钮

Step 08 选择TOP基准面为草绘平面，RIGHT基准面为参考平面，如图1-7所示。

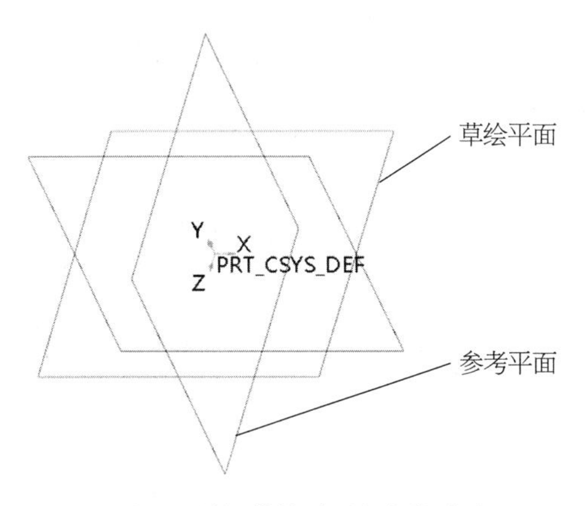

图1-7 选择草绘平面和参考平面

Step 09 在“草绘”对话框中“方向”下拉列表中选择“右”选项，如图1-8所示（方向向右的意思是在绘制草图时，RIGHT基准面的正方向向右）。

图1-8 “方向”选择“右”选项

Step 10 单击“草绘”按钮 草绘 ，进入草绘模式。

Step 11 单击“草绘视图”按钮，如图1-9所示，定向草绘平面与屏幕平行。

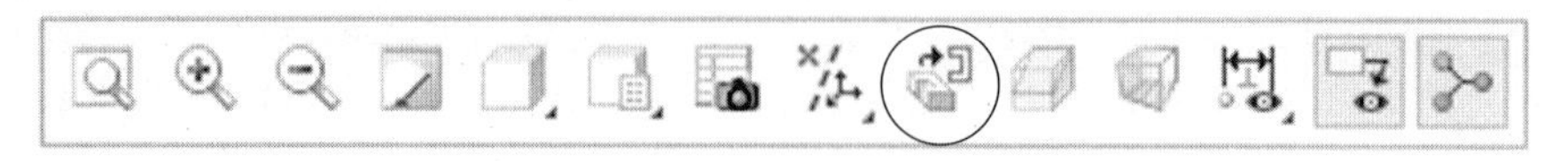

图1-9 选择“草绘视图”按钮

Step 12 单击“草绘”区域的“中心线”按钮，绘制一条水平中心线和竖直中心线。

Step 13 单击“重合”按钮，使水平中心线和竖直中心线与X轴、Y轴重合。

Step 14 单击“矩形”按钮，任意绘制一个矩形，单击鼠标中键，如图1-10所示。

Step 15 单击“对称”按钮，先选中A点，再选中B点，然后选竖直中心线，A、B关于竖直中心线对称，采用同样的方法，选中A点，再选中D点，然后选择水平中心线，A、D关于水平中心线对称，如图1-11所示。

Step 16 单击“相等”按钮，选中AB，再选中AD，设定线段AB与AD长度相等。

Step 17 单击“法向尺寸”按钮，选中尺寸标注，并改为80mm，如图1-11所示。

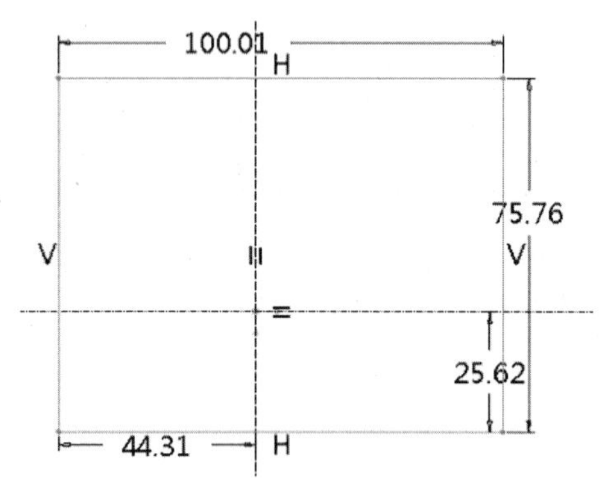

图1-10 绘制任意矩形

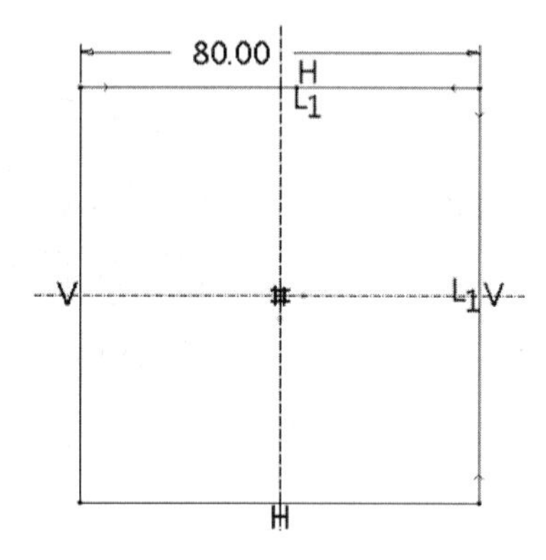

图1-11 修改尺寸标注

Step 18 在“草绘”操控板中单击“确定”按钮。

Step 19 在“拉伸”操控板中选择“拉伸为实体”按钮，单击“选项” 选项 按钮，在“侧1”下拉列表中选择“盲孔”选项，设置“深度”为30mm，在“侧2”下拉列表中选择“无”，选中“添加锥角”复选框，设置“锥度”为5°，如图1-12所示。

Step 20 单击“确定”按钮☑，创建一个拉伸特征，上表面大，下表面小（如果上表面比下表面小，请将锥度值改为−5°）。

Step 21 单击“倒圆角”按钮，在实体的4个拐角和底面边线处创建倒圆角特征（R10mm），如图1-13所示。

Step 22 单击“抽壳”按钮，选择上表面为移除的曲面，厚度为3mm，如图1-14所示。

图1-12 “拉伸”操控板

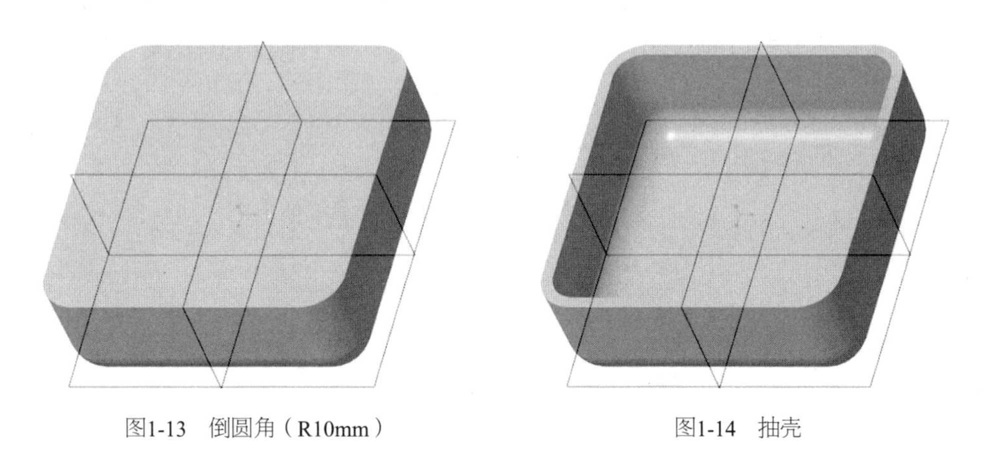

图1-13 倒圆角（R10mm）

图1-14 抽壳

Step 23 单击“保存”按钮，保存文件。

1.2 模具设计

1.2.1 进入模具设计环境

Step 01 单击“新建”按钮，在“新建”对话框的“类型”选项区中选中“◉

制造”，将“子类型”选为“◉ 模具型腔”，输入文件名为“fanghe_01_mfg”，取消“□使用默认模板”复选框的选中状态，如图1-15所示。

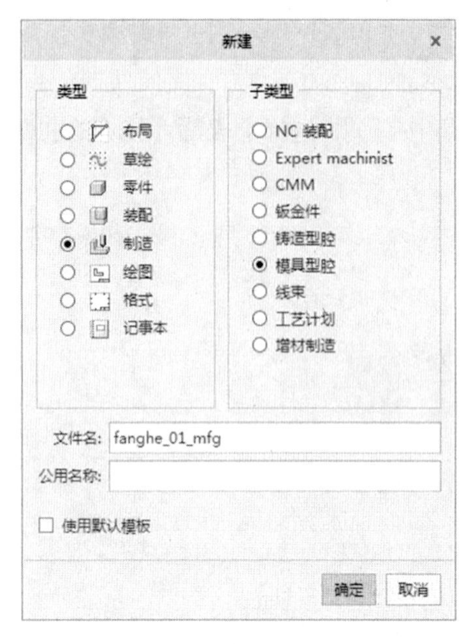

图1-15　选中“◉ 制造”，“子类型”为“◉ 模具型腔”

Step 02 单击“确定”按钮，在“新文件选项”对话框中选择“mmns_mfg_mold”（公制单位），如图1-16所示。（备注：模具设计图与零件图的单位必须一致。）

图1-16　选择“mmns_mfg_emo”

Step 03 单击“确定”按钮，进入模具设计环境。

1.2.2 加载参考模型

Step 01 单击“参考模型”按钮，再选择下拉菜单中的“定位参考模型”，如图1-17所示。

图1-17 “参考模型”按钮，再选“定位参考模型”

Step 02 选择“fanghe.prt”，单击“打开”按钮，在“创建参考模型”对话框中选择“◉按参考合并”，单击“确定”按钮 确定 ，如图1-18所示。

Step 03 在【布局】对话框中选择“◉单一”，如图1-19所示。

创建参考模型
参考模型类型
◉ 按参考合并
○ 同一模型
○ 继承
设计模型
名称: FANGHE
参考模型
名称: FANGHE_01_MFG_REF
公用名称:
确定 取消

图1-18 选择“◉按参考合并”

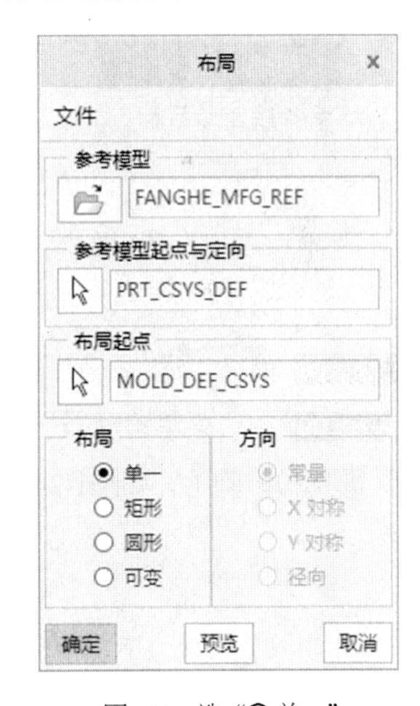

图1-19 选“◉单一”

Step 04 单击“预览”按钮，产品的侧面为双箭头方向（即拖拉方向），如图1-20所示。

Step 05 在图1-19所示的“布局”对话框中单击“参考模型起点与定向”按钮，弹出一个活动窗口，Y轴指向抽壳方向，如图1-21所示。

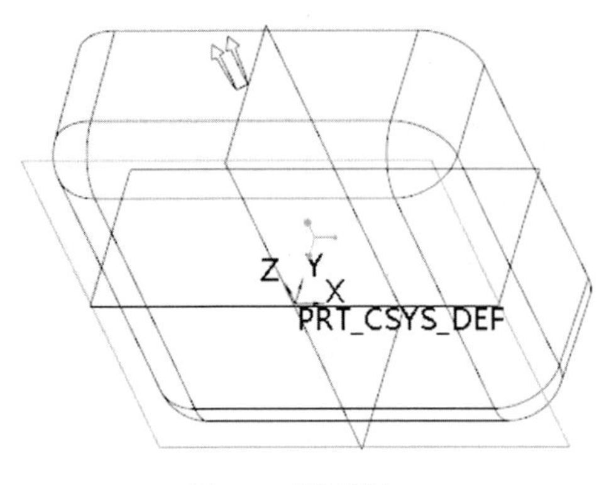

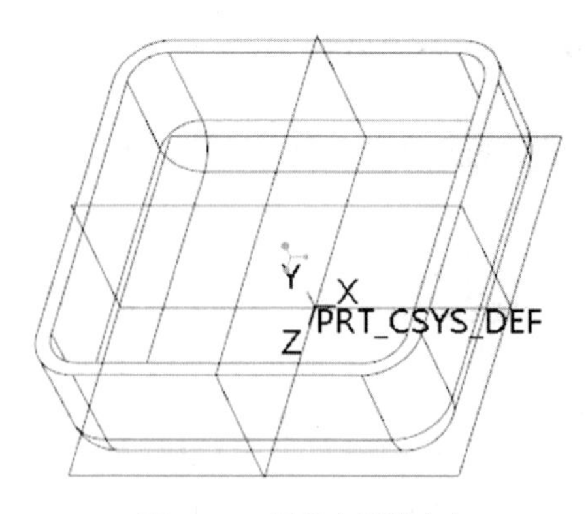

图1-20　侧面朝上　　　　图1-21　Y轴指向脱模方向

Step 06 在屏幕右下角的“菜单管理器”中选择“动态”命令，如图1-22所示。

Step 07 在“参考模型方向”对话框中选择“◉ 旋转”，将“轴”选为“X”，“角度”设置为90°，如图1-23所示。

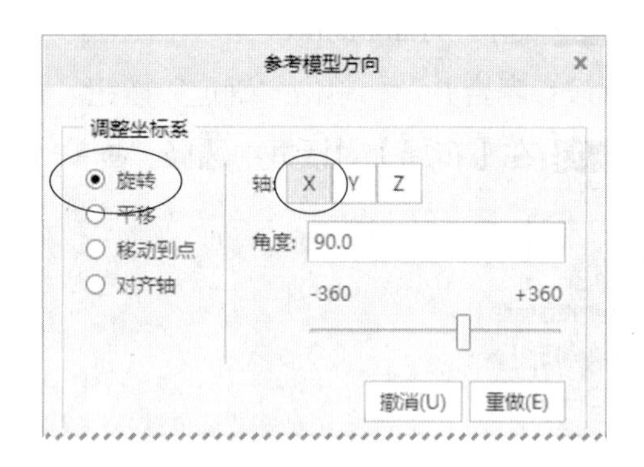

图1-22　选择“动态”　　　　图1-23　“轴”选“X”，“角度”为90°

Step 08 单击“确定”按钮，再单击“确定”按钮。

Step 09 在“菜单管理器”中单击“完成/返回”按钮，产品的开口方向为双箭头方向（即拖拉方向），如图1-24所示。

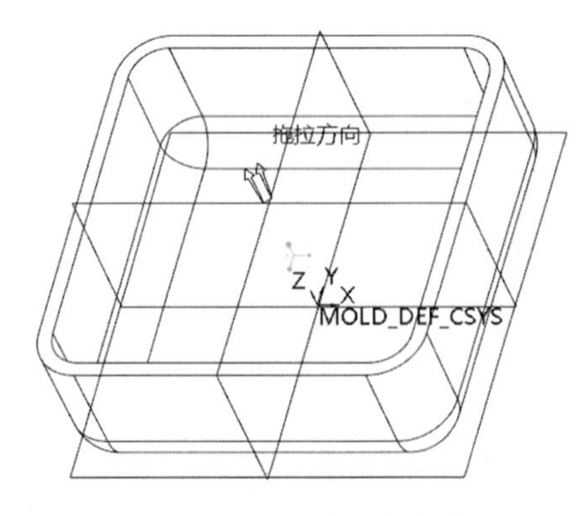

图1-24　Z轴指向脱模方向

1.2.3 设计收缩率

Step 01 单击“按比率收缩”按钮，如图1-25所示。

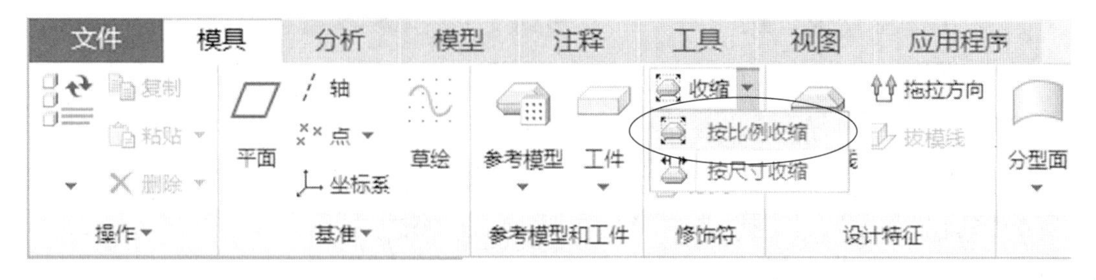

图1-25 单击“按比率收缩”按钮

Step 02 在“按比率收缩”对话框中，选择“公式”为“1+S”，选中“☑各向同性”“☑前参考”，将“收缩率”设为0.005，如图1-26所示。

Step 03 单击“坐标系”按钮，在工作区中选择模具的坐标系，如图1-26所示。

图1-26 设定“按比率收缩”对话框中的参数

Step 04 单击“确定”按钮☑，参考模型以坐标系原点为基准点，按比例放大1.005倍。

Step 05 在横向菜单中选择“分析”选项卡，再选择“测量”，然后选择“直径”命令，如图1-27所示。

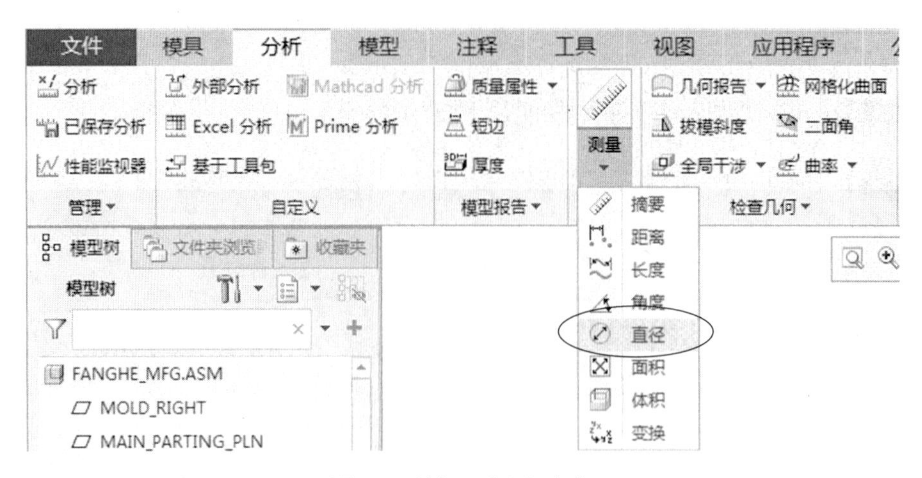

图1-27　选择“直径”命令

Step 06 选择零件的1个圆角面，显示该圆角的直径为20.1mm，如图1-28所示，表示该零件已成功放大。

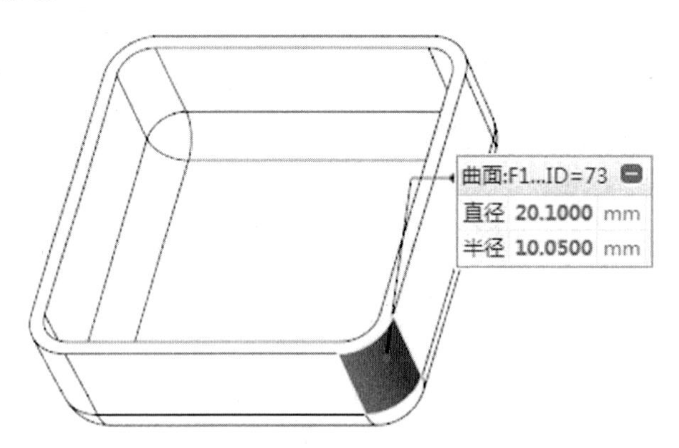

图1-28　显示该圆角的直径为20.1mm

1.2.4　创建工件

Step 01 单击“自动工件”按钮，如图1-29所示。

图1-29　单击“自动工件”按钮

Step 02 在“自动工件”对话框中单击“模具原点”按钮，在绘图区中选择坐标系。

Step 03 在“自动工件”对话框中“形状”选项区中选择“创建矩形工件”按钮，在“单位”下拉列表中选择“mm”，将“统一偏移”设为10mm，再将整体尺寸改为整数，如图1-30所示。

Step 04 单击“确定”按钮，创建工件，工件必须比参考模型大。

Step 05 单击“着色”按钮，Creo默认为透明显示，如图1-31所示。

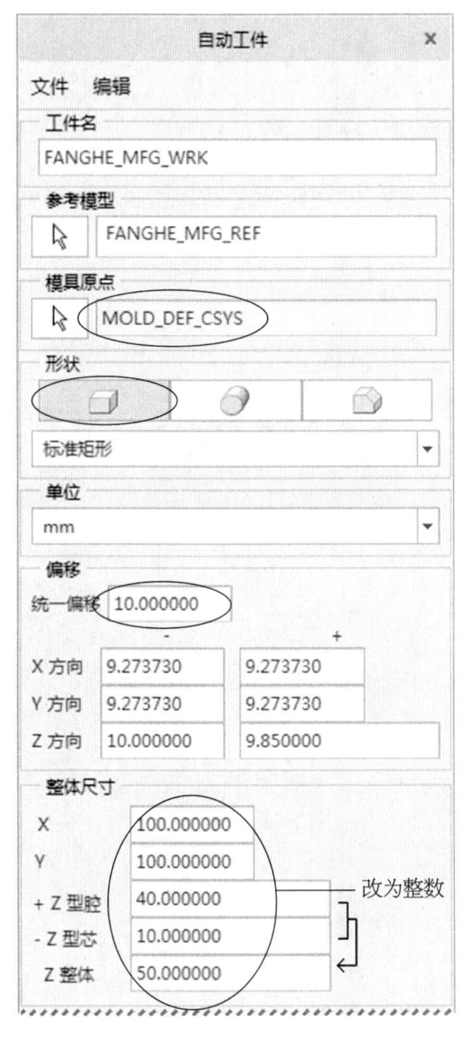

图1-30 设定“自动工件”对话框中参数

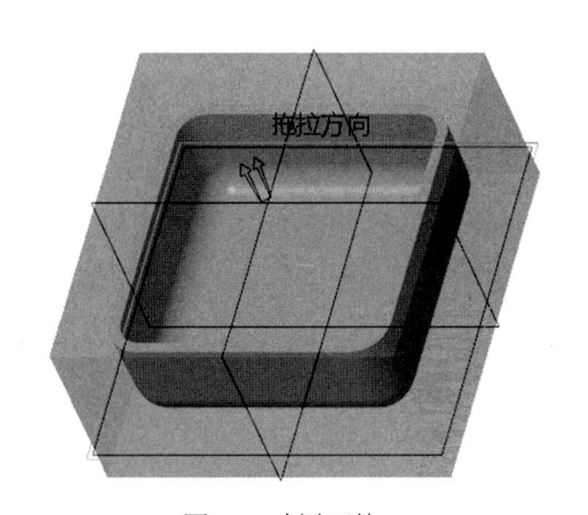

图1-31 创建工件

Step 06 设定透明显示的方法是：选择“文件”，再选择“选项”命令，在“Creo Parametric 选项”对话框左侧列表中选“模型显示”，再选中“☑启用透明度”，如图1-32所示。

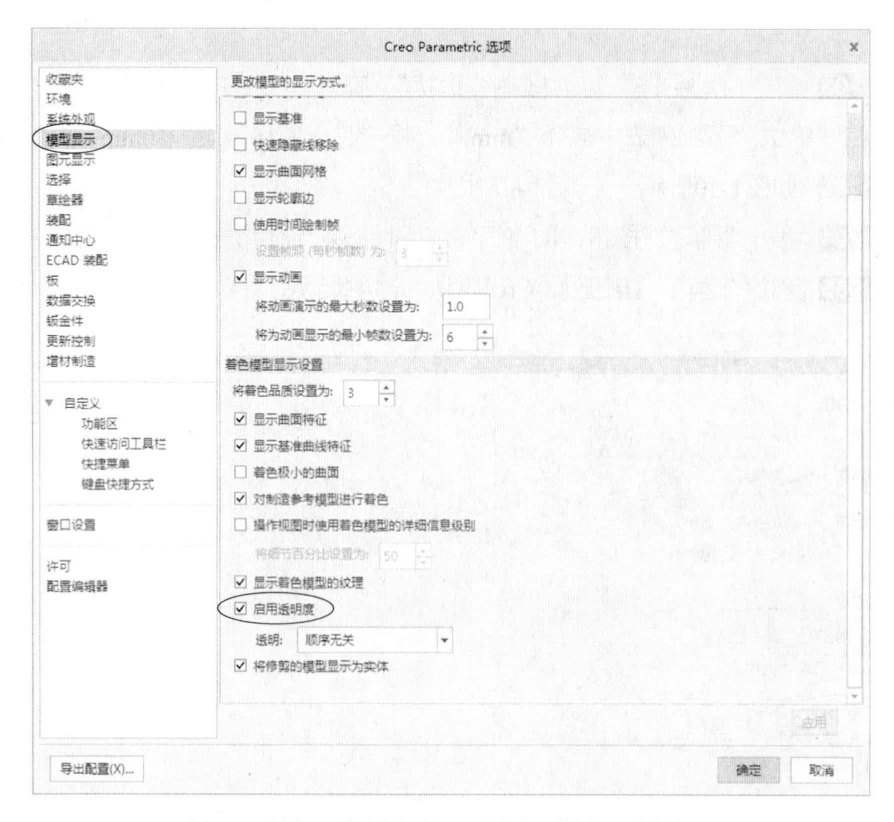

图1-32　选择“模型显示”，再选中“☑启用透明度”

1.2.5　创建分型线

单击“轮廓曲线”按钮，再在“轮廓曲线”操控板中单击☑，自动在参考模型的口部创建轮廓曲线，如图 1-33 所示。

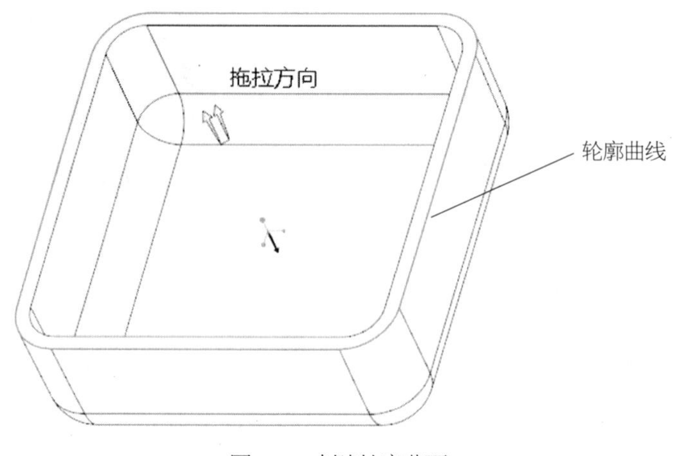

图1-33　创建轮廓曲面

1.2.6 创建分型面

Step 01 单击“分型面”按钮，如图1-34所示。

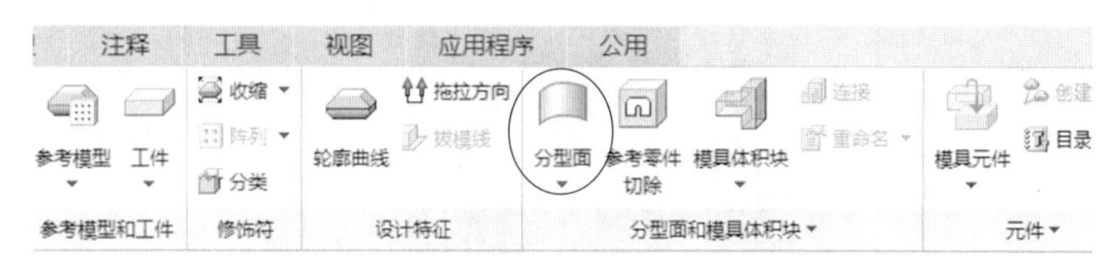

图1-34 单击“分型面”按钮

Step 02 在“分型面”操控板中单击“属性”按钮，如图1-35所示。

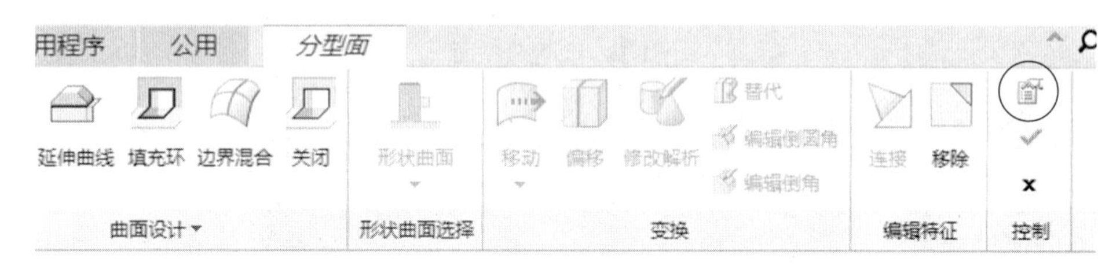

图1-35 单击“属性”按钮

Step 03 在“属性”窗口中将分型面默认的名称修改为“ps01”，如图1-36所示。

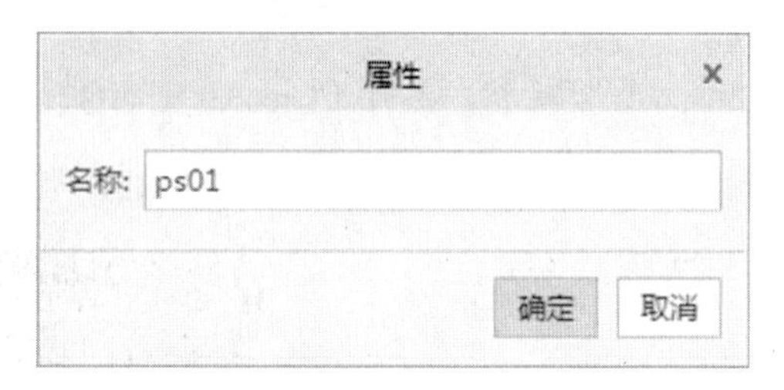

图1-36 修改分型面名称为“ps01”

Step 04 再单击“裙边曲面”命令，如图1-37所示。

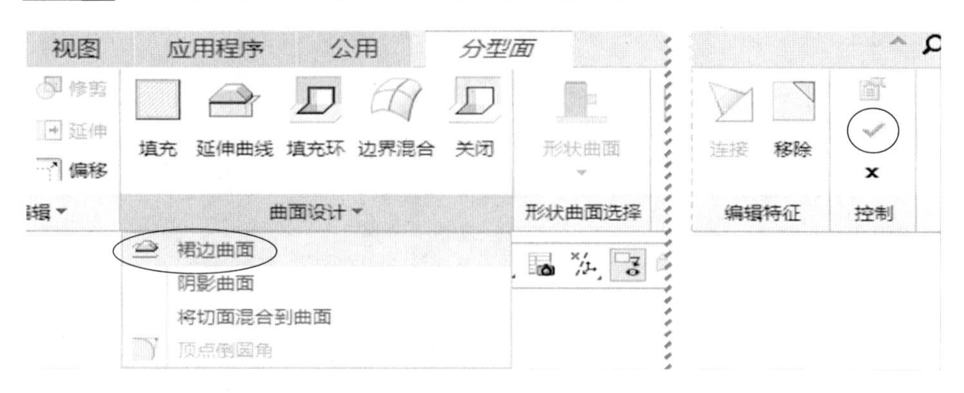

图1-37 “裙边曲面”命令

Step 05 依次在产品图上选择图1-33所创建的轮廓曲线，创建分型面，如图1-38所示。

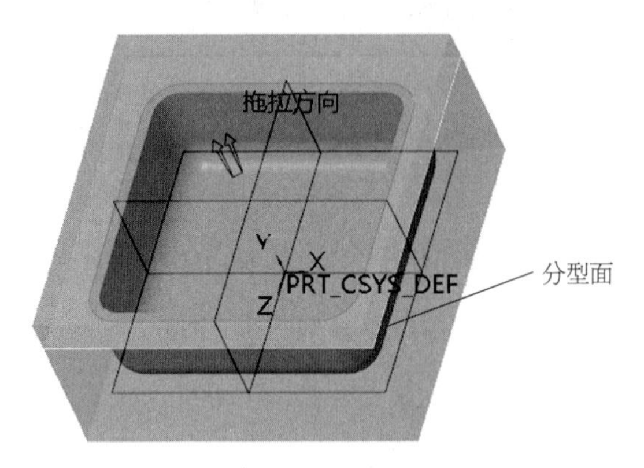

图1-38 创建分型面

Step 06 在“裙边曲面”操控板中单击“确定”按钮☑。

Step 07 在图1-37的“分型面”操控板的“控制”区域中单击“确定”按钮☑，退出分型面设计模式。

1.2.7 拆分体积块

Step 01 单击“参考零件切除”按钮，先选择工件，再选择参考零件，然后单击“确定”按钮☑，如图1-39所示，切除参考零件（Creo3.0以前的版本，直接跳过该步骤）。

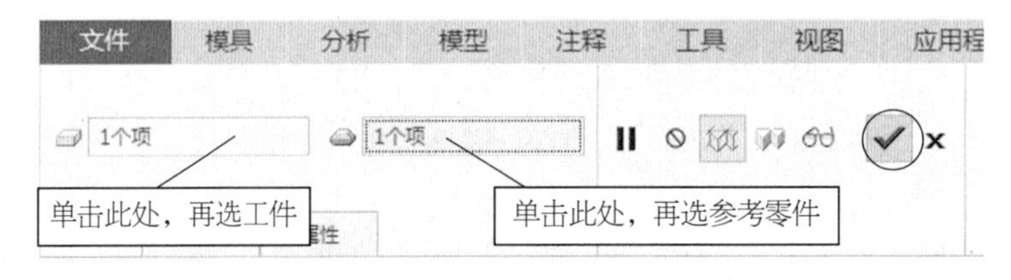

图1-39 切除参考零件

Step 02 选择“体积块分割”按钮，如图1-40所示。

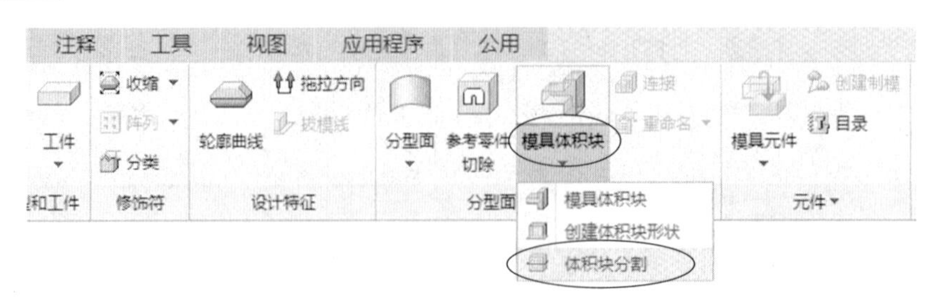

图1-40 选择“体积块分割”按钮

Step 03 先选择工件，再选择分型面，然后在操控板中单击“体积块”按钮，选中

“☑体积块_2”，取消“□体积块_1”的选中状态，如图1-41所示

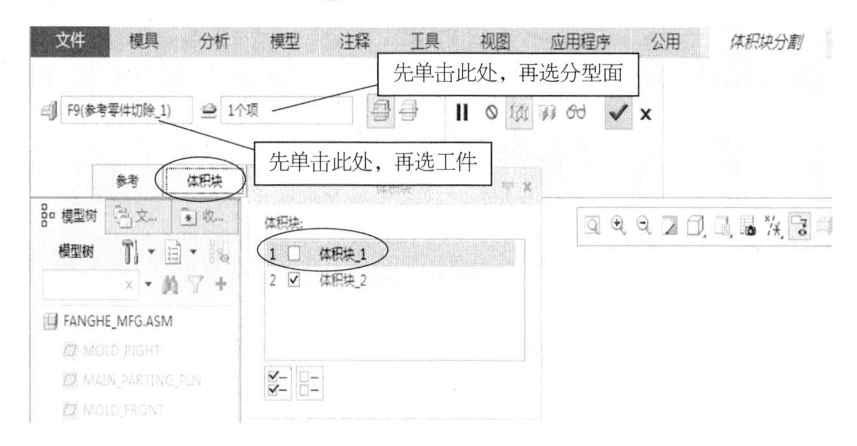

图1-41　先选择工件，再选择分型面

Step 04 在工作区中显示“体积块2”的形状，如图1-42所示。

Step 05 选中“☑体积块_1”，取消“□体积块_2”的选中状态，在工作区中显示“体积块1”的形状，如图1-43所示。

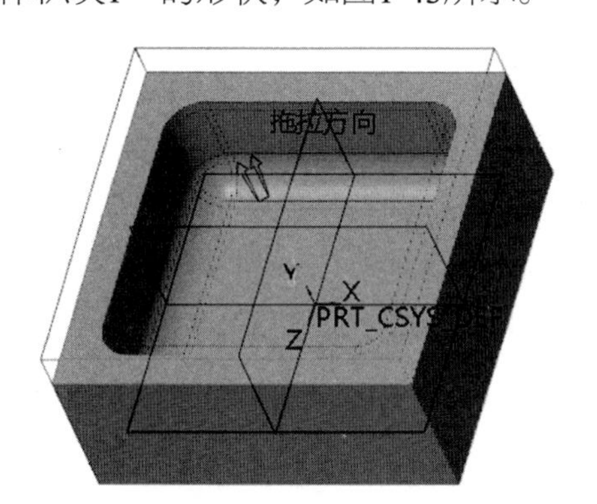

图1-42　“体积块1”的形状

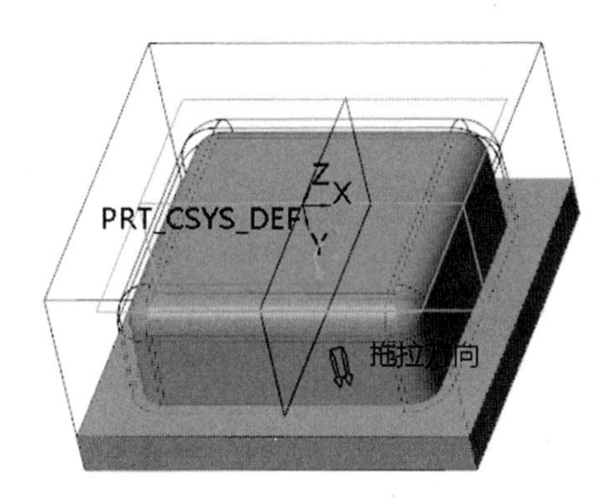

图1-43　“体积块2”的形状

Step 06 在图1-41中将“体积块_1”改名为“型腔”，将“体积块2”改名为“型芯”，如图1-44所示。

图1-44　将“体积块_1”改名为“型腔”，将“体积块2”改名为“型芯”

Step 07 在“体积块”的滑板中选中“☑型腔”和“☑型芯”，再单击“体积分割块”滑板中的“确定”按钮☑，创建两个体积块，在“模型树”中添加了两个“体积块分割”特征，如图1-45所示。

图1-45　添加两个体积块分割特征

1.2.8　抽取体积块

Step 01 单击“型腔镶块”按钮，如图1-46所示。

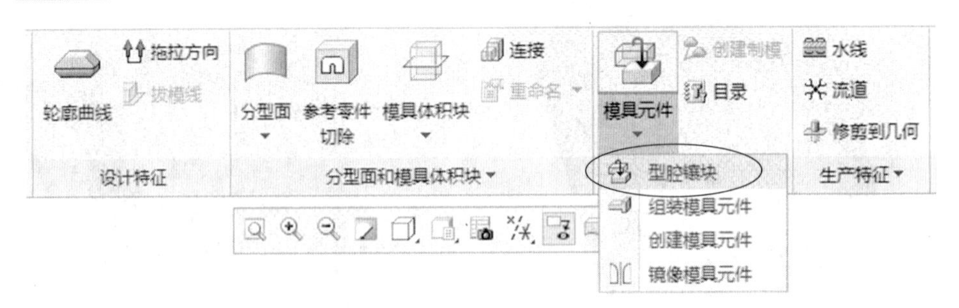

图1-46　单击“型腔镶块”按钮

Step 02 在“创建模具元件”对话框中选择“选择所有体积块”按钮，再单击“确定”按钮，如图1-47所示。

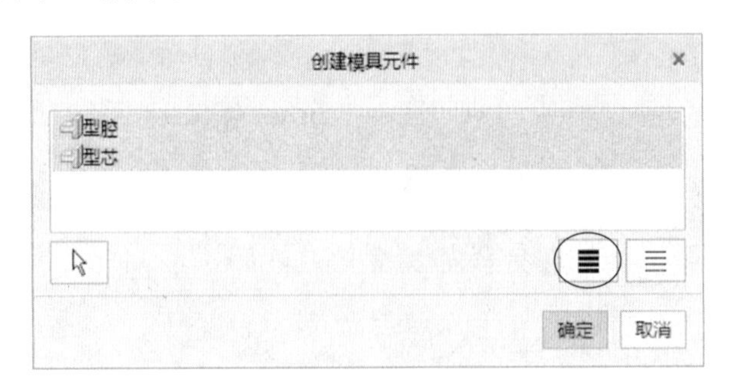

图1-47　单击“选择所有体积块”按钮

Step 03 在“模型树”中添加了“型腔”和“型芯”两个体积块，如图1-48所示。

体积块分割 标识530 [型芯 - 模具体积块]
型腔.PRT
型芯.PRT
在此插入

图1-48 模型树中添加两个体积块特征

Step 04 在屏幕左边的“模型树”中选中“型腔.prt”，再在活动窗口中单击“打开”按钮，如图1-49所示，打开型腔的实体，如图1-50所示。

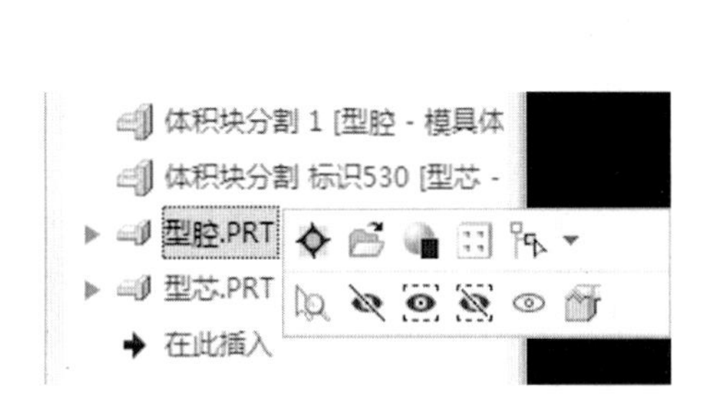

图1-49 单击“打开”按钮

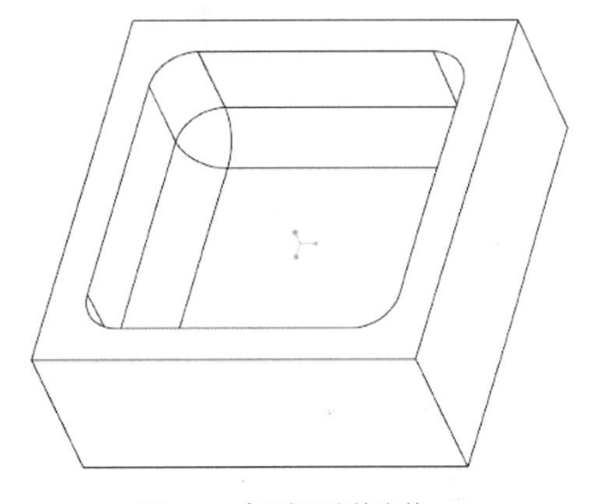

图1-50 打开型腔的实体

Step 05 在屏幕上方选择“窗口”按钮，再选择“FANGHE_MFG.ASM”，如图1-51所示，打开“FANGHE_MFG.ASM”分模图。

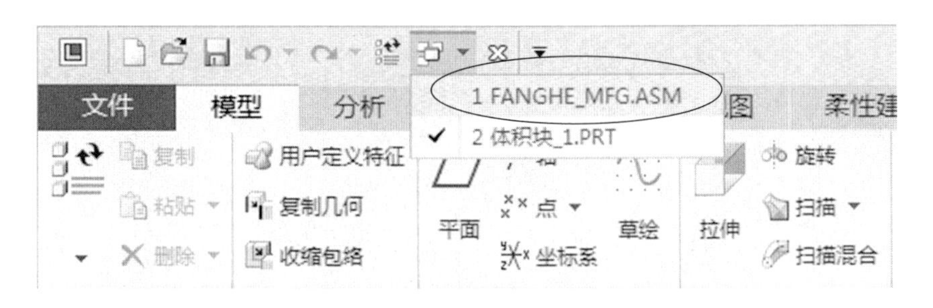

图1-51 选择“FANGHE_MFG.ASM”

Step 06 在屏幕左边的“模型树”中选中“型芯.prt”，在活动窗口中单击“打开”按钮，打开型芯的实体，按住鼠标中键，翻转实体后，如图1-52所示。

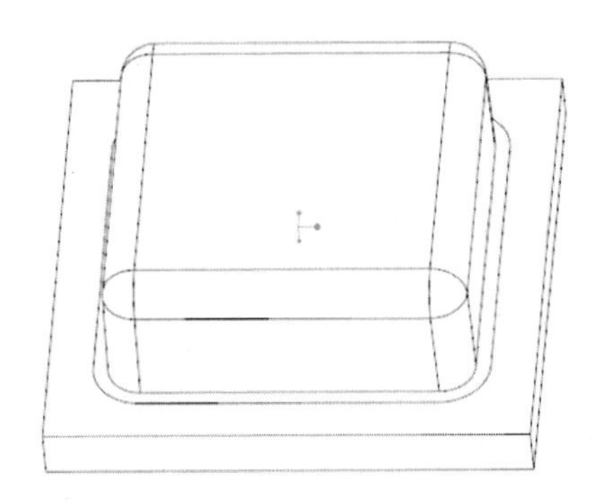

图1-52　打开型芯的实体

Step 07 再次打开“FANGHE_MFG.ASM”分模图，再单击“保存”按钮，分型过程中的中间文件（工件、分型面、装配图等）和“型腔.prt”“型芯.prt”保存在工作目录中。

项目 2　补面零件的模具设计

本章通过 1 个简单的零件，详细介绍补面零件模具设计的一般过程，如图 2-1 所示。

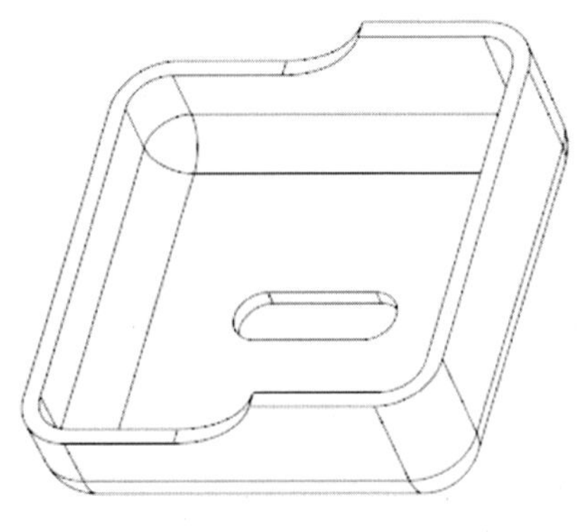

图2-1　零件图

2.1　产品设计

Step 01 打开项目1创建的fanghe.prt。

Step 02 在横向菜单中单击“模型”选项卡，再单击“拉伸”按钮。

Step 03 在“拉伸”操控板中单击“放置”按钮 放置 ，再在“放置”滑板中单击“定义”按钮 定义... 。

Step 04 选择FRONT基准面为草绘平面，RIGHT基准面为参考平面，如图2-2所示。

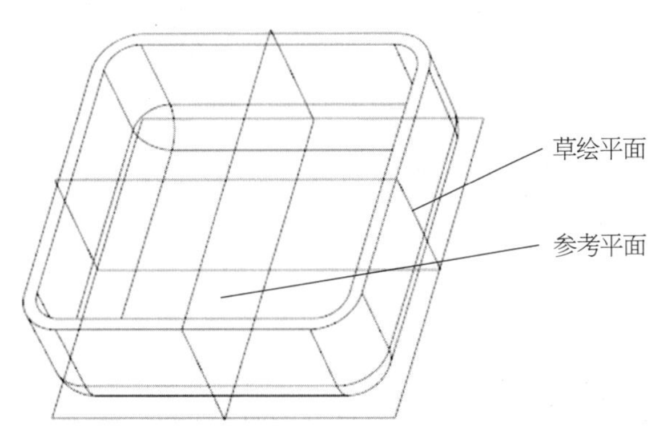

图2-2　选择草绘平面和参考平面

Step 05 在“草绘”对话框中“方向”选择“向右”，单击“草绘” 草绘 按钮。

Step 06 单击“草绘视图”按钮，如图1-9所示，定向草绘平面与屏幕平行。

Step 07 绘制一个截面，其中圆弧与水平线相切，如图2-3粗线所示。

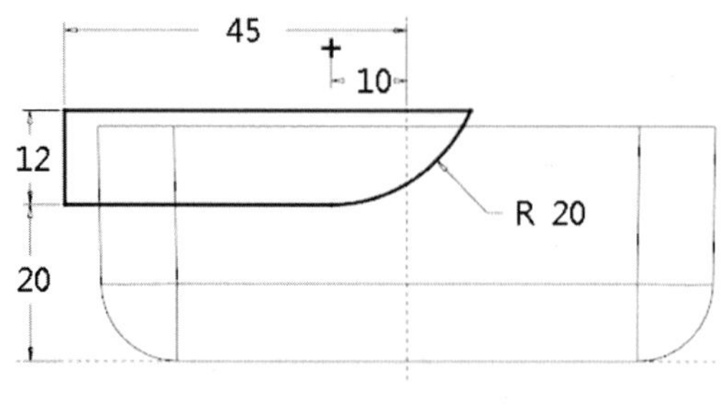

图2-3　绘制截面

Step 08 在“草绘”操控板中单击“确定”按钮。

Step 09 在“拉伸”操控板中选择“拉伸为实体”按钮，单击“移除材料”按钮，单击“选项”选项按钮，在“侧1”下拉列表中选择“穿透”选项，在“侧2”下拉列表中选择“穿透”选项，取消“□添加锥度”选项的选中状态，如图2-4所示。

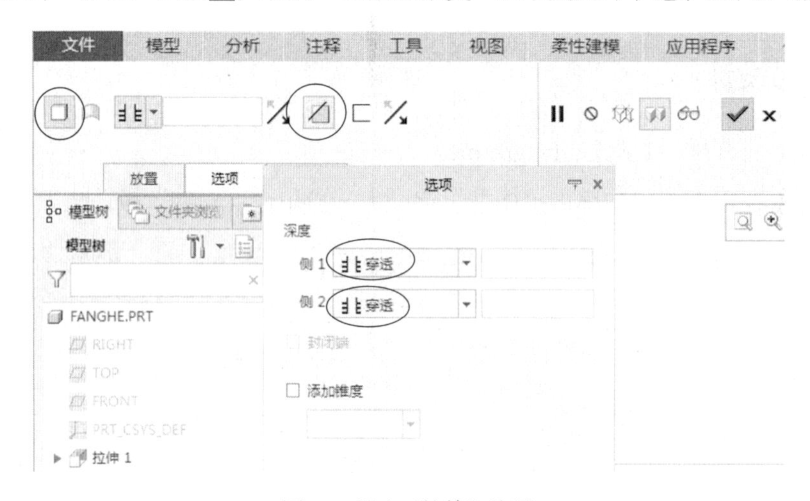

图2-4　设定“拉伸”选项

Step 10 在“拉伸”操控板中单击“确定”按钮，创建切除特征，如图2-5所示。

Step 11 单击“拉伸”按钮，在操控板中单击“放置”按钮放置，再在“放置”滑板中单击“定义”按钮定义...。

Step 12 选择TOP基准面为草绘平面，RIGHT基准面为参考平面。

Step 13 在“草绘”对话框中选择“方向”为“向右”。

Step 14 单击“草绘”按钮草绘，进入草绘模式。

Step 15 单击“草绘视图”按钮，定向草绘平面与屏幕平行。

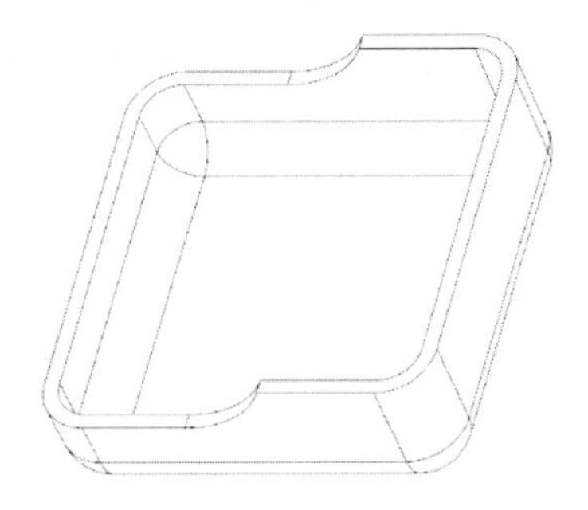

图2-5　创建切除特征

Step 16 单击“草绘”区域的“中心线”按钮，沿X轴、Y轴各绘制一条中心线。

Step 17 单击“矩形”按钮，以原点为中心，绘制一个矩形（30mm×10mm），如图2-6所示。（绘制矩形的过程请参考项目1。）

Step 18 在“草绘”操控板中单击“确定”按钮。

Step 19 在“拉伸”操控板中选择“拉伸为实体”按钮，按下“移除材料”按钮，单击“选项” 选项 按钮，在“侧1”下拉列表中选“穿透”选项，在“侧2”下拉列表中选“无”，具体步骤可参考图2-4。

Step 20 在“拉伸”操控板中单击“确定”按钮，创建方形的通孔，如图2-7所示。

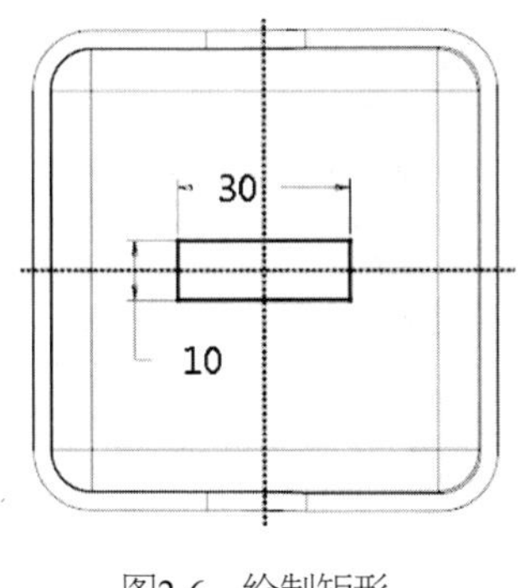

图2-6　绘制矩形

图2-7　创建方形通孔

Step 21 单击“倒圆角”按钮，先选择方形通孔一个角位的边线，再按住Ctrl键，然后选择方形通孔另一个角位的边线，如图2-8圆角位所示。

图2-8　选择两个角位的边线

Step 22 在“倒圆角”操控板中选择“集”按钮，再选“完全倒圆角”按钮，如图2-9所示。（如果没有出现“完全倒圆角”按钮，那是因为在选择边线时，没有按住Ctrl键。）

图2-9　选“完全倒圆角”按钮

Step 23 在“倒圆角”操控板中单击“确定”按钮☑，创建倒全圆角特征。

Step 24 采用相同的方法，创建方形通孔另一端的倒全圆角特征，如图2-10所示。

图2-10　创建倒全圆角特征

Step 25 选择“文件 | 另存为”命令，将该文件另存为“fanghe02.prt”。

2.2 模具设计

2.2.1 进入模具设计环境

Step 01 单击“新建”按钮，在“新建”对话框中，将“类型”选为“◉ 制造”，将“子类型”选为“◉ 模具型腔”，输入文件名为“fanghe_02_mfg”，取消“□使用默认模板”复选项的选中状态。

Step 02 单击“确定”按钮，在“新文件选项”对话框中选择“mmns_mfg_mold”（公制单位）。

Step 03 单击“确定”按钮，进入模具设计环境。

提示： 进入模具设计环境的过程与前面章节完全相同。

2.2.2 加载参考模型

提示： 在上个章节中，介绍的是定位参考模型的方法，在这个章节中，介绍组装参考模型的方法。

Step 01 单击“参考模型”按钮，再选“组装参考模型”命令，如图2-11所示。

图2-11 选“组装参考模型”命令

Step 02 选择“fanghe02.prt”，单击“打开”按钮，参考模型的实体显示在工作区中，如图2-12所示。

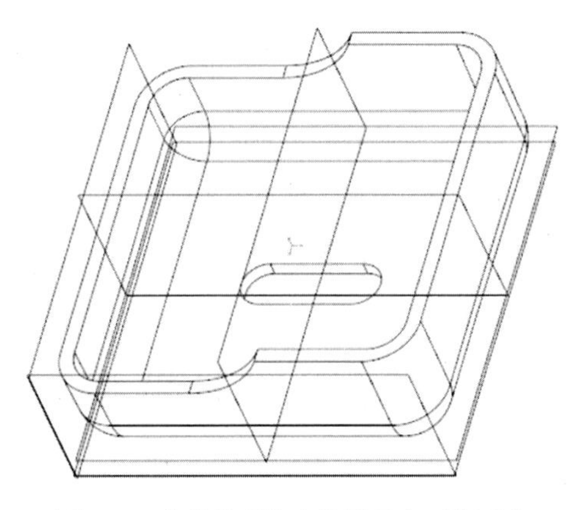

图2-12 参考模型的实体显示在工作区中

Step 03 在“元件放置”滑板中选择“放置”，在“约束类型”下拉列表选择“重合”，如图2-13所示。

图2-13　在“约束类型”下拉列表中选择“重合”

Step 04 在工作区中选择模具坐标系的FRONT平面和参考模型的FRONT平面，两个平面重合，如图2-14所示。

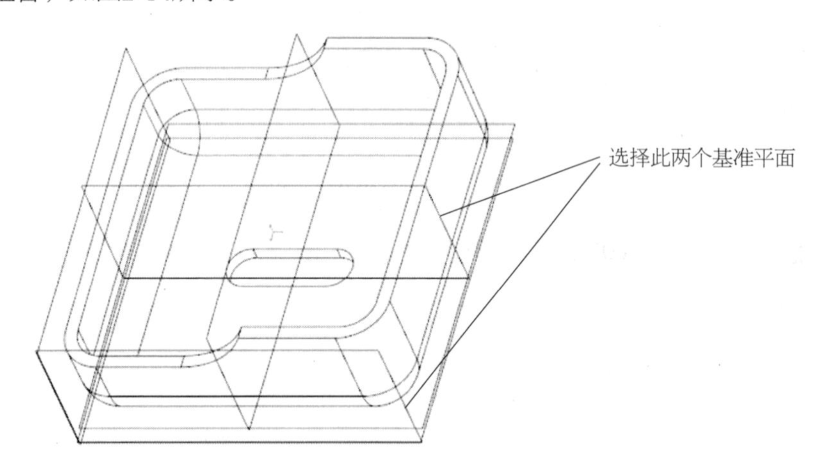

图2-14　选择模具坐标系和参考模型的FRONT

Step 05 按相同的方法，选择模具坐标系和参考模型的RIGHT平面，两基准平面重合。

Step 06 再选择模具坐标系和参考模型的TOP平面，两基准平面重合。

Step 07 单击“创建参考模型”对话框中的“确定”按钮，加载参考模型，如图2-15所示。

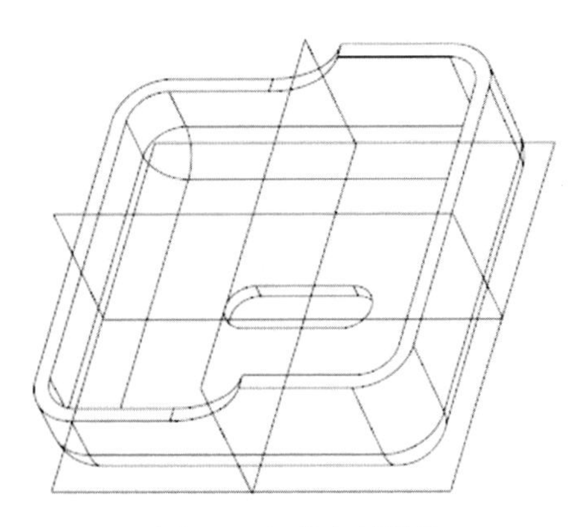

图2-15 加载参考模型

2.2.3 设计收缩率

Step 01 单击“按比率收缩”按钮，如图1-25所示。

Step 02 在【按比率收缩】对话框中，将“公式”选为“1+S”，选中“☑各向同性”、“☑前参考”，将“收缩率”设为0.005，如图1-26所示。

Step 03 单击“坐标系”按钮，在工作区中选择模具的坐标系，如图1-26所示。

Step 04 单击“确定”按钮，参考模型以坐标系原点为基准点，按比例放大1.005倍。

提示： 设计收缩率的过程与前面章节完全相同。

2.2.4 创建工件

在上一章节中，介绍的是自动创建工件，在这个章节中，将介绍手动创建工件。

Step 01 单击“创建工件”按钮，如图2-17所示。

图2-17 单击“创建工件”按钮

Step 02 在弹出的“创建元件”对话框中的“类型”选项区中选择“◉ 零件”，在“子类型”选项区选择“◉ 实体”，输入文件名为“gongjian02.prt”，如图2-18所示。

Step 03 单击“确定” 确定(0) 按钮，在弹出的“创建选项”对话框中的“创建方法”选项区选中“◉ 创建特征”选项，单击“确定” 确定(O) 按钮，如图2-19所示。

图2-18　设定“创建元件”对话框参数

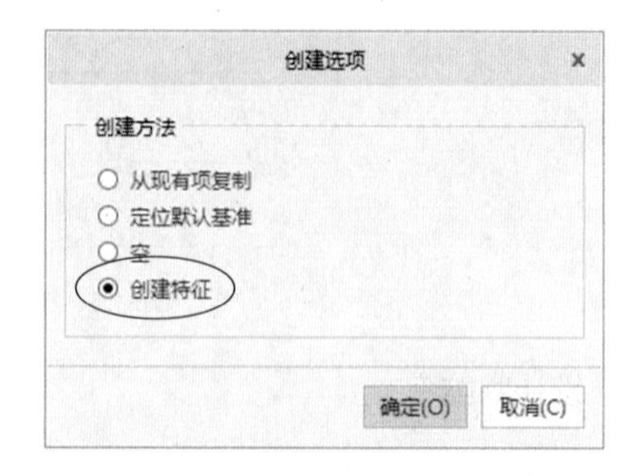

图2-19　选择“◉ 创建特征”选项

Step 04 单击“拉伸”按钮，在“拉伸”操控板中单击“放置”按钮 放置 ，再在“放置”滑板中单击“定义”按钮 定义... 。

Step 05 选择TOP基准面为草绘平面，RIGHT基准面为参考平面，方向向右。

Step 06 单击“草绘”按钮 草绘 ，进入草绘模式。

Step 07 选择FRONT和RIGHT为参考平面。

Step 08 单击“草绘视图”按钮，定向草绘平面与屏幕平行。

Step 09 单击“草绘”区域的“中心线”按钮，沿X轴、Y轴各绘制一条中心线。

Step 10 单击“矩形”按钮，以原点为中心，绘制一个矩形（120mm×120mm），如图2-20所示。

提示： 如果在建模时所用的单位与模具设计所用的单位不统一，矩形的尺寸会相差 25.4 倍。

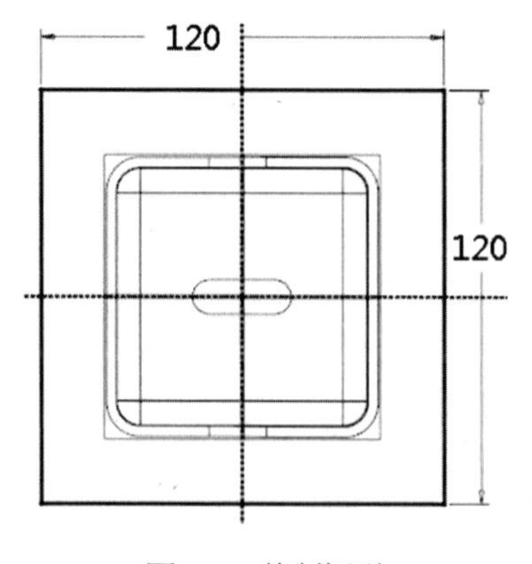

图2-20　绘制矩形

Step 11 在“草绘”操控板中单击“确定”按钮☑。

Step 12 在“拉伸”操控板中选择“拉伸为实体”按钮□，单击“选项” 选项 按钮，在“侧1”下拉列表选择“盲孔”选项⊔，选择“深度”为40mm，在“侧2”下拉列表选择“盲孔”选项⊔，选择“深度”为10mm，取消“□添加锥度”的选中状态，如图2-21所示。

图2-21 设定“拉伸”参数

Step 13 在“拉伸”操控板中单击“确定”按钮☑，创建工件实体，如图2-22所示。

Step 14 在“模型树”中选中 FANGHE_02_MFG.ASM，再在活动窗口中选中“激活”按钮◈，如图2-23所示。

提示： 这个步骤的作用是退出工件的设计模式，执行这个步骤之后，可以启用透明度显示，而且也可以开展下一步的操作，后面章节中也会用到这个步骤。

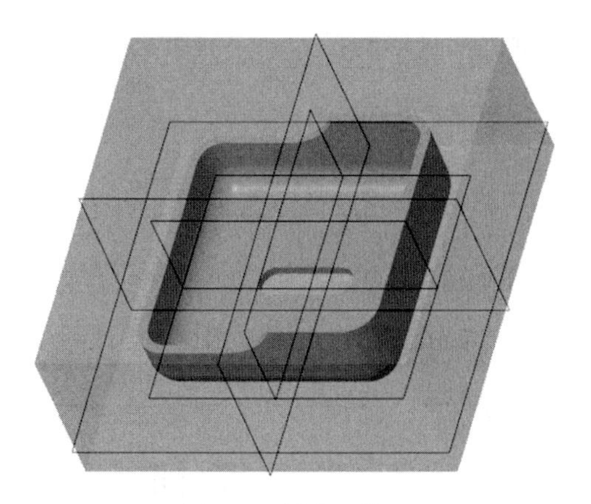

图2-22 创建工件

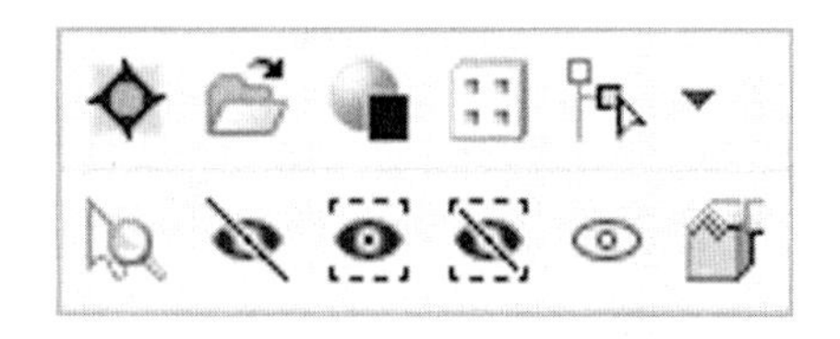

图2-23 选中“激活”按钮◈

2.2.5 创建分型线

Step 01 单击“轮廓曲线”按钮，在参考模型的口部和中间缺口的口部显示轮廓曲线，呈棕色显示。

Step 02 在“轮廓曲线”操控板中选择“环选择”按钮，再选“环”，然后在“1”所对应的“状况”选“包括”，“2”所对应的“状况”选“排除”，如图2-24所示。

图2-24 设定“环选择”参数

Step 03 在“轮廓曲线”操控板中单击“确定”按钮，在参考模型的口部创建分型线，呈棕色显示。

2.2.6 创建分型面

Step 01 单击“分型面”按钮，再单击“裙边曲面”按钮，如图1-37所示。

Step 02 在“模型树”中选择 SILH_CURVE_1，在“裙边曲面”操控板中单击“确定”按钮，创建参考模型口部的分型面。

Step 03 在“分型面”操控板中单击“边界混合”按钮，如图2-25所示。

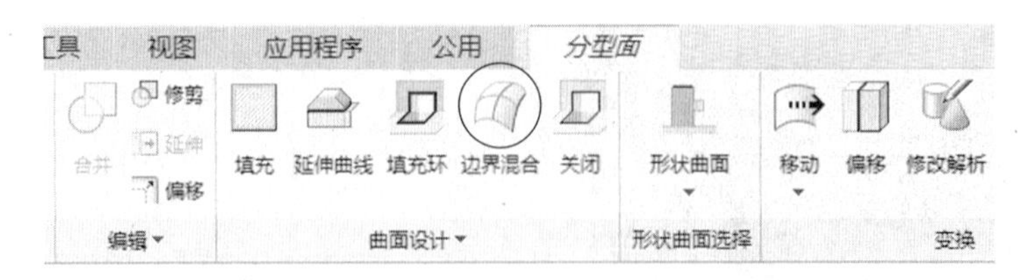

图2-25 单击“边界混合”按钮

Step 04 按住Ctrl键，选择通孔处的2条边线，创建一个曲面，如图2-26所示。

Step 05 拖动曲面的控制点，使曲面比孔大（不能比孔小），如图2-27所示。

Step 06 在“边界混合”操控板中单击“确定”按钮。

Step 07 在“分型面”操控板中单击“确定”按钮☑，所创建的曲面将通孔堵塞。

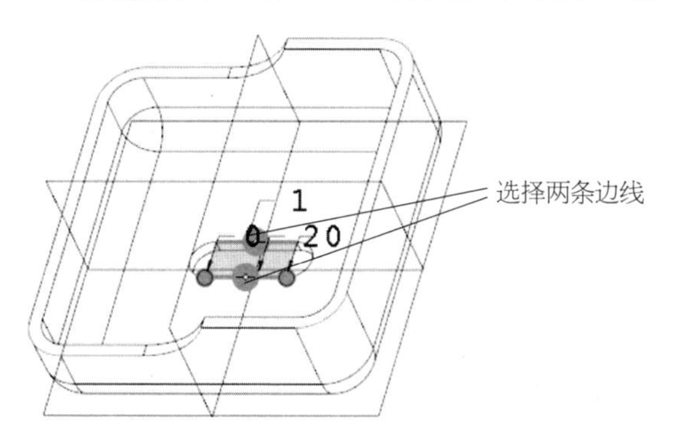

图2-26 创建曲面

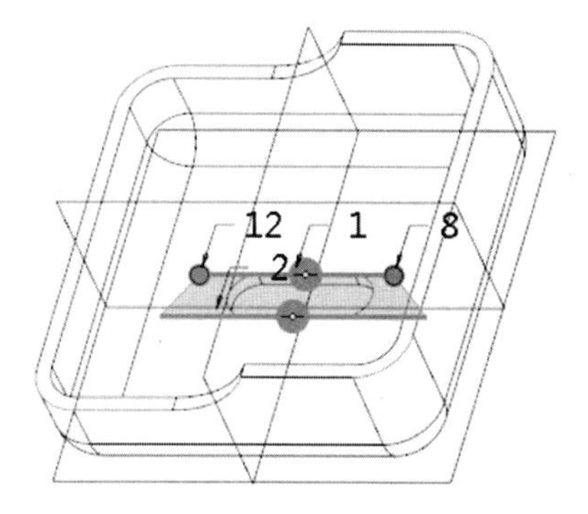
图2-27 拖动曲面的控制点，使曲面比缺口大

2.2.7 拆分体积块

Step 01 单击“参考零件切除”按钮，先选择工件，再选择参考零件，然后单击“确定”按钮☑。

Step 02 选择“体积块分割”按钮。

Step 03 先选择工件，再按住Ctrl键，选择参考模型口部的分型面和中间缺口的分型面（两个分型面都要选择）。

Step 04 单击“体积分割块”滑板中的“确定”按钮☑，在“模型树”中添加了两个“体积块分割”特征。

2.2.8 重命令体积块

Step 01 在“模型树”中选中“体积块_1”，单击鼠标右键，选择“重命名”命令，如图2-28所示。

Step 02 将“体积块_1”改名为“型腔”。

Step 03 用同样的方法，将“体积块_2”改名为“型芯”，改名后的模型树如图2-29所示。

图2-28 选择“重命名”命令

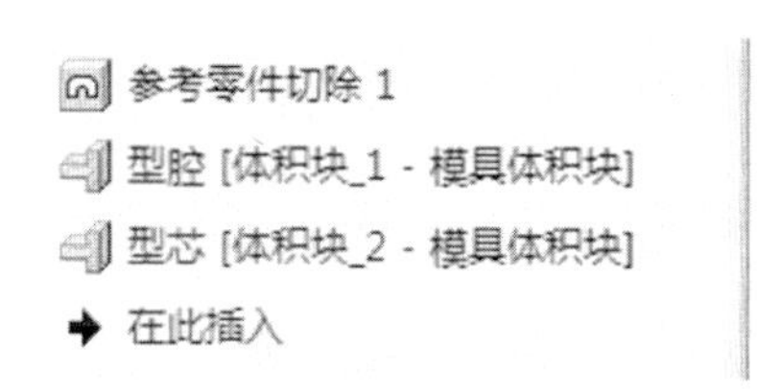

图2-29 改名后的模型树

2.2.9 抽取体积块

Step 01 单击“型腔镶块”按钮。

Step 02 在“创建模具元件”对话框中选择“选择所有体积块”按钮，再单击“确定”按钮，在“模型树”中添加“体积块_1”和“体积块_2”两个体积块，如图2-30所示。

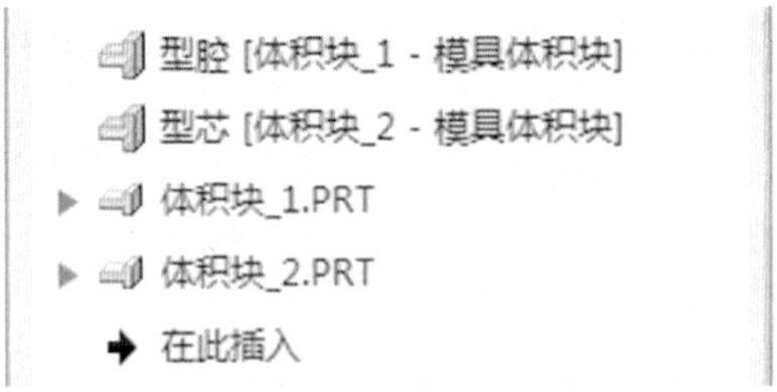

型腔 [体积块_1 - 模具体积块]
型芯 [体积块_2 - 模具体积块]
体积块_1.PRT
体积块_2.PRT
在此插入

图2-30 添加“体积块_1”和“体积块_2”

Step 03 体积块的名称又变为“体积块_1”和“体积块_2”，这说明按图2-28改名的方法不合适，应按项目1中图1-41中的方法更改体积块名称。

Step 04 单击“保存”按钮，保存文件。

项目 3 用阴影法设计分型面

前面所讲述的两个项目都是用裙边法设计分型面，在本项目中用阴影法设计分型面。

3.1 进入模具设计环境

Step 01 启动Creo Parametric 5.0，在Creo Parametric 5.0的起始界面下单击“选择工作目录”按钮，选择“E：\项目3”为工作目录。

Step 02 单击“新建”按钮，在“新建”对话框中“类型”选择区中选中“◉ 制造”，将“子类型”设置为“◉ 模具型腔”，设置“名称”为“fanghe_03_mfg”，取消“☐使用默认模板”复选框的选中状态。

Step 03 单击“确定”按钮，在“新文件选项”对话框中选择“mmns_mfg_mold”。

Step 04 单击“确定”按钮，进入模具设计环境。

3.2 加载参考模型

Step 01 单击“参考模型”按钮，再选择“定位参考模型”。

Step 02 选择项目2创建的“fanghe_02.prt”，单击“打开”按钮，在“创建参考模型”对话框中选择“◉ 按参考合并”，单击“确定”按钮 确定 。

Step 03 在“布局”对话框中选择“◉ 单一”选项。

Step 04 单击“预览”按钮，产品的侧面为双箭头方向（即拖拉方向）。

Step 05 在图1-19的“布局”对话框中单击“参考模型起点与定向”按钮，弹出一个活动窗口，Y轴指向抽壳方向。

Step 06 然后在屏幕右下角的“菜单管理器”中选择“动态”。

Step 07 在“参考模型方向”对话框中选“◉ 旋转”，“轴”选“X”，“角度”为90°。

Step 08 单击“确定”按钮，再单击“确定”按钮。

Step 09 在“菜单管理器”中单击“完成/返回”按钮，产品的开口方向为双箭头方向（即拖拉方向）。

3.3 设计收缩率

Step 01 单击“按比率收缩”按钮。

Step 02 在“按比率收缩”对话框中，“公式”选择“1+S”，选中“☑各向同性”、“☑前参考”，“收缩率”设为0.005。

Step 03 单击“坐标系”按钮，在工作区中选择模具的坐标系。

Step 04 单击“确定”按钮，参考模型以坐标系原点为基准点，按比例放大1.005倍。

3.4 创建工件

Step 01 单击“创建工件”按钮，在弹出的“创建元件”对话框中将“类型”选择“◉ 零件”，“子类型”选为“◉ 实体”，输入“名称”为“gongjian03.prt”。

Step 02 单击“确定” 确定(O) 按钮，在弹出的【创建选项】对话框的“创建方法”选项区中选择“◉ 创建特征”选项，单击“确定” 确定(O) 按钮。

Step 03 单击“拉伸”按钮，在“拉伸”操控板中单击“放置”按钮 放置 ，再在“放置”滑板中单击“定义”按钮 定义... 。

Step 04 选择TOP基准面为草绘平面，RIGHT基准面为参考平面，方向向右。

Step 05 单击“草绘”按钮 草绘 ，再选择FRONT和RIGHT为参考平面。

Step 06 单击“草绘视图”按钮，定向草绘平面与屏幕平行。

Step 07 单击“草绘”区域的“中心线”按钮，沿X轴、Y轴各绘制一条中心线。

Step 08 单击“矩形”按钮，以原点为中心，绘制一个矩形（120mm×120mm）。

Step 09 在“草绘”操控板中单击“确定”按钮。

Step 10 在“拉伸”操控板中选择“拉伸为实体”按钮，单击“选项” 选项 按钮，在“侧1”下拉列表中选择“盲孔”选项，设置“深度”为50mm，在“侧2”下拉列表中选择“盲孔”选项，设置“深度”为20mm，取消“☐添加锥度”选项的复选状态。

Step 11 在“拉伸”操控板中单击“确定”按钮，创建工件特征。

Step 12 在“模型树”中选中 FANGHE_03_MFG.ASM，再在活动窗口中选中“激活”按钮。

3.5 创建分型面

Step 01 单击“分型面”按钮，再选择“阴影曲面”命令，如图3-1所示。

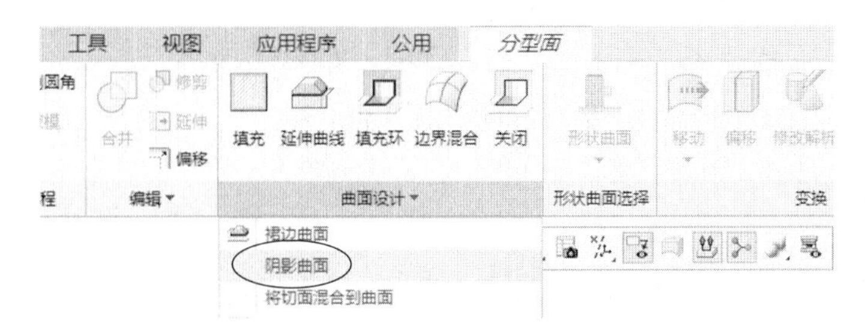

图3-1 单击“阴影曲面”命令

Step 02 在“阴影曲面”活动窗口中选择“方向”选项，再单击“定义”按钮，如图3-2所示。

Step 03 在“菜单管理器”中选择“平面”，如图3-3所示。

图3-2 选择“方向”

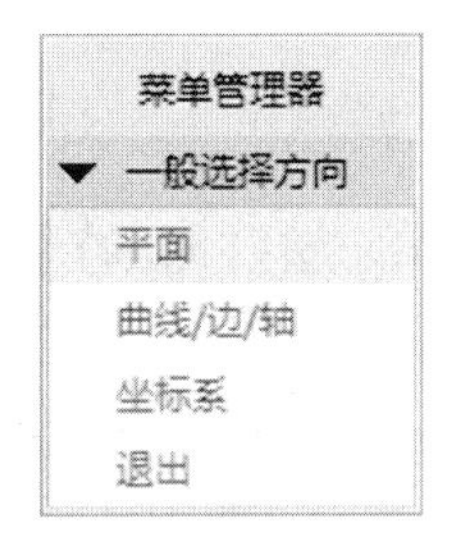

图3-3 选择“平面”

Step 04 选择工件的上表面为阴影曲面的投影面，箭头方向指向参考零件，如图3-4阴影面所示。

Step 05 在“菜单管理器”中单击“确定”按钮 确定(0)。

Step 06 在“阴影曲面”活动窗口中选择“关闭延伸”选项，再选“定义”按钮，如图3-5所示。

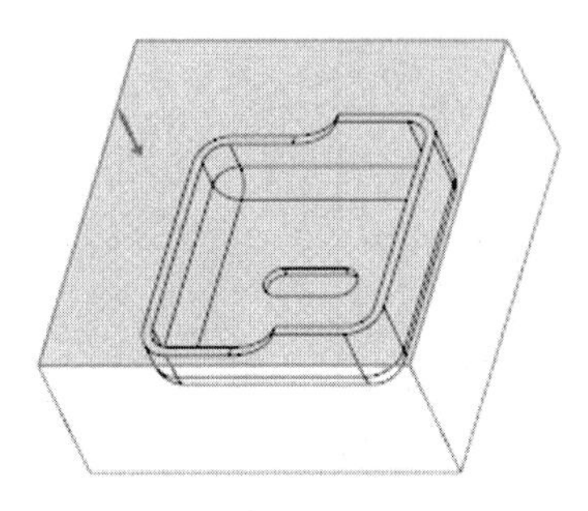

图3-4 选择投影平面

图3-5 双击“关闭延伸”选项

Step 07 在“菜单管理器”中选择“边界”，再选择“草绘”，如图3-6所示。

Step 08 选择图3-4所示的阴影面为草绘平面。

Step 09 在“菜单管理器”中单击“确定”按钮。

Step 10 在“菜绘视图”中选择“右”选项，如图3-7所示。

Step 11 选择图3-8所示的阴影平面为视图平面。

图3-6　选“边界→草绘”

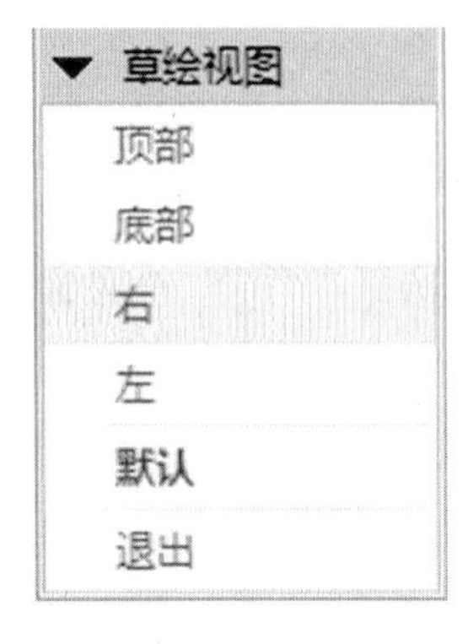

图3-7　选择“右”

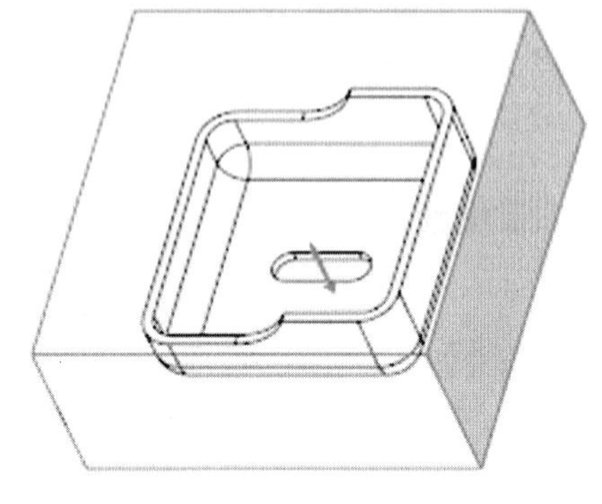

图3-8　选择视图平面

Step 12 分别选择FRONT和RIGHT为参考平面。

Step 13 单击“草绘视图”按钮，定向草绘平面与屏幕平行。

Step 14 单击“草绘”区域的“中心线”按钮，沿X轴、Y轴分别绘制一条水平中心线和竖直中心线。

Step 15 单击“矩形”按钮，绘制一个矩形（100mm×100mm），矩形的两条竖直边关于Y轴对称，水平边关于X轴对称，如图3-9粗线所示。

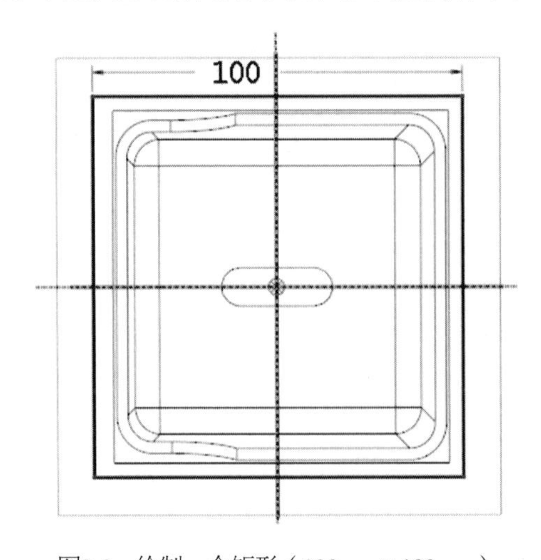

图3-9　绘制一个矩形（100mm×100mm）

Step 16 在“草绘”操控板中单击“确定”按钮☑。

Step 17 在“阴影曲面”活动窗口中选择“拔模角度”选项，再单击“定义”按钮，如图3-10所示。

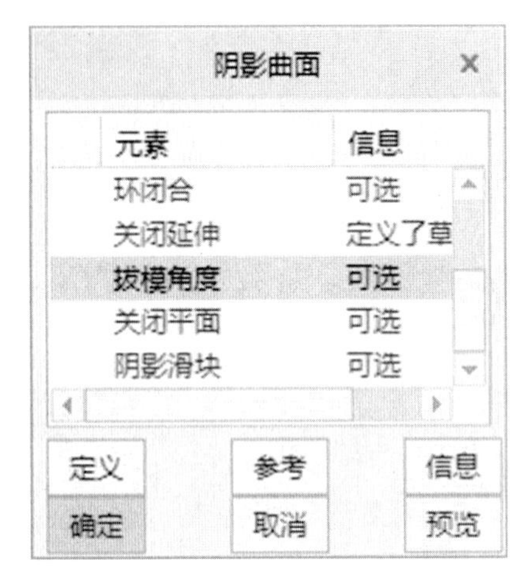

图3-10 双击“拔模角度”选项

Step 18 在动态输入框中输入10°，如图3-11所示。

图3-11 输入拔模角值为10°

Step 19 在快捷按钮栏中单击“基准平面”按钮，如图3-12所示。

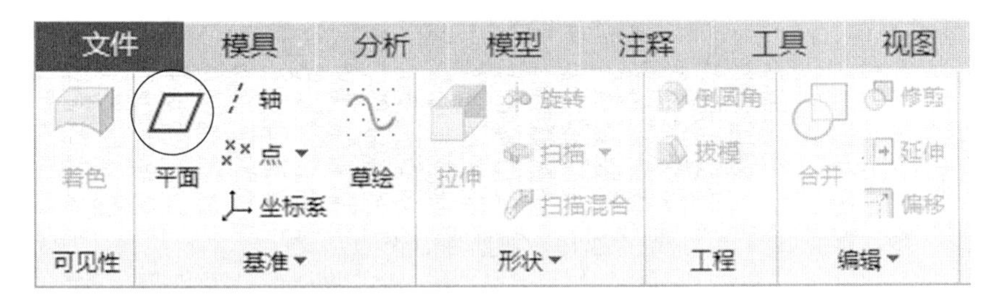

图3-12 单击“基准平面”按钮

Step 20 选择图3-4所示的阴影平面。

Step 21 双击箭头，使箭头朝向参考模型方向，“距离”为10mm（或直接输入-10mm）。

Step 22 单击“确定”按钮 确定 ，创建一个基准平面，该基准平面在实体以内，如图3-13所示（若该基准平面在实体以外，则请将距离改为10mm）。

Step 23 在“阴影曲面”活动窗口中选择“关闭平面”选项，再单击“定义”按钮，如图3-14所示。

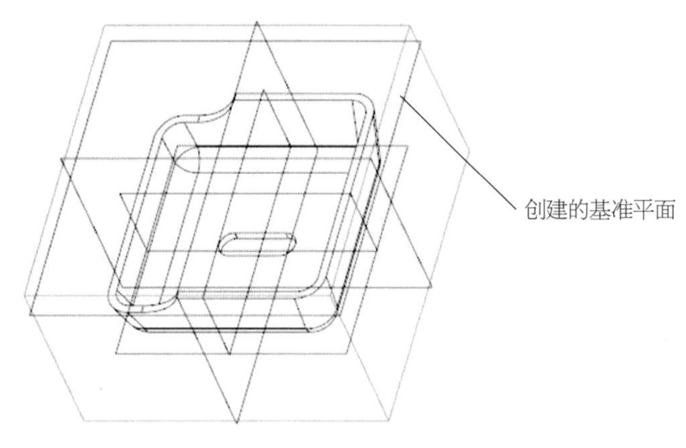

图3-13 创建基准平面

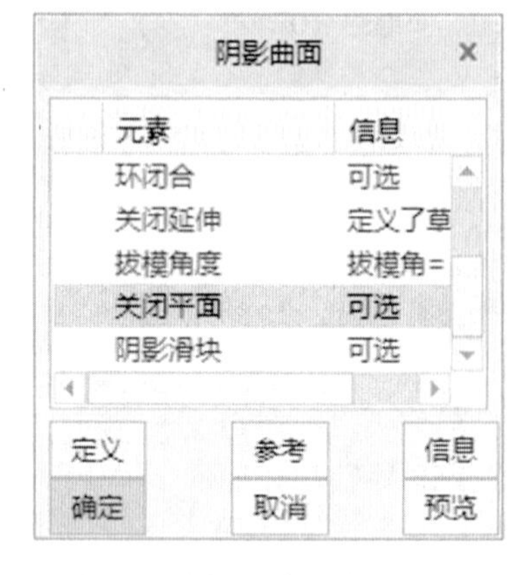

图3-14 选择“关闭平面”选项

Step 24 选择刚才创建的基准平面。

Step 25 在“菜单管理器”中单击“完成/返回”按钮，再在“阴影曲面”活动窗口中单击“确定”，创建阴影曲面，如图3-15所示。

图3-15 创建阴影曲面

Step 26 在“分型面”操控板中单击“确定”按钮☑。

Step 27 按照前面章节的方法，拆分体积块和抽取体积块，过程完全相同。

Step 28 单击“保存”按钮，保存文件。

项目 4 在建模环境下进行模具设计

有些零件的分型面是一个曲面，由于这些零件的外围轮廓有倒圆角或其他特征，如图 4-1 所示，外围轮廓被分成许多段，如果是用裙边法或阴影法创建分型面，则所创建的分型面就由若干曲面组成，存在不整齐的缺陷。对于这种零件，最好是在建模环境下创建分型面，这样就能避免用裙边法或阴影法创建分型面存在的缺陷。

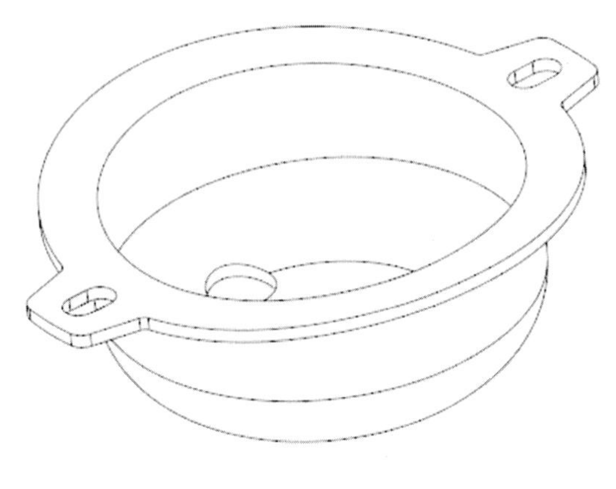

图4-1 零件图

4.1 产品设计

Step 01 启动Creo Parametric 5.0，在Creo Parametric 5.0的起始界面下单击“选择工作目录”按钮，选择“E：\项目4”为工作目录。

Step 02 单击“新建”按钮，在【新建】对话框的“类型”中选择“◉ □零件”，将“子类型”选为“◉ 实体”，输入“名称”为“baowenhe”，取消“□使用默认模板”前的“√”。

Step 03 单击“确定”按钮，选择“mmns_part_solid”（单位为毫米·牛顿·秒，公制）。

Step 04 单击“确定” 确定 ，进入建模环境。

Step 05 单击“拉伸”按钮，在“拉伸”操控板中单击“放置”按钮 放置 ，再在“放置”滑板中单击“定义”按钮 定义... 。

Step 06 选择FRONT基准面为草绘平面，RIGHT基准面为参考平面，在“草绘”对话框中“方向”选择“向右”，单击“草绘”按钮 草绘 ，进入草绘模式。

Step 07 单击“草绘视图”按钮，定向草绘平面与屏幕平行。

Step 08 以原点为圆心，绘制一个圆，设置直径为φ50mm，如图4-2所示。

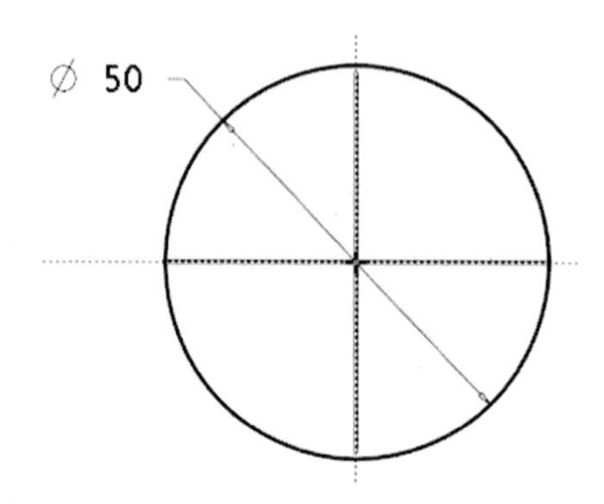

图4-2 绘制截面

Step 09 在“草绘”操控板中单击“确定”按钮☑。

Step 10 在“拉伸”操控板中选择“拉伸为曲面”按钮，单击“选项” 选项 按钮，在“侧1”下拉列表选择“盲孔”选项，设置“深度”为22mm，在“侧2”下拉列表选择“无”，选中“☑封闭端”和“☑添加锥角”复选框，设置“锥度”为2°，如图4-3所示。

图4-3 设定“拉伸”操控板

Step 11 在“拉伸”操控板中单击“确定”按钮☑，创建锥度拉伸曲面，上表面比下表面小，该曲面的两端是封闭的，如图4-4所示。

Step 12 单击“拉伸”按钮，在“拉伸”操控板中单击“放置”按钮 放置 ，再在“放置”滑板中单击“定义”按钮 定义... 。

Step 13 选择TOP基准面为草绘平面，RIGHT基准面为参考平面，在“草绘”对话框中选择“方向”为“向右”，单击“草绘”按钮 草绘 ，进入草绘模式。

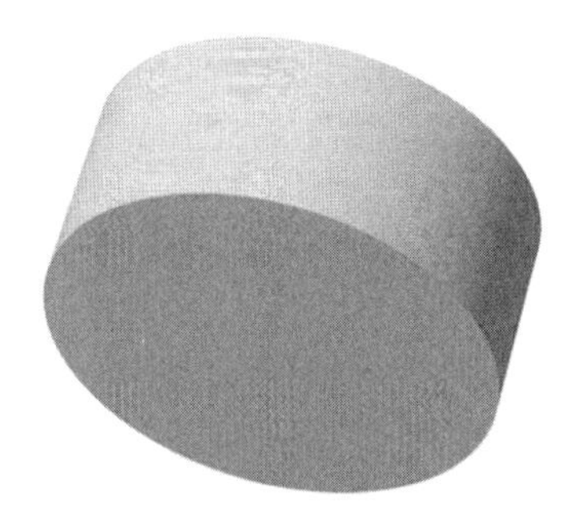

图4-4 创建拉伸曲面

Step 14 单击“草绘视图”按钮，定向草绘平面与屏幕平行。

Step 15 单击“草绘”区域的“中心线”按钮，绘制一条竖直中心线。

Step 16 单击“重合”按钮，使竖直中心线与Y轴重合。

Step 17 单击“圆弧”按钮，任意绘制一条圆弧，单击鼠标中键，如图4-5所示。（图4-5中的标注为任意值，暂时不用考虑这些尺寸标注）

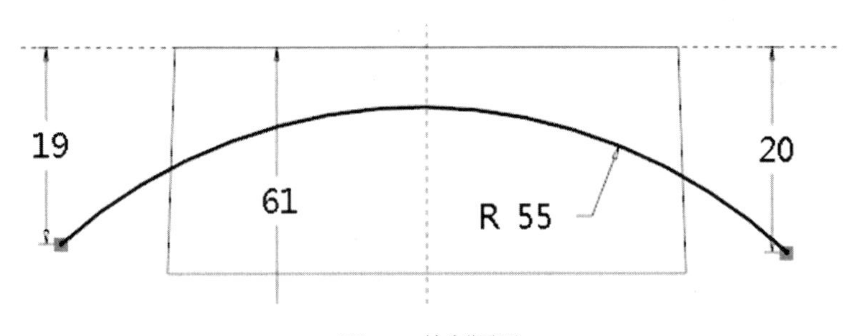

图4-5 绘制圆弧

Step 18 单击“对称”按钮，先选中圆弧的第一个端点，再选中另一个端点，然后选择竖直中心线，两个端点关于竖直中心线对称，如图4-6所示。

Step 19 单击“法向尺寸”按钮，选中尺寸标注，如图4-6所示。

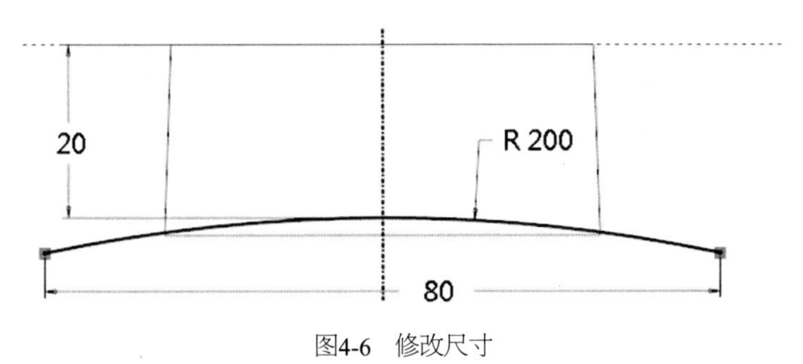

图4-6 修改尺寸

Step 20 在“草绘”操控板中单击“确定”按钮☑。

Step 21 在“拉伸”操控板中选择“拉伸为曲面”按钮，单击“选项” 选项 按钮，在“侧1”下拉列表选择“盲孔”选项，设置“深度”为50mm，在“侧2”下拉列表选择“盲孔”选项，设置“深度”为50mm。

Step 22 在“拉伸”操控板中单击“确定”按钮☑，创建拉伸曲面，如图4-7所示。

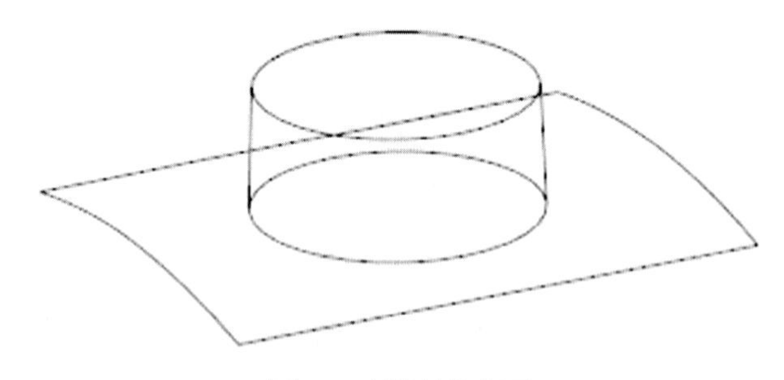

图4-7　创建拉伸曲面

Step 23 按住Ctrl键，选择刚才创建的两个拉伸曲面，再单击“合并”按钮，在“合并”操控板中反复单击“反向”按钮，如图4-8所示。

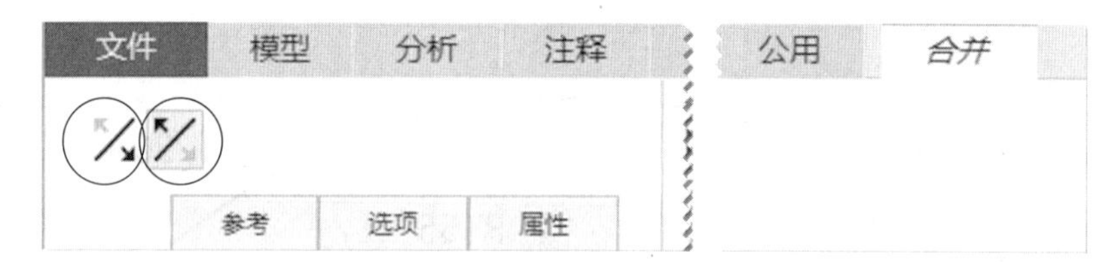

图4-8　在“合并”操控板中反复单击“反向”按钮

Step 24 使箭头方向如图4-9所示（箭头方向为曲面保留方向）。

Step 25 在“合并”操控板中单击“确定”按钮☑，两曲面合并，按住鼠标中键，翻动实体后，如图4-10所示。

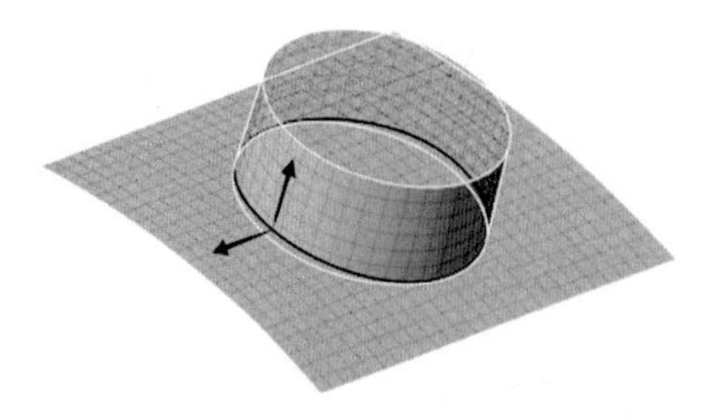

图4-9　两个箭头的方向

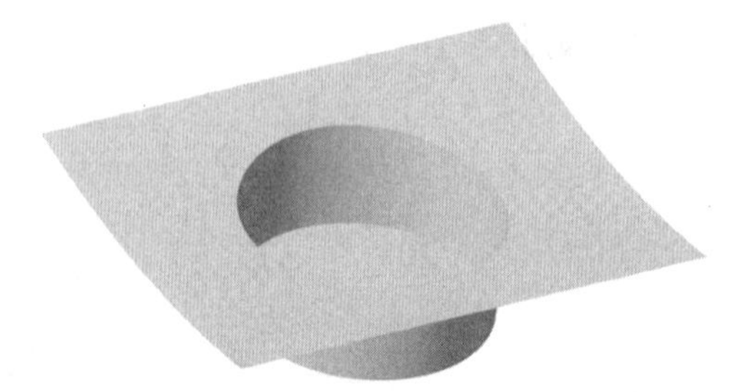

图4-10　创建合并曲面

Step 26 单击“倒圆角”按钮，创建倒圆特征（R10mm），如图4-11所示。

Step 27 选中曲面后，再单击“加厚”按钮，将曲面加厚（厚度为1.5mm），变为实体。

Step 28 单击“拉伸”按钮，在“拉伸”操控板中单击“放置”按钮 放置 ，再在“放置”滑板中单击“定义”按钮 定义... 。

Step 29 选择FRONT基准面为草绘平面，RIGHT基准面为参考平面，在“草绘”对话框的“方向”选项区中选择“向右”，单击“草绘”按钮 草绘 ，进入草绘模式。

Step 30 单击“草绘视图”按钮，定向草绘平面与屏幕平行。

Step 31 以原点为中心，绘制一个截面，如图4-12所示。

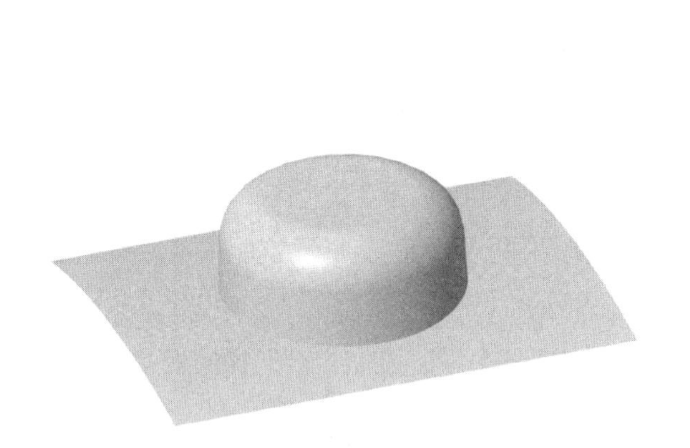

图4-11 创建倒圆角特征

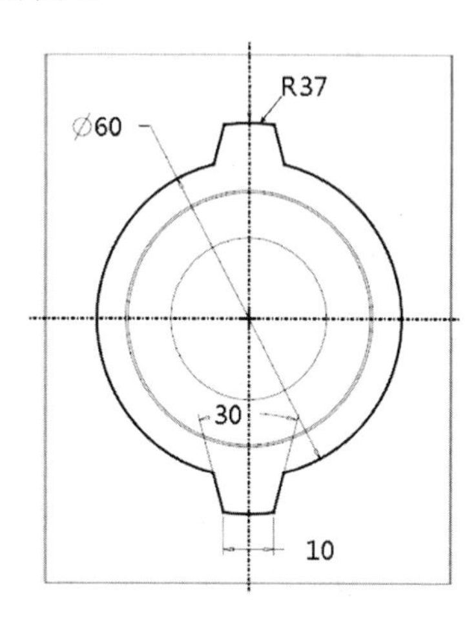

图4-12 绘制截面

Step 32 在“草绘”操控板中单击“确定”按钮。

Step 33 在“拉伸”操控板中单击“穿透”按钮和“切除材料”按钮，如图4-13所示。

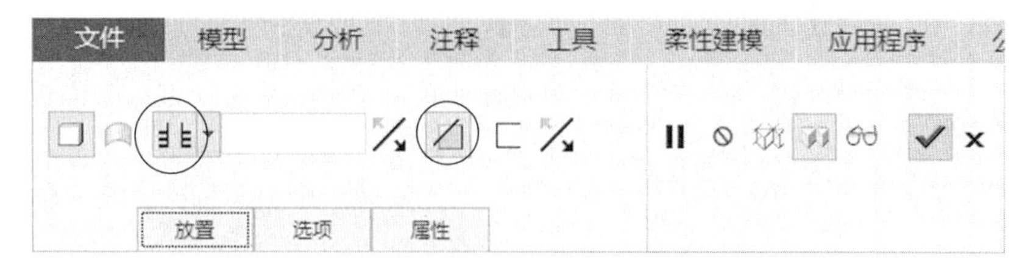

图4-13 按下“穿透”按钮和“切除材料”按钮

Step 34 在工作区是单击切除方向的箭头，使用箭头指向外部，如图4-14所示。

Step 35 在“拉伸”操控板中单击“确定”按钮，创建切除特征，如图4-15所示。

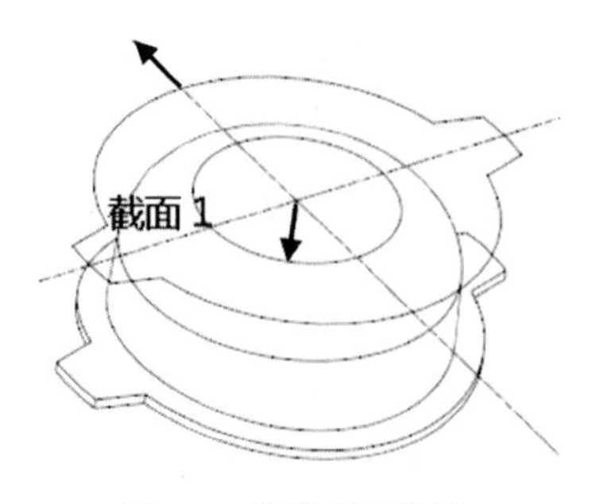

图4-14 箭头指向外部

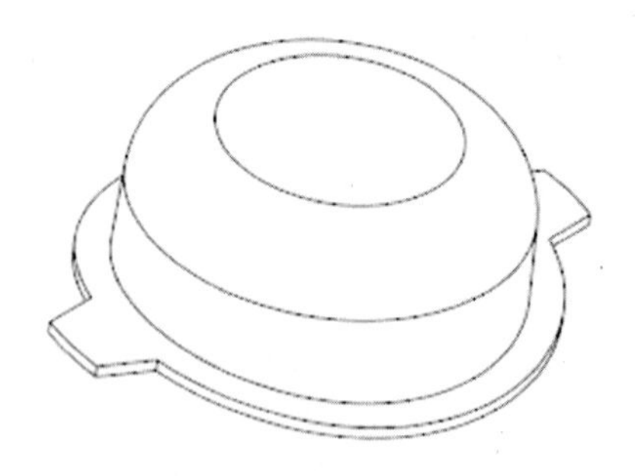
图4-15 创建切除特征

Step 36 单击“拉伸”按钮，在“拉伸”操控板中单击“放置”按钮 放置 ，再在“放置”滑板中单击“定义”按钮 定义... 。

Step 37 选择FRONT基准面为草绘平面，RIGHT基准面为参考平面，在“草绘”对话框中“方向”选项区选择“向右”，单击“草绘”按钮 草绘 ，进入草绘模式。

Step 38 单击“草绘视图”按钮，定向草绘平面与屏幕平行。

Step 39 单击“草绘”区域的“中心线”按钮，绘制一条竖直中心线。

Step 40 单击“重合”按钮，使竖直中心线与Y轴重合。

Step 41 绘制一个矩形截面，并将矩形的两条竖直边关于Y轴对称，如图4-16所示。

Step 42 在“草绘”操控板中单击“确定”按钮。在“拉伸”操控板中按下“穿透”按钮和“切除材料”按钮，如图4-13所示。

Step 43 在工作区是单击切除方向的箭头，使用箭头指向矩形内部。

Step 44 在“拉伸”操控板中单击“确定”按钮，创建切除特征，如图4-17所示。

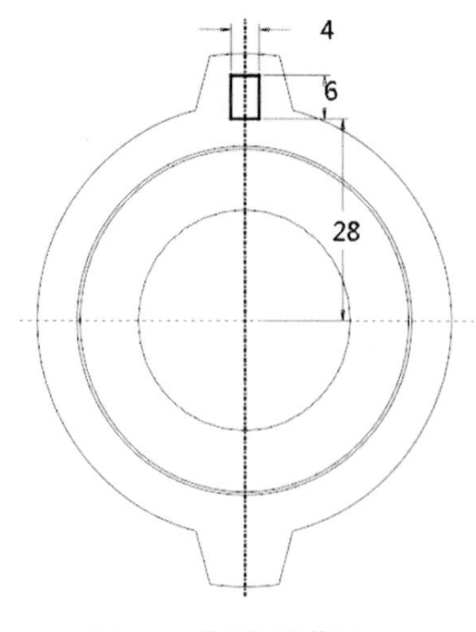

图4-16 绘制矩形截面

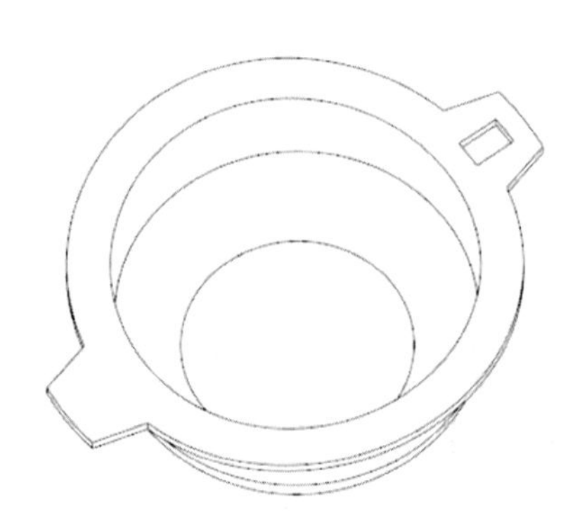
图4-17 创建切除特征

Step 45 单击“倒圆角”按钮，先选择方孔的第一个拐角的边线，再按住Ctrl键，然后选择第二个拐角的边线，在“倒圆角”操控板中选“集”按钮，选“完全倒圆角”按钮，如图2-9所示，对刚才的方孔倒全圆角，如图4-18所示。

Step 46 在模型树上选择刚才创建的方形孔特征和两个全圆角特征，再单击“镜像”按钮，选择FRONT基准平面为镜像平面，创建镜像特征，如图4-18所示。

Step 47 单击“拉伸”按钮，在“拉伸”操控板中单击“放置”按钮 放置 ，再在“放置”滑板中单击“定义”按钮 定义... 。

Step 48 选择FRONT基准面为草绘平面，RIGHT基准面为参考平面，在“草绘”对话框中“方向”选择“向右”，单击“草绘”按钮 草绘 ，进入草绘模式。

Step 49 单击“草绘视图”按钮，定向草绘平面与屏幕平行。

Step 50 单击“草绘”区域的“中心线”按钮，绘制一条竖直中心线。

Step 51 单击“重合”按钮，使竖直中心线与Y轴重合。

Step 52 绘制2个圆形截面（ϕ8mm），圆心在X轴上，并关于Y轴对称，如图4-19所示。

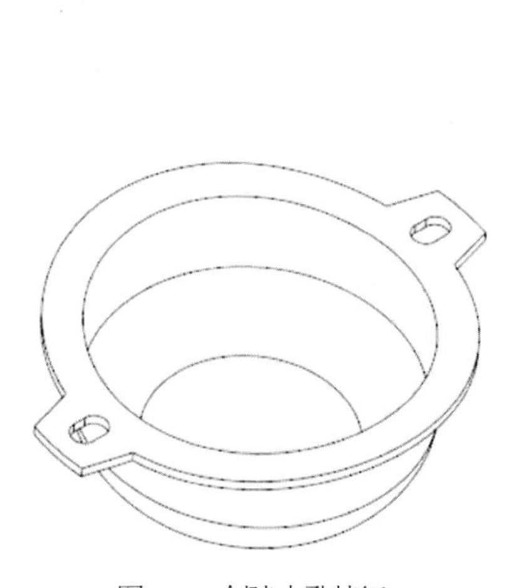

图4-18　创建小孔特征

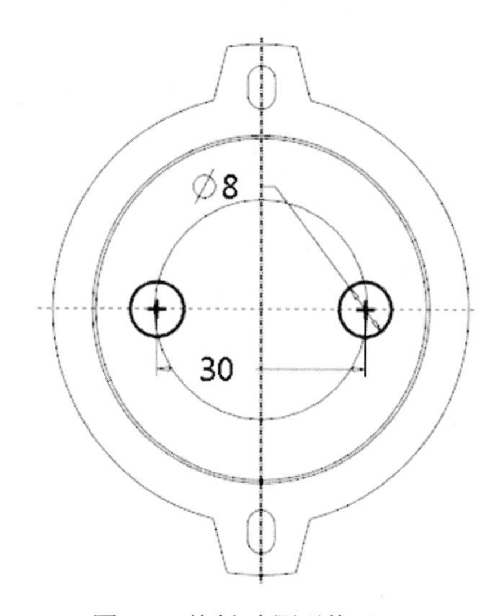

图4-19　绘制2个圆形截面

Step 53 在“草绘”操控板中单击“确定”按钮。在“拉伸”操控板中按下“穿透”按钮和“切除材料”按钮，如图4-13所示。

Step 54 在工作区是单击切除方向的箭头，使用箭头指向圆形内部。

Step 55 在“拉伸”操控板中单击“确定”按钮，创建2个圆孔，如图4-20所示。

Step 56 单击“倒圆角”按钮，创建倒圆角特征（8×R3mm），如图4-21所示。

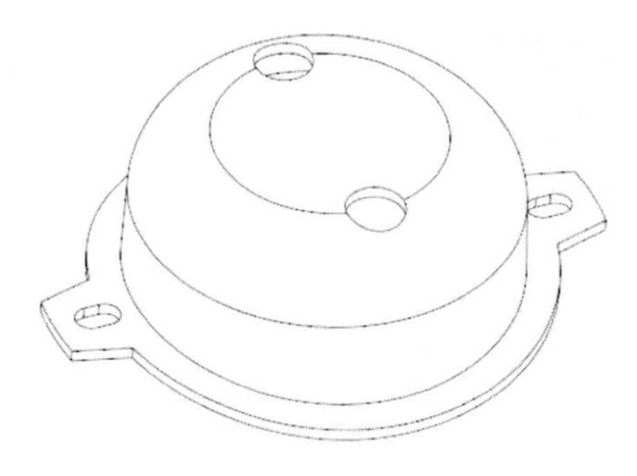
图4-20　创建2个圆形通孔

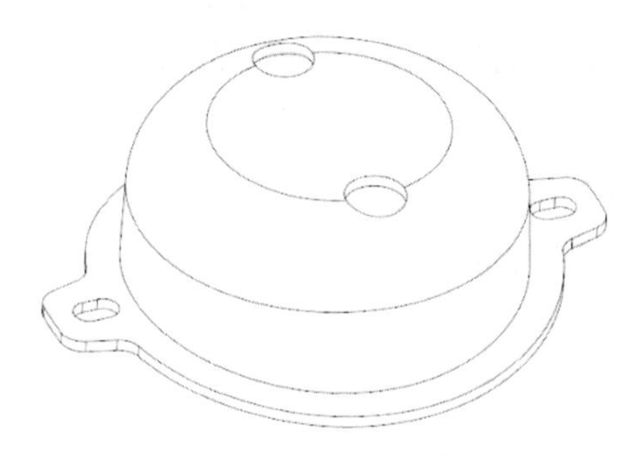
图4-21　创建8个倒圆角特征

Step 57 单击“保存”按钮，保存文件。

4.2　模具设计

按照前面章节的方法，依次创建新的模具型腔文件 MFG04 →加载参考模型→设定收缩率，收缩率为 1.005，在此不再重复叙述。

4.2.1　设计分型面

Step 01 在模型树中选择MFG04_REF.PRT，在活动窗口中单击“激活”按钮，激活参考零件。

Step 02 在屏幕的右下角选择“几何”，如图4-22所示。

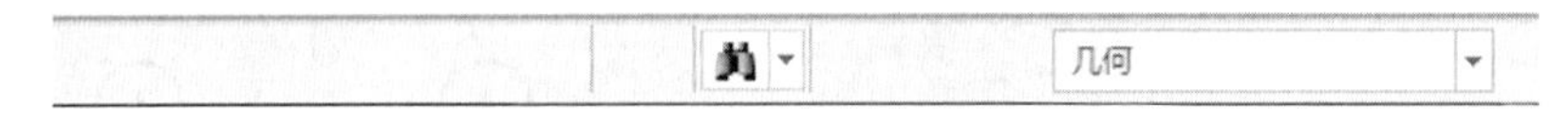

图4-22　在屏幕的右下角选择“几何”

Step 03 按住Ctrl键，选择零件内表面小孔周围的曲面，如图4-23中的阴影曲面所示。

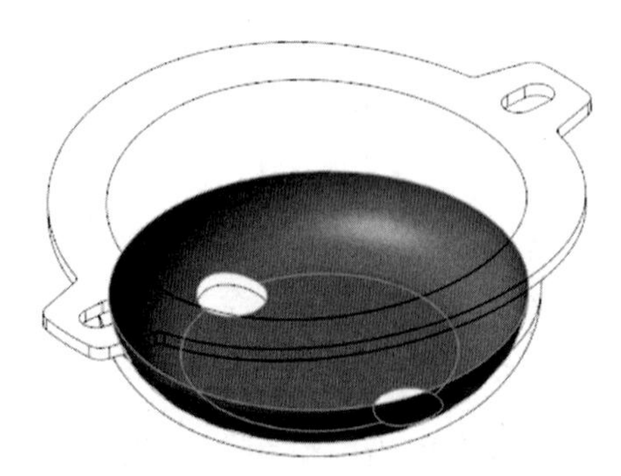
图4-23　选择零件上小孔周围的曲面

Step 04 在横向菜单中选择“模型”选项卡，再单击“复制几何”按钮，如图4-24

所示。（如果“复制几何”按钮不能激活，则可以选“复制”按钮，再选“粘贴”按钮）

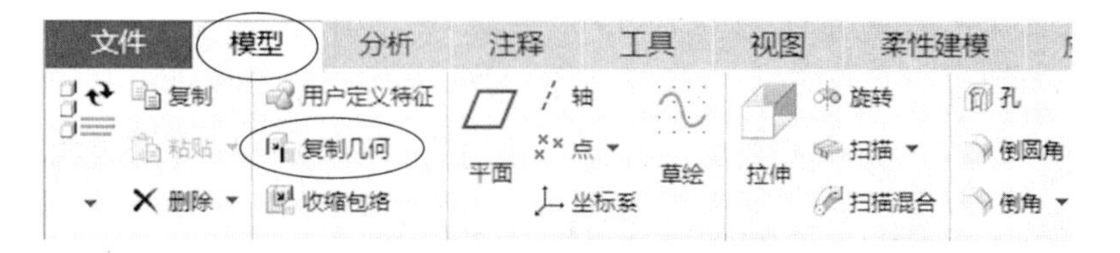

图4-24 单击“复制几何”按钮

Step 05 在“复制几何”操控板中单击“选项”按钮，选中“◉ 排除曲面并填充孔”选项，如图4-25所示。

图4-25 选择“◉ 排除曲面并填充孔”选项

Step 06 在屏幕的右下角选择“边”，如图4-26所示。

图4-26 在屏幕的右下角选择“边”

Step 07 按住Ctrl键，选择小孔周围的边线，如图4-27粗线所示。

Step 08 在“复制几何”操控板中单击“确定”按钮☑，复制所选的曲面，并填充小孔，如图4-28所示。（该步骤容易出错，如果不能生成曲面，请耐心重新选择曲线。）

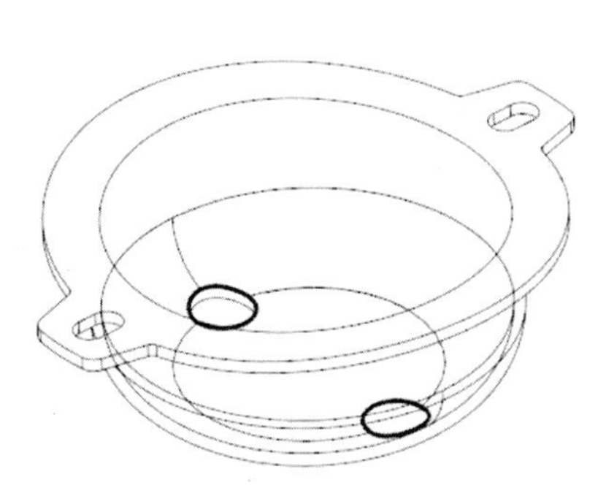

图4-27 选择小孔周围的边线

图4-28 复制曲面

Step 09 单击“拉伸”按钮，选择TOP面为草绘平面，选择RIGHT和FRONT为参考面，出现水平虚线和竖直虚线，进入草绘模式，任意绘制一个圆弧，如图4-29所示。（草绘中的尺寸为任意值，暂时不用理会具体大小，后续再修改）

Step 10 单击“草绘”区域的“中心线”按钮，任意绘制一条竖直的中心线。

Step 11 单击“重合”按钮，使竖直中心线与Y轴重合。

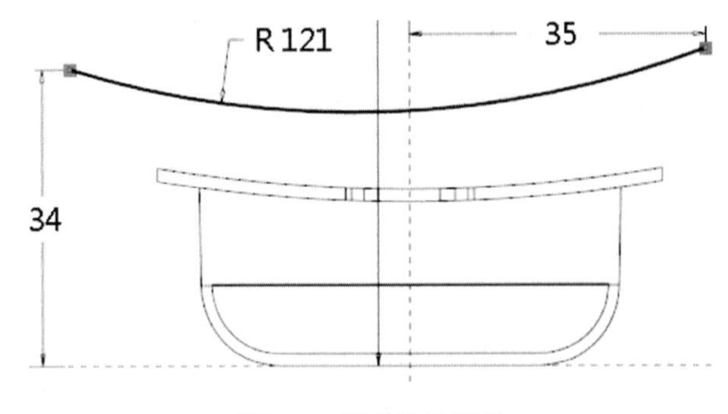

图4-29　任意绘制截面

Step 12 单击“对称”按钮，选择圆弧的两个端点，再选竖直中心线，使圆弧的两个端点关于竖直中心线对称，如图4-30所示。

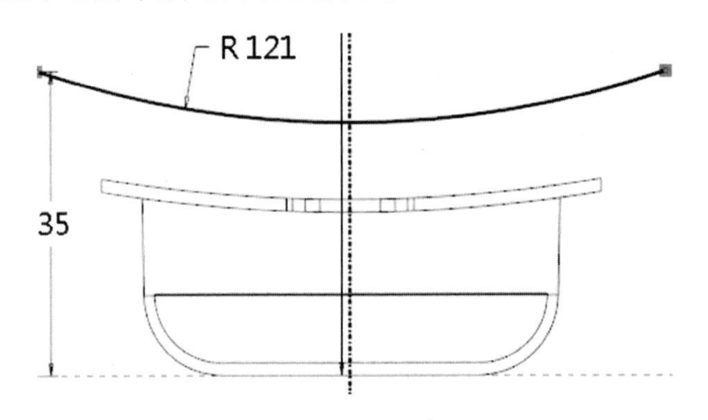

图4-30　圆弧的两个端点关于竖直中心线对称

Step 13 单击“重合”按钮，使圆弧与参考零件口部的边线重合，如图4-31所示。

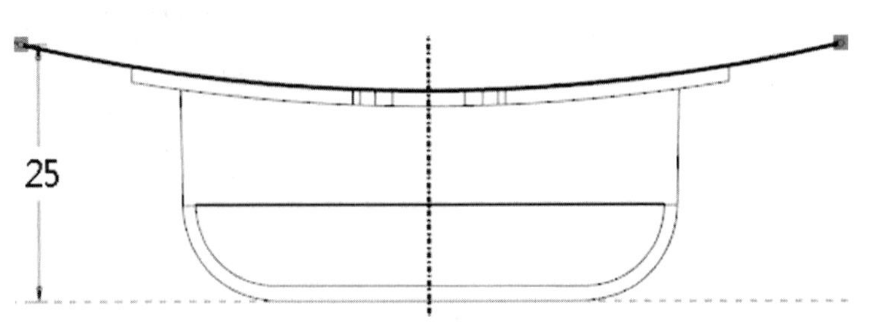

图4-31　圆弧与参考零件口部的边线重合

Step 14 单击“尺寸”按钮，标上两个端点之间的水平尺寸为120mm，如图4-32所示。

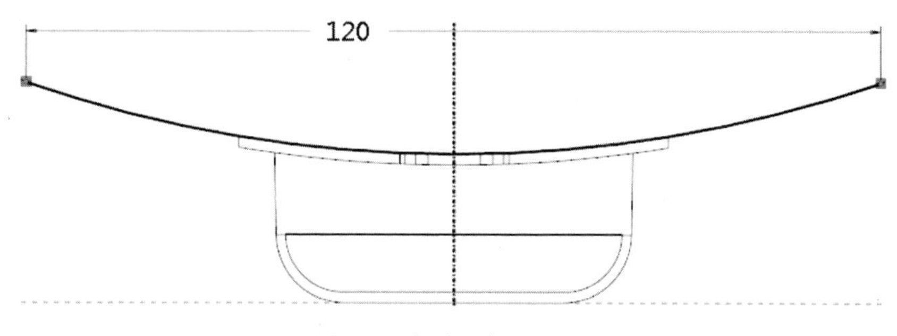

图4-32 水平尺寸为120mm

Step 15 在“草绘”操控板中单击“确定”按钮。

Step 16 在“拉伸”操控板中选择“拉伸为曲面”按钮，选择“对称拉伸”按钮，“深度”为120mm，如图4-33所示。

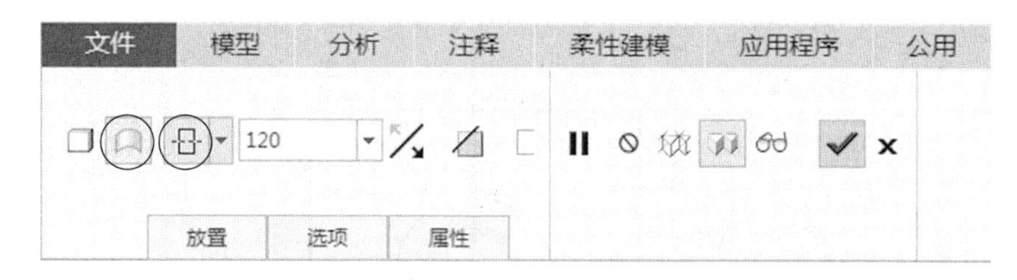

图4-33 设置“拉伸”操控板参数

Step 17 在“拉伸”操控板中单击“确定”按钮，创建拉伸曲面，如图4-34所示。

Step 18 先在横向菜单中选择“模型”选项卡，再选择刚才创建的拉伸曲面，然后单击“修剪”按钮。

Step 19 选择参考零件口部的第1条边线，然后按住Shift键，选择另一条边线，如图4-35中的粗线所示。（注意调整箭头的方向。）

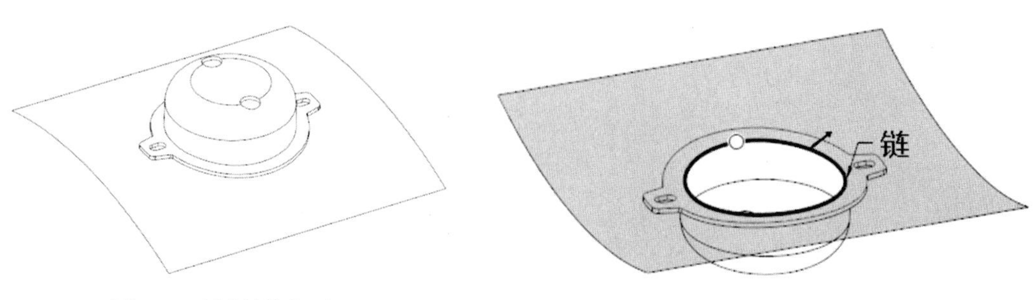

图4-34 创建拉伸曲面

图4-35 选择边线

Step 20 在“曲面修剪”操控板中单击“确定”按钮☑。

Step 21 单击“保存”按钮，保存文件。

4.2.2 创建工件

Step 01 选择MFG04.ASM，再在活动窗口中单击“激活”按钮。

Step 02 按前面章节的方法，创建工件，工件的尺寸为100mm×100mm，如图4-36所示。

Step 03 在“草绘”操控板中单击“确定”按钮☑。

Step 04 在“拉伸”操控板中选择“拉伸为实体”按钮，单击“选项” 选项 按钮，“侧1”选“盲孔”选项，“深度”为40mm，“侧2”选“盲孔”选项，“深度”为40mm，取消“□添加锥度”前面的“√”。

Step 05 在“拉伸”操控板中单击“确定”按钮☑，创建工件特征。

Step 06 在“模型树”中选中 MFG04.ASM，再在活动窗口中选中“激活”按钮。

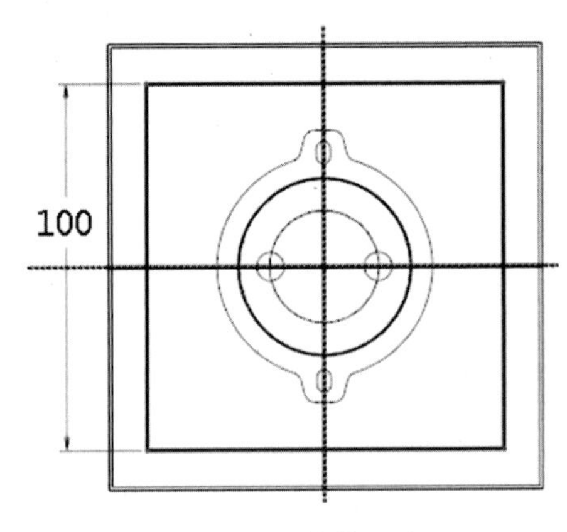

图4-36 工件截面图

4.2.3 抽取体积块

按照前面章节的方法，拆分体积块→抽取体积块，在此不再重复叙述。

项目 5　钣金类零件的模具设计

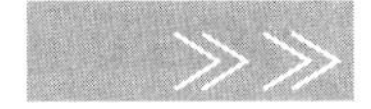

本节通过绘制一个简单钣金零件（比如塑料垫片等），重点讲述 Creo 5.0 钣金设计的基本命令，以及模具设计的方法，产品图如图 5-1 所示。

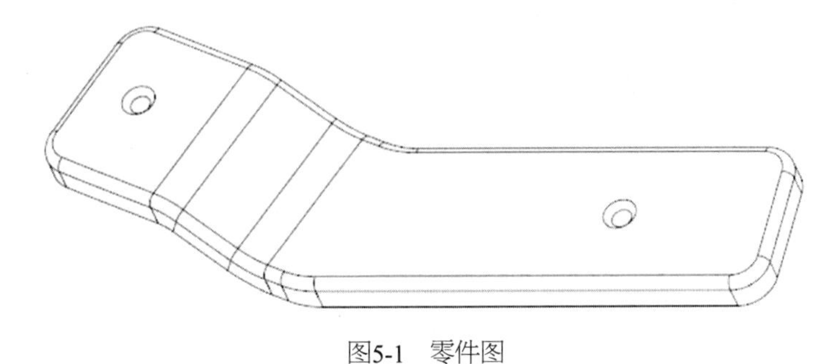

图5-1　零件图

5.1　产品设计

Step 01 启动Creo 5.0，单击“新建”按钮，在【新建】对话框“类型”选项区中选中“◉ 零件”，将“子类型”选为“◉ 钣金体”，输入文件名为“dianpian”，取消“☐使用默认模板”复选框前面的“√”，如图5-2所示。

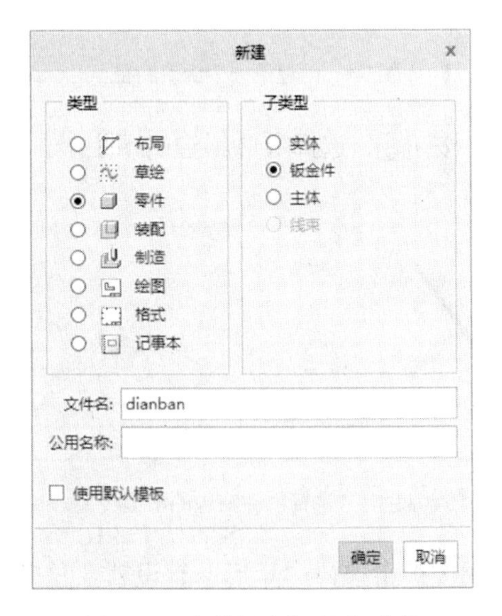

图5-2　设定【新建】对话框参数

Step 02 单击“确定”按钮 确定，在“新文件选项”对话框中选择“mmns_part_sheetmetal”选项。

Step 03 单击“平面”按钮，选择TOP平面为草绘平面，RIGHT平面为参考平面，方向向右，绘制一个截面，如图5-3所示。

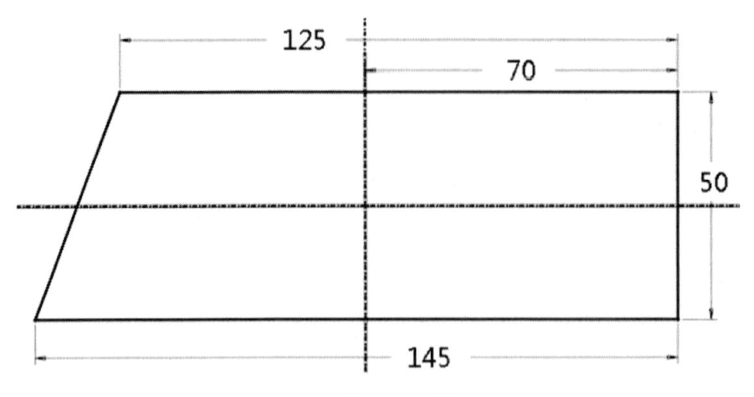

图5-3 绘制矩形截面

Step 04 单击“确定”按钮，在“平面”操控板上输入厚度为10mm。

Step 05 单击“确定”按钮，创建钣金特征，如图5-4所示。

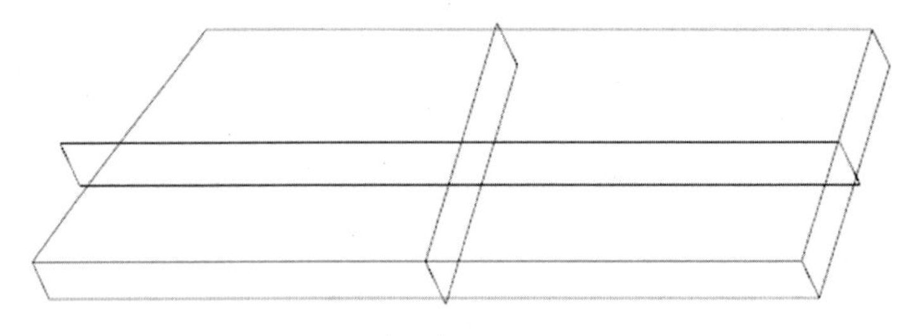

图5-4 创建第一个钣金特征

Step 06 单击“平整”按钮，选择零件斜边的下边线，如图5-5粗线所示。

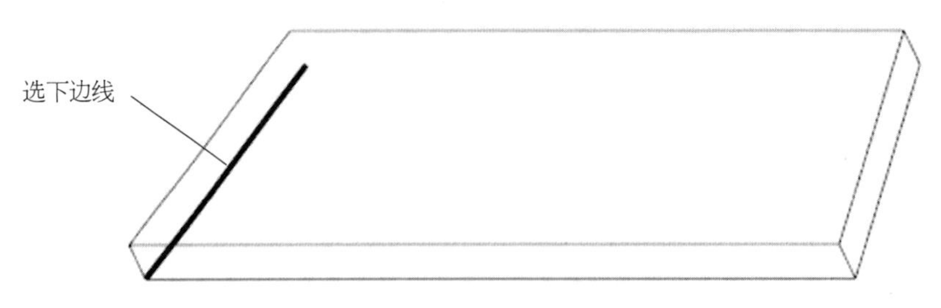

图5-5 选择零件斜边的下边线

Step 07 在“平整”操控板中选择“矩形”，设置“角度”为30°，“折弯半径”为“2.0*厚度”，选择“标注折弯的内部曲面”选项，如图5-6所示。

Step 08 单击“形状”按钮，将“形状连接”选为“◉ 高度尺寸包括厚度”，将“高度”设为50mm，如图5-6所示。

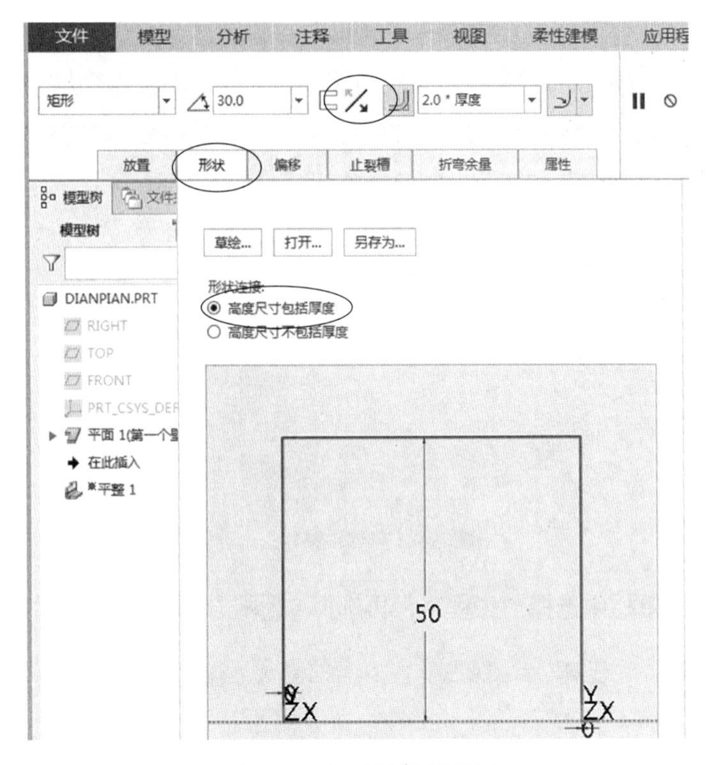

图5-6　设定“平整”操控板

Step 09 单击“止裂槽”按钮，“类型”选择“无止裂槽”选项，如图5-7所示。

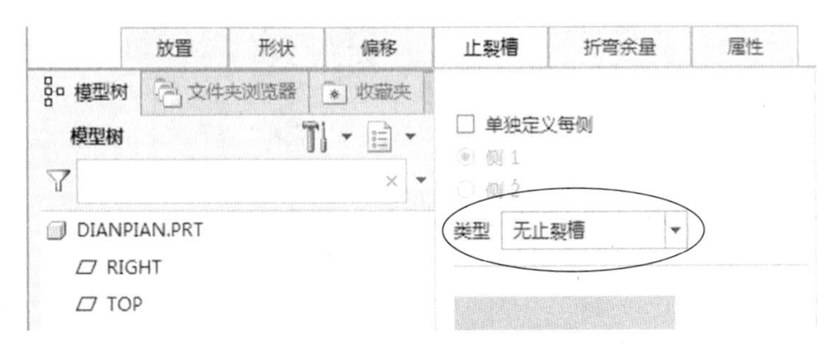

图5-7　选“无止裂槽”选项

Step 10 单击“平整”按钮，选择零件斜边的上边线，如图5-8粗线所示。

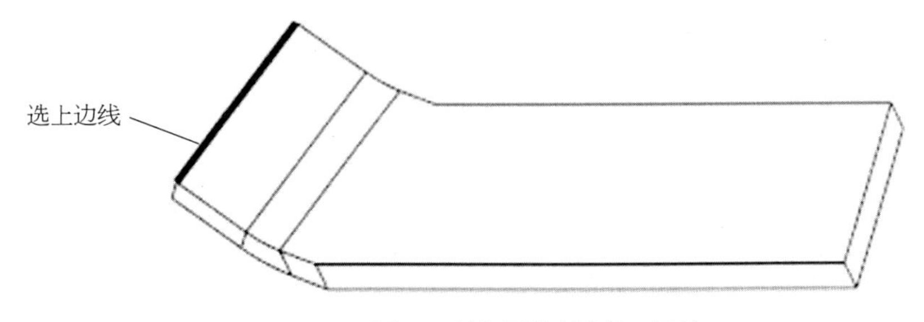

图5-8　选择零件斜边的上边线

Step 11 在“平整”操控板中选择“矩形”，设置“角度”为30°，“折弯半径”为“2.0*厚度”，选择“标注折弯的内部曲面”选项，单击“形状”按钮，将“形状连接”选为“◉ 高度尺寸包括厚度”，将“高度”设为50mm，如图5-6所示。

Step 12 单击“确定”按钮，创建平整特征，如图5-9所示。

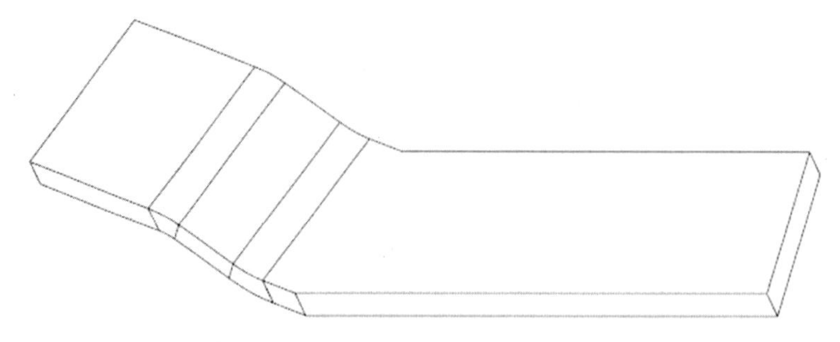

图5-9 创建平整特征

Step 13 在菜单栏中选择“工程”，再选择“孔”命令，如图5-10所示。

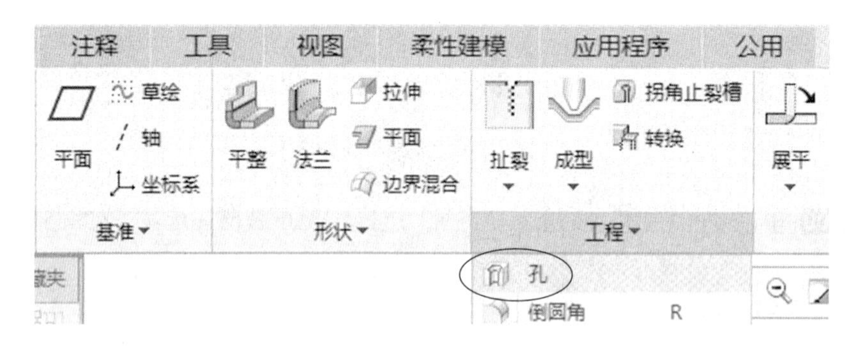

图5-10 选择“工程”，再选“孔”命令

Step 14 选择孔的放置平面，如图5-11阴影平面所示。

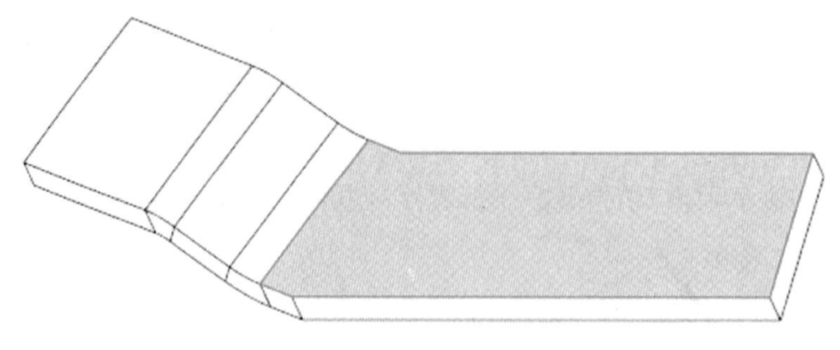

图5-11 选择孔的放置平面

Step 15 在“孔”操控板中单击“使用标准孔轮廓作为钻孔轮廓”按钮，设置“孔径”为ϕ6mm，选择“穿透”按钮，单击“形状”按钮，显示孔的形状，

重复单击“添加沉头孔”按钮，使孔的形状为埋头孔的形状，埋头孔的口部直径为φ10mm，如图5-12所示。

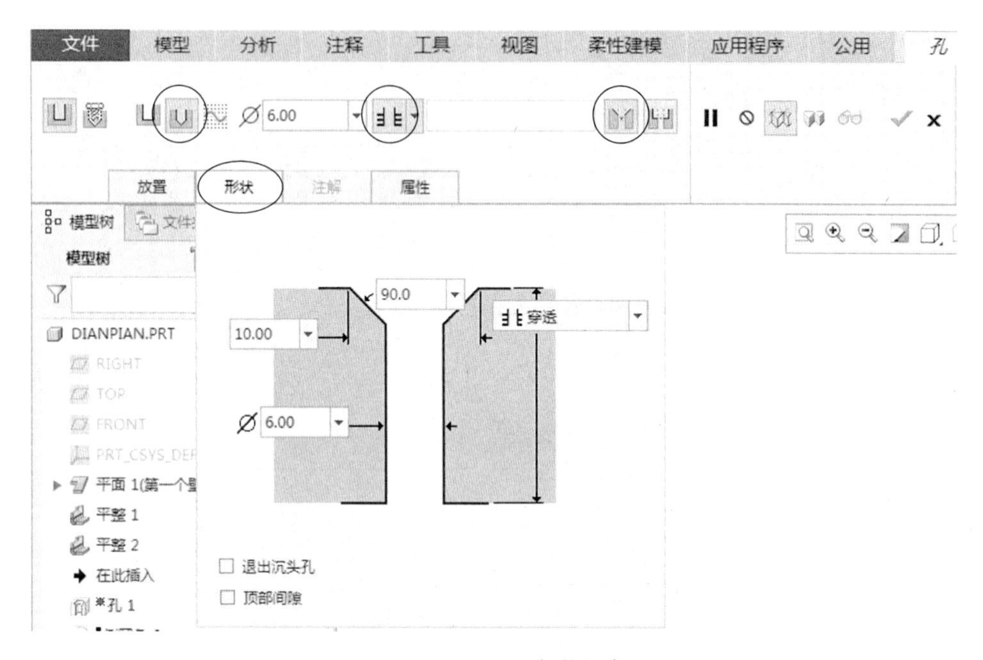

图5-12 设置“孔”操控板参数

Step 16 拖动孔的位置控制块到产品的边线，并将尺寸设为25mm和50mm，如图5-13所示。

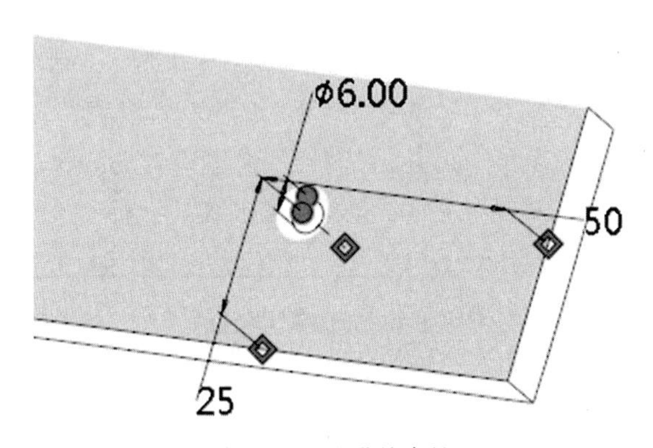

图5-13 设定孔的参数

Step 17 单击“确定”按钮☑，创建埋头孔特征，如图5-14所示。

Step 18 采用相同的方法，创建另一个埋头孔，该埋头孔与两条边线的距离分别为20mm和25mm，如图5-14所示。

Step 19 在菜单栏中选择“工程”，再选“倒圆角”命令，参考图5-10所示。

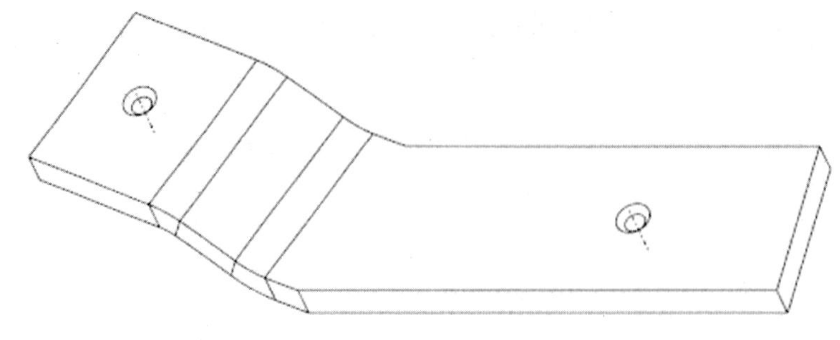

图5-14　创建2个埋头孔

Step 20 在零件上创建倒圆角特征，如图5-15所示。

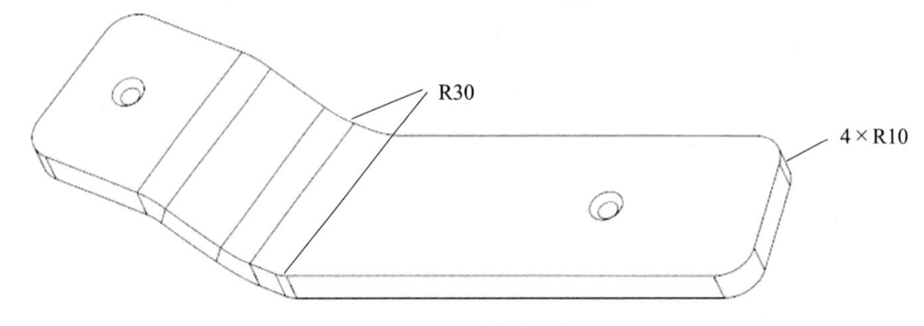

图5-15　创建倒圆角特征

Step 21 再次在零件的边线上创建倒圆角特征（R3），如图5-16所示。

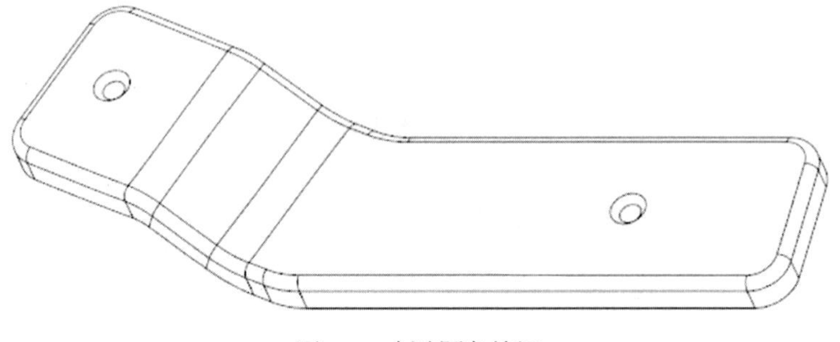

图5-16　创建圆角特征

Step 22 单击“保存”按钮，保存文件。

5.2　模具设计

5.2.1　进入模具设计环境

Step 01 创建新的模具型腔文件，文件名称为mfg05.asm。

Step 02 加载参考模型。

Step 03 设定收缩率，收缩率为1.005。

Step 04 创建工件，工件名称为PRT05，工件尺寸如图5-17所示。

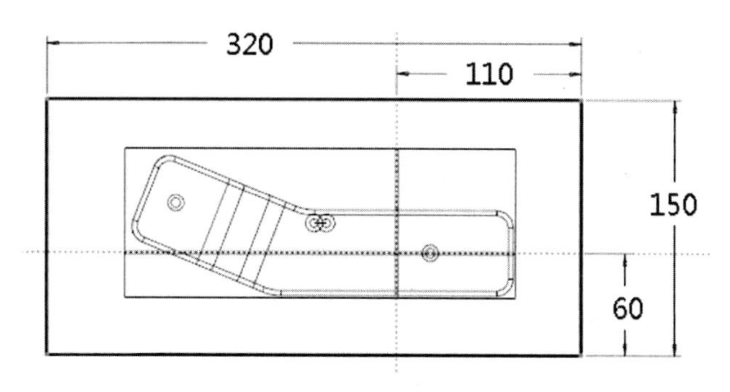

图5-17 工件尺寸图

Step 05 在“拉伸”操控板上单击“选项”按钮，“侧1”为50mm，“侧2”为40mm，如图5-18所示。

图5-18 设定“拉伸”参数

5.2.2 创建分型面

Step 01 单击“分型面”按钮，再选择“阴影曲面”命令。

Step 02 在“阴影曲面”活动窗口中选择“方向”选项。

Step 03 在“菜单管理器”中选择“平面”。

Step 04 选择工件的平面为阴影曲面的投影面，箭头方向指向参考零件，如图5-19阴影面所示。

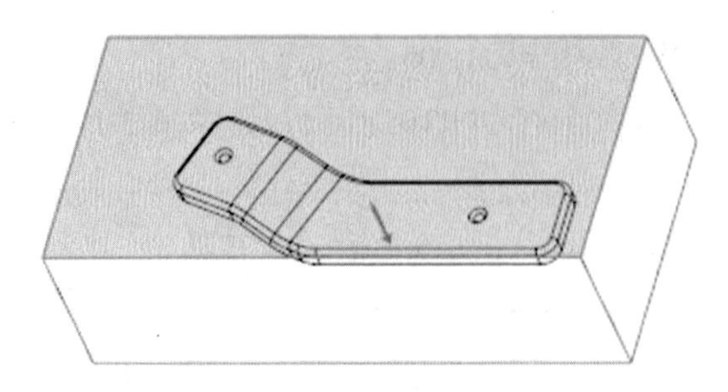

图5-19　选择投影面

Step 05 在“菜单管理器”中单击“确定”按钮 确定(0)，创建分型面，如图5-20所示。

提示： 如果不能创建分型面，可能是在图 5-6 中没有单击“反向”按钮，或在图 5-16 中没有创建 R3mm 圆角特征。

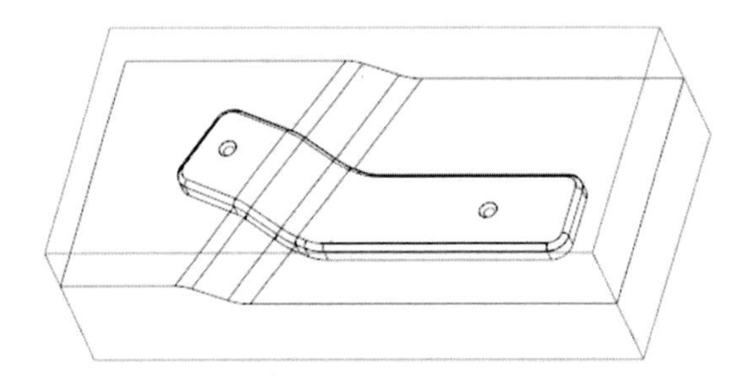

图5-20　创建分型面

Step 06 在“分型面”操控板中单击“确定”按钮。

Step 07 按照前面章节的方法，拆分体积块和抽取体积块，过程完全相同。

Step 08 单击“保存”按钮，保存文件。

项目 6　选择不同碰穿位的模具设计

有些零件上孔位的封胶位置，应根据不同的情况，选择不同的碰穿位，有时候碰穿位在前模，有时候碰穿位在后模，本节着重讲述选择碰穿位，产品图如图 6-1 所示。需要指出的是，采用这种方法设计分型面时，只能对碰穿位是平面的情况才适用，如果碰穿位是曲面，如图 5-1 所示的零件，就不适用选用这种方法。

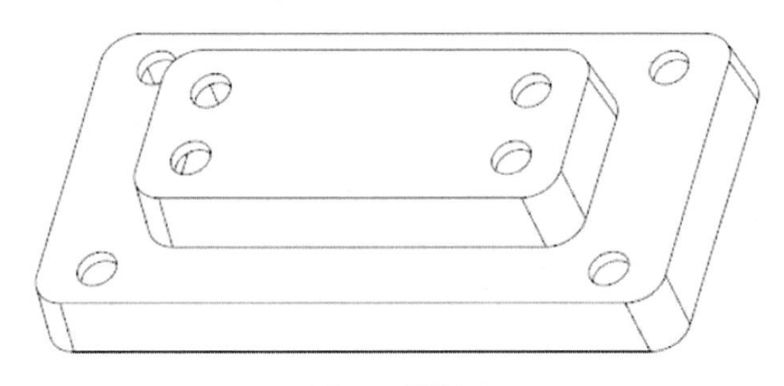

图6-1　零件图

6.1　产品设计

Step 01 启动Creo Parametric 5.0，在Creo Parametric 5.0的起始界面下单击“选择工作目录”按钮，选择“E：\项目6”为工作目录。

Step 02 单击“新建”按钮，在“新建”对话框中“类型”选项区中选择“◉ 零件”，选择“子类型”为“◉ 实体”，设置“名称”为“gai”，取消“☐使用默认模板”选项的选中状态。

Step 03 单击“确定”按钮，选择“mmns_part_solid”，单击“确定” 确定 ，进入建模环境。

Step 04 单击“拉伸”按钮，在“拉伸”操控板中单击“放置”按钮 放置 ，再在“放置”滑板中单击“定义”按钮 定义... 。

Step 05 选择TOP基准面为草绘平面，RIGHT基准面为参考平面，在“草绘”对话框中“方向”选项区中选择“向右”，单击“草绘”按钮 草绘 ，进入草绘模式。

Step 06 单击“草绘视图”按钮，定向草绘平面与屏幕平行。

Step 07 单击“草绘”区域的“中心线”按钮，绘制一条竖直中心线和水平中心线。

Step 08 单击“重合”按钮，使水平中心线与X轴重合，竖直中心线与Y轴重合。

Step 09 绘制一个矩形（100mm×50mm），两条竖直边关于Y轴对称，两条水平边关于X轴对称，如图6-2所示。

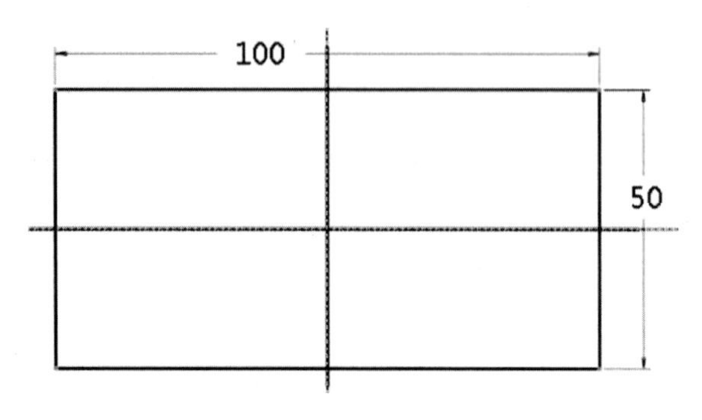

图6-2　绘制矩形截面

Step 10 在“草绘”操控板中单击“确定”按钮☑。

Step 11 在“拉伸”操控板中单击“拉伸为实体”按钮□，单击“选项” 选项 按钮，在“选项”滑板中的“侧1”下拉列表选择“盲孔”选项⊔，设置“深度”为10mm，“侧2”选“无”，选中“☑添加锥角”，设置“锥度”为5°，如图6-3所示。

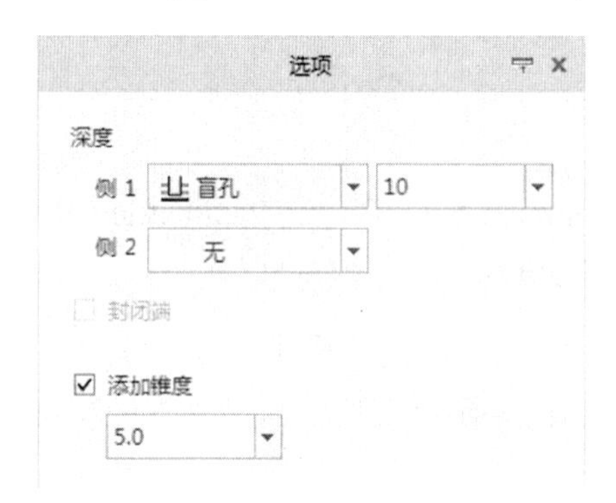

图6-3　设定“选项”滑板参数

Step 12 在“拉伸”操控板中单击“确定”按钮☑，创建第一个拉伸特征，上面小下面大，如图6-4所示。（如果上面大，下面小，则请将锥度改为−5°）

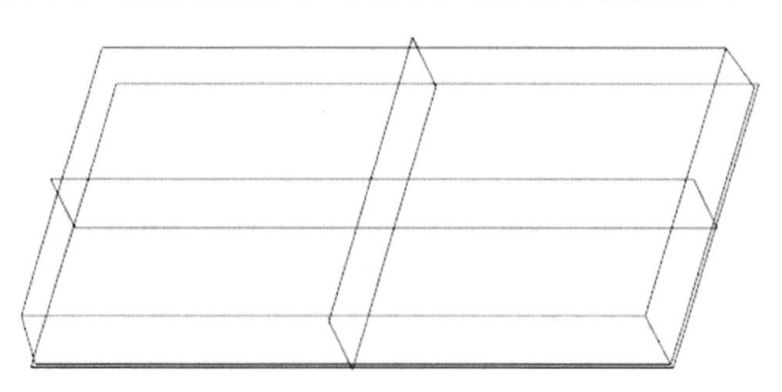

图6-4　创建拉伸特征

Step 13 单击“拉伸”按钮，在“拉伸”操控板中单击“放置”按钮 放置 ，再在“放置”滑板中单击“定义”按钮 定义... 。

Step 14 选择TOP基准面为草绘平面，RIGHT基准面为参考平面，在“草绘”对话框中选择“方向”为“向右”，单击“草绘”按钮 草绘 ，进入草绘模式。

Step 15 单击“草绘视图”按钮，定向草绘平面与屏幕平行。

Step 16 单击“草绘”区域的“中心线”按钮，绘制一条竖直中心线和水平中心线。

Step 17 单击“重合”按钮，使水平中心线与X轴重合，竖直中心线与Y轴重合。

Step 18 绘制一个矩形（70mm×30mm），两条竖直边关于Y轴对称，两条水平边关于X轴对称，如图6-5所示。

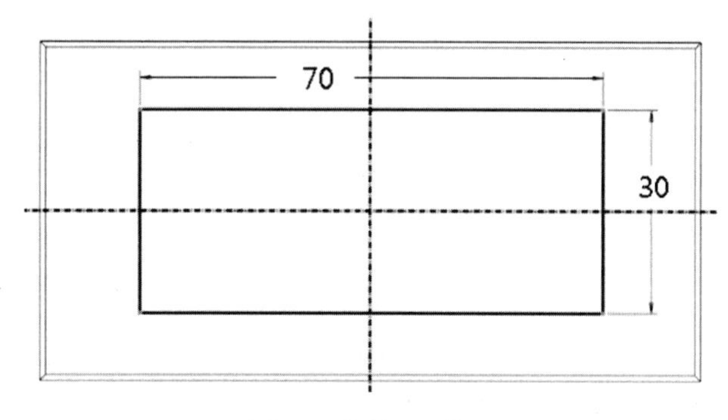

图6-5 绘制矩形截面

Step 19 在“草绘”操控板中单击“确定”按钮☑。

Step 20 在“拉伸”操控板中选择“拉伸为实体”按钮，单击“选项” 选项 按钮，在“选项”滑板的“侧1”下拉列表中选择“盲孔”选项，设置“深度”为20mm，在“侧2”下拉列表选择“无”，选中“☑添加锥角”，设置“锥度”为5°，如图6-3所示。

Step 21 在“拉伸”操控板中单击“确定”按钮☑，创建第二个拉伸特征，上面小下面大，如图6-6所示。

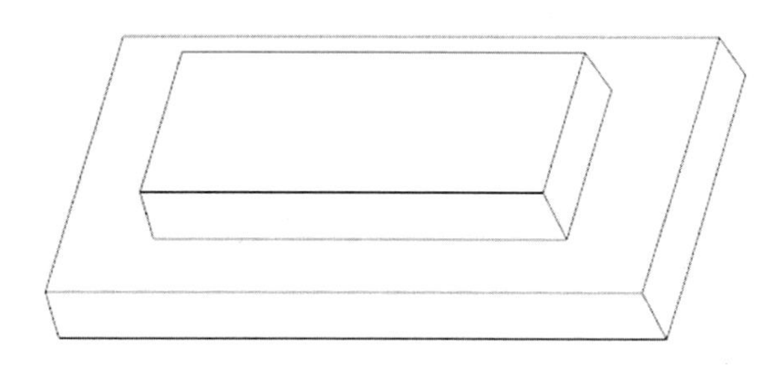

图6-6 创建第二个拉伸特征

Step 22 单击“倒圆角”按钮，创建倒圆角特征（8×R5mm），如图6-7所示。

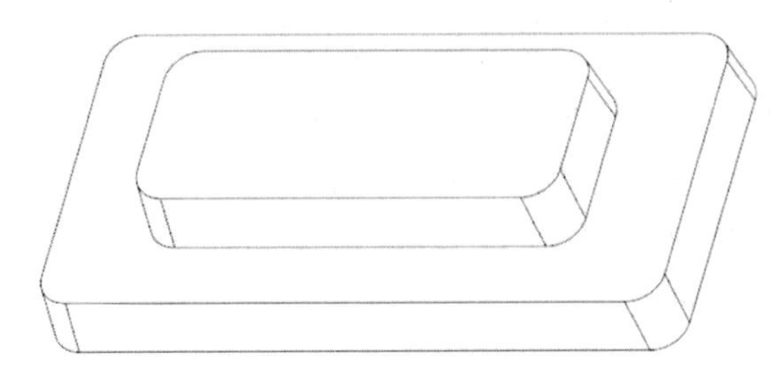

图6-7　创建倒圆角特征（8×R5mm）

Step 23 单击“抽壳”按钮，选择底面为可移除面，设置“厚度”为2mm，如图6-8所示。

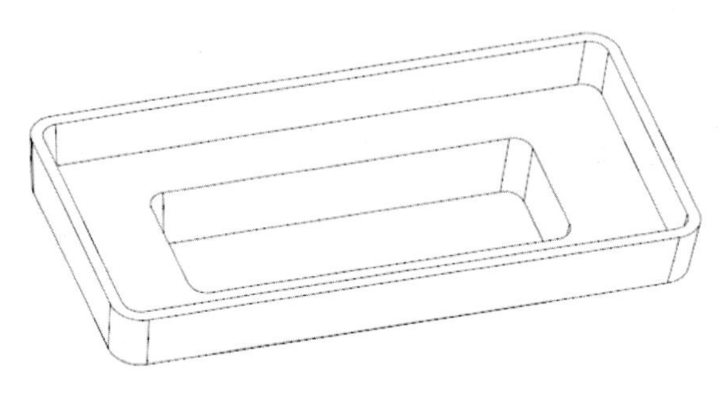

图6-8　抽壳

Step 24 单击“拉伸”按钮，在“拉伸”操控板中单击“放置”按钮 放置 ，再在“放置”滑板中单击“定义”按钮 定义... 。

Step 25 选择TOP基准面为草绘平面，RIGHT基准面为参考平面，在“草绘”对话框中将“方向”选为“向右”，单击“草绘”按钮 草绘 ，进入草绘模式。

Step 26 单击“草绘视图”按钮，定向草绘平面与屏幕平行。

Step 27 绘制一个圆形（ϕ6mm），如图6-9所示。

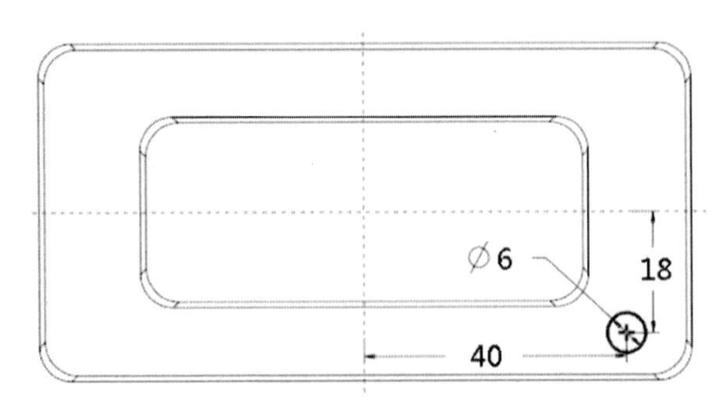

图6-9　绘制截面圆

Step 28 在“草绘”操控板中单击“确定”按钮。

Step 29 在“拉伸”操控板中选择“拉伸为实体”按钮，单击“穿透”按钮和“切除材料”按钮，如图6-10所示。

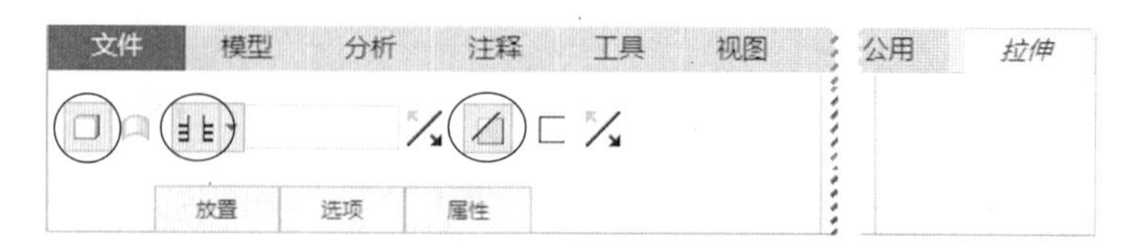

图6-10 按下“穿透”按钮和“切除材料”按钮

Step 30 在“拉伸”操控板中单击“确定”按钮，创建圆孔，如图6-11所示。

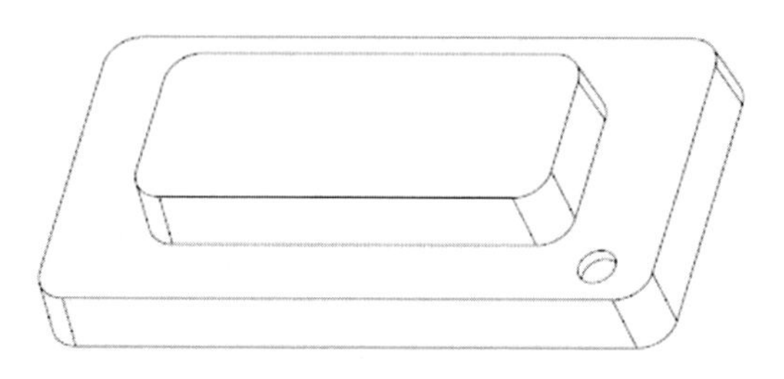

图6-11 创建圆孔

Step 31 在模型树中选中“拉伸3” 拉伸 3，再在快捷菜单中单击“阵列”按钮，在“阵列”操控板中，将“阵列类型”选为“尺寸”，设置“方向1”的数量为2；“方向2”的数量为2，如图6-12所示。

Step 32 单击“尺寸”按钮 尺寸 ，单击“方向1”栏中的“选择项”选项，选中数字为“18”的标注，将“增量”设为−36mm，单击“方向2”栏中的“选择项”选项，选中数字为“40”的标注，“增量”设为−80mm，如图6-12所示。

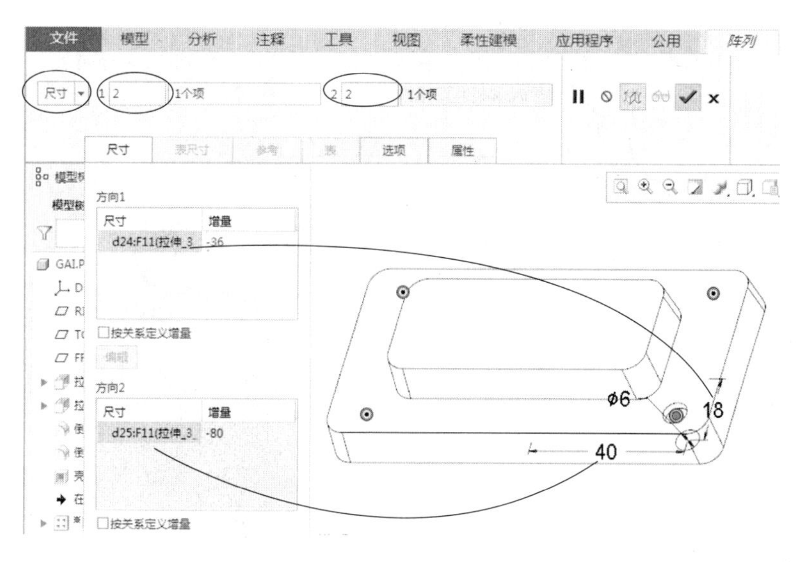

图6-12 设定“阵列”操控板参数

Step 33 在“草绘”操控板中单击“确定”按钮☑，创建阵列特征，如图6-13所示。

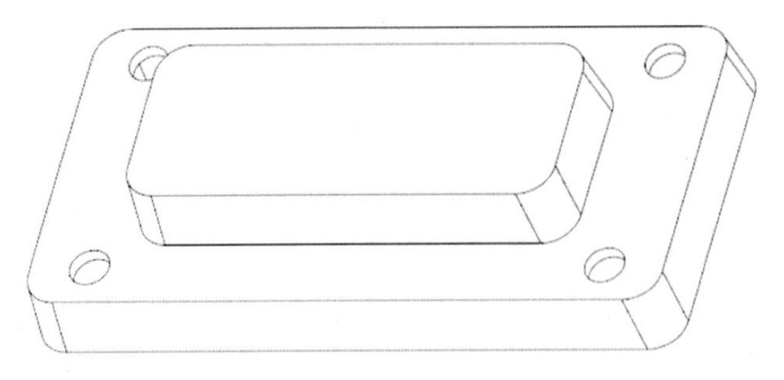

图6-13　创建阵列特征

Step 34 按照相同的方法，再创建1个通孔，草绘尺寸如图6-14所示。

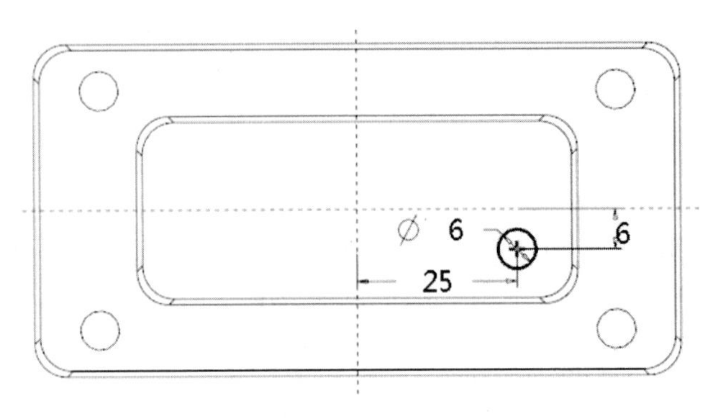

图6-14　草绘尺寸

Step 35 按照相同的方法进行阵列，中心距为50mm×12mm，如图6-14所示。

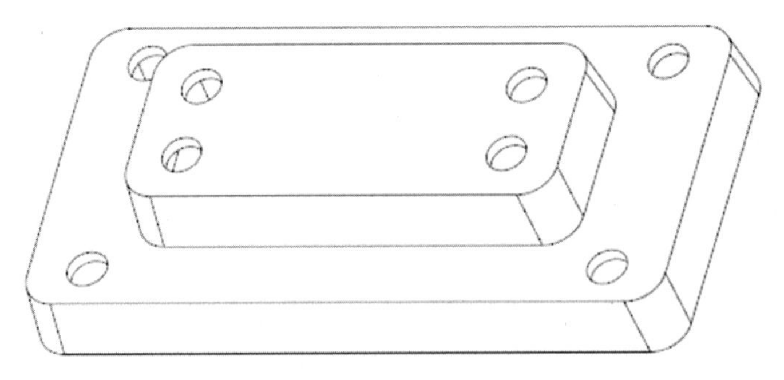

图6-15　阵列第2个通孔

6.2　模具设计

6.2.1　进入模具设计环境

Step 01 创建新的模具型腔文件，文件名称为mfg06. asm。

Step 02 加载参考模型。

Step 03 设定收缩率，设置收缩率为1.005。

Step 04 创建工件，工件的名称为prt06，工件尺寸为125mm × 70mm，如图6-16所示。

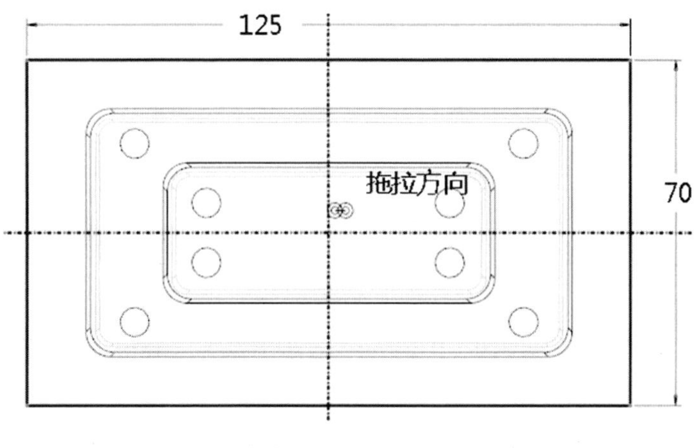

图6-16　工件尺寸

Step 05 在“拉伸”操控板中设定“侧1”为30mm，“侧2”为20mm，工件如图6-17所示。

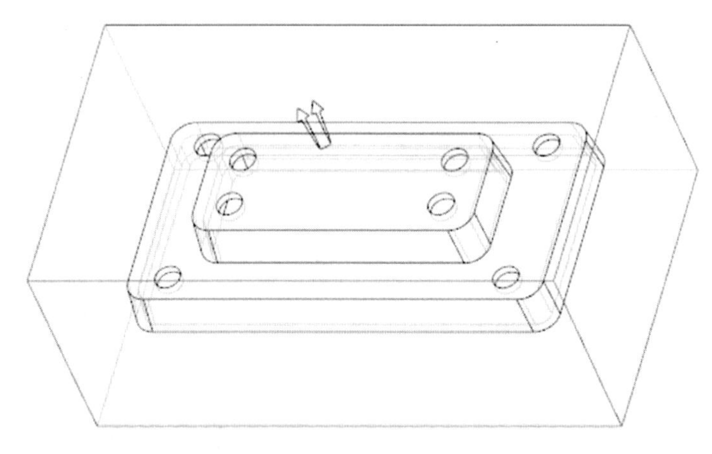

图6-17　创建工件

6.2.2　创建分型面

Step 01 单击“分型面”按钮，再选择“阴影曲面”命令。

Step 02 在“阴影曲面”活动窗口中双击“方向”选项。

Step 03 在“菜单管理器”中选择“平面”。

Step 04 选择工件的上表面为阴影曲面的投影面，箭头方向指向参考零件，如

图6-18阴影面所示。

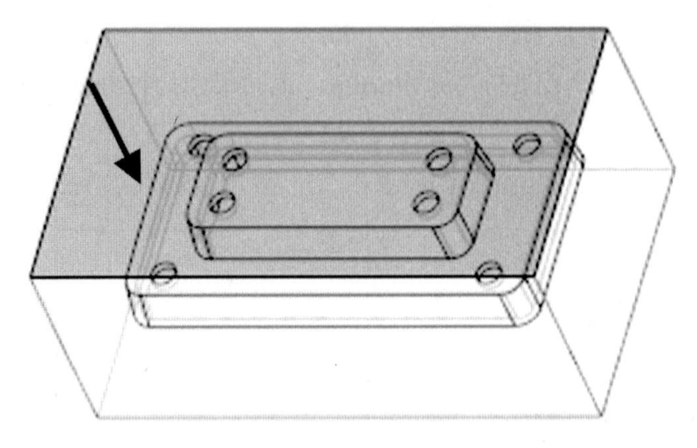

图6-18　选择投影面

Step 05 在“菜单管理器”中单击“确定”按钮 确定(0)，返回“阴影曲面”窗口。

Step 06 在“模型树”中选择工件的图形PRT06.PRT，单击鼠标右键，选“隐藏”按钮，如图6-19所示（隐藏工件后，图形更简洁，方便操作）。

图6-19　选“隐藏”按钮

Step 07 在“阴影曲面”窗口中单击“预览”按钮，显示阴影曲面，此时的阴影曲面已将小孔完全封闭，如图6-20所示。

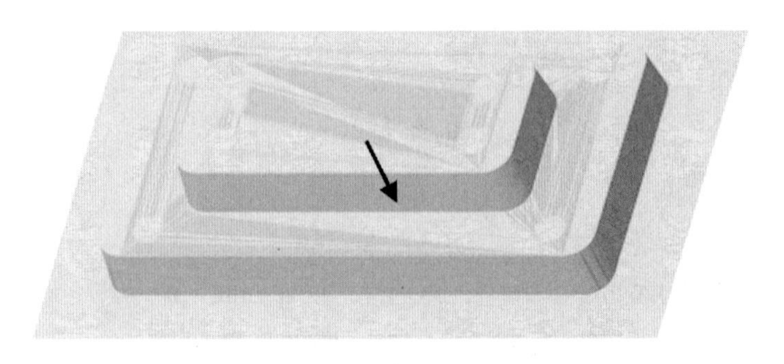

图6-20　预览阴影曲面

Step 08 在“阴影曲面”窗口中双击“环闭合”按钮，如图6-21所示。

Step 09 在“菜单管理器”中选择“☑顶平面”和“☑选择环”选项，再单击“完成”命令，如图6-22所示。

图6-21 双击“环闭合”按钮

图6-22 选择“☑顶平面”和“☑选择环”选项

Step 10 按住鼠标中键，翻转实体后，选择阴影平面为碰穿面，如图6-23所示。

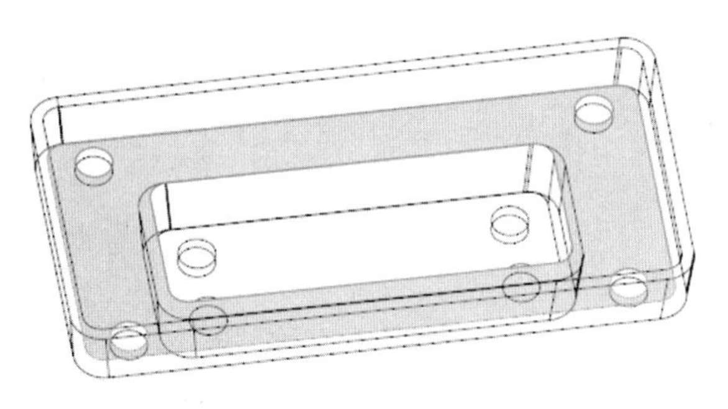

图6-23 选择

Step 11 按住<Ctrl+D>组合键，摆正实体后，再按住<Ctrl>键，选择其中4个小孔上表面的边沿线（可以只选边沿线的一部分，不必选择小孔的整个边沿线），如图6-24粗线所示。（为了更好地对比，只选择右边4个小孔的边线）

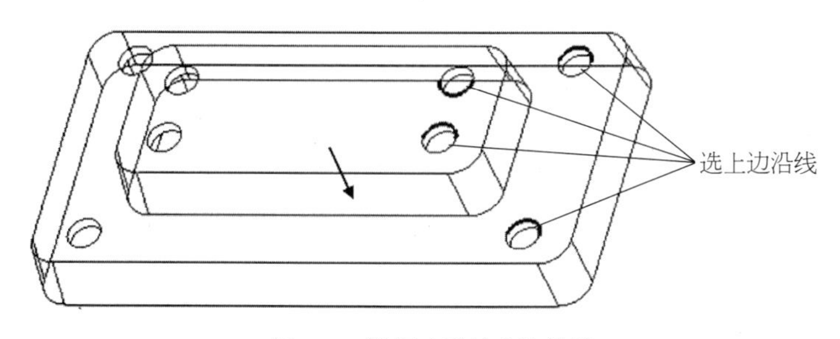

图6-24 选择小孔的上边沿线

Step 12 在“菜单管理器”中单击“完成”命令，再选择“完成/返回”命令，返回至“菜单管理器”。

Step 13 在“阴影曲面”窗口中单击“预览”按钮，显示阴影曲面，所选边线小孔的阴影曲面与其他小孔不同，显示小孔，如图6-25所示。

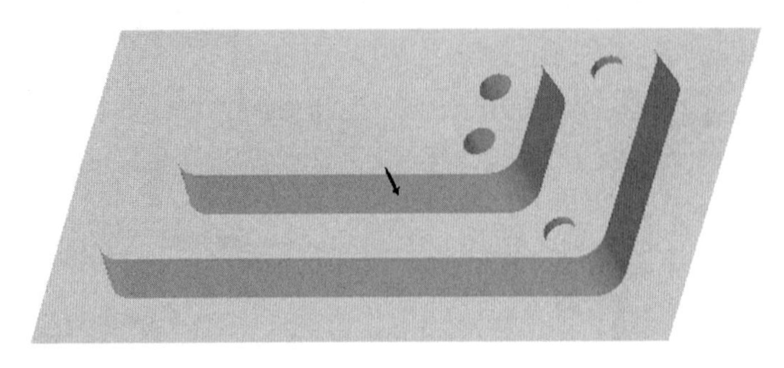

图6-25　所选边线小孔的阴影曲面与其他小孔不同

Step 14 在“阴影曲面”窗口中单击“确定”按钮确定。

Step 15 在“分型面”操控板中单击“属性”按钮，如图6-26所示。

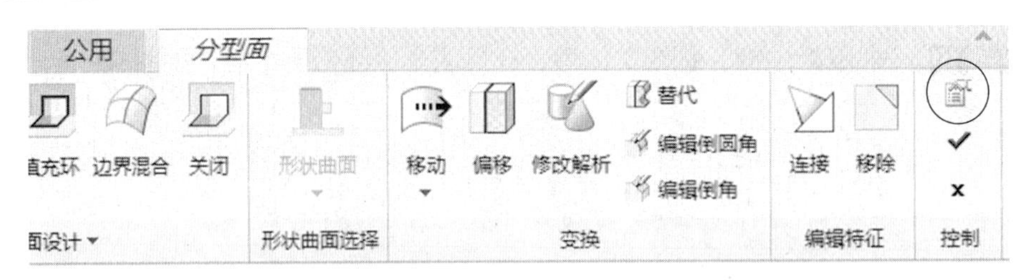

图6-26　单击“属性”按钮

Step 16 在“属性”窗口中输入分型面的名称“ps”，如图6-27所示。

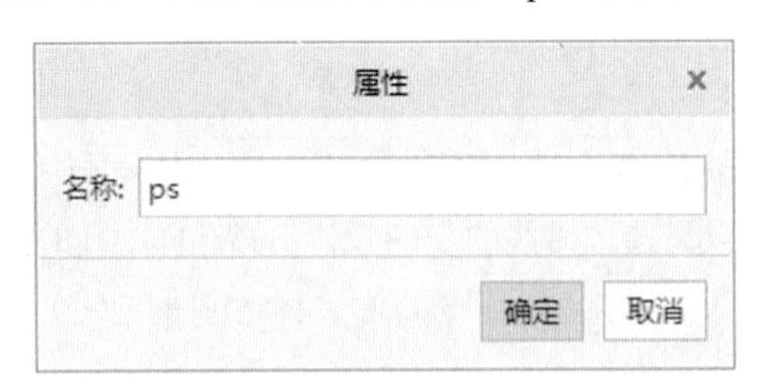

图6-27　输入分型面的名称“ps”

Step 17 单击“确定”按钮，再在“分型面”操控板中单击“确定”按钮。

Step 18 抽取体积块后，请读者自行对比一下，右边4个小孔的碰穿位与左边4个小孔的碰穿位有什么不同之处？

Step 19 单击“保存”按钮，保存文件。

项目 7 带滑块的模具设计

如果零件的侧面有通孔，如图 7-1 所示，此时需要设计滑块，才能正常脱模。

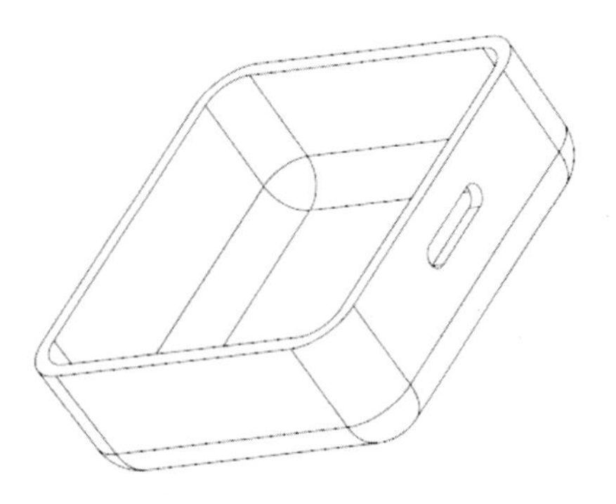

图7-1 带侧面通孔的零件图

7.1 产品设计

Step 01 启动Creo Parametric 5.0软件，在Creo Parametric 5.0的起始界面下单击“选择工作目录”按钮，选择“E：\项目7”为工作目录。

Step 02 单击“新建”按钮，在“新建”对话框中“类型”选项区选择“◉ □零件”，选择“子类型”为“◉ 实体”，输入文件名为“fanghe07.prt”，取消“□使用默认模板”选项的选中状态。

Step 03 先按项目1的步骤创建实体（80mm × 80mm × 30mm，过渡圆角为R10mm），如图7-2所示。

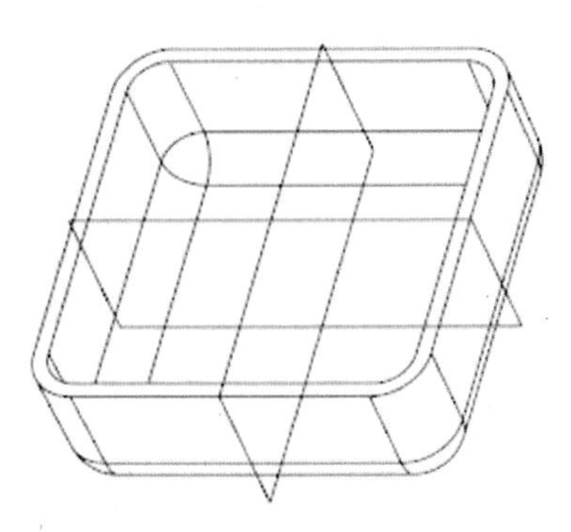

图7-2 创建方盒实体

Step 04 单击“拉伸”按钮，在“拉伸”操控板中单击“放置”按钮 放置 ，再在“放置”滑板中单击“定义”按钮 定义... 。

Step 05 选择RIGHT基准面为草绘平面，TOP基准面为参考平面，在【草绘】对话框中“方向”选择“向上”，单击“草绘”按钮 草绘 ，进入草绘模式。

Step 06 单击“草绘视图”按钮，定向草绘平面与屏幕平行。

Step 07 单击“草绘”区域的“中心线”按钮，绘制一条竖直中心线。

Step 08 单击“重合”按钮，使竖直中心线与Y轴重合。

Step 09 单击“矩形”按钮，绘制一个矩形（20mm × 5mm），两条竖直边关于Y轴对称，如图7-3所示。

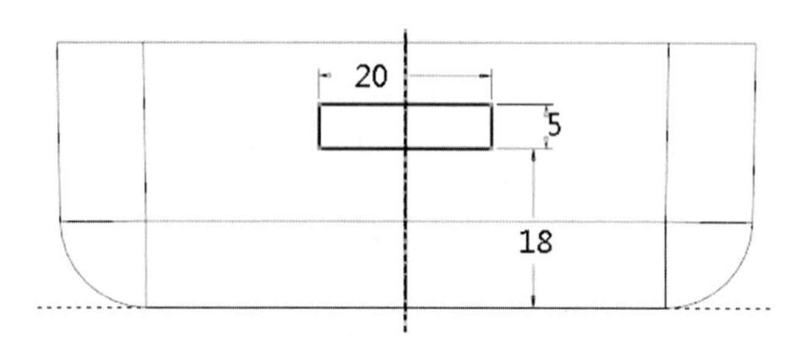

图7-3　绘制截面矩形

Step 10 在“拉伸”操控板中选择“拉伸为实体”按钮，单击“穿透”按钮和“切除材料”按钮。

Step 11 在“拉伸”操控板中单击“确定”按钮，在零件右侧创建方孔，如图7-4所示。

Step 12 单击“倒圆角”按钮，按住Ctrl键，选择方形通孔一端两个角位的边线。

Step 13 在“倒圆角”操控板中选择“集”按钮，再选择“完全倒圆角”按钮。

Step 14 在“倒圆角”操控板中单击“确定”按钮，创建倒全圆角特征。

Step 15 采用相同的方法，创建方形通孔另一端的倒全圆角特征，如图7-5所示。

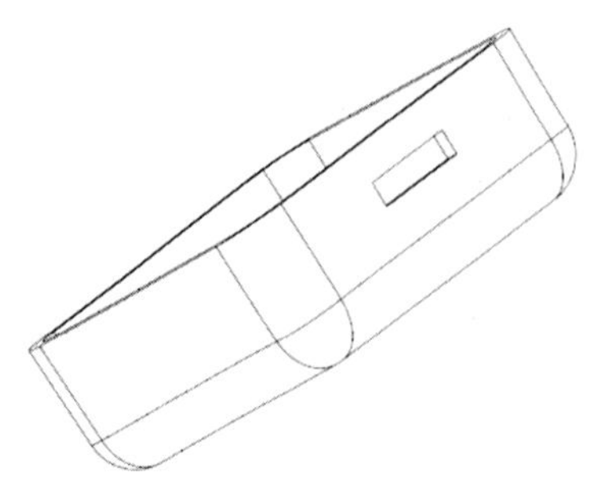

图7-4　创建方孔

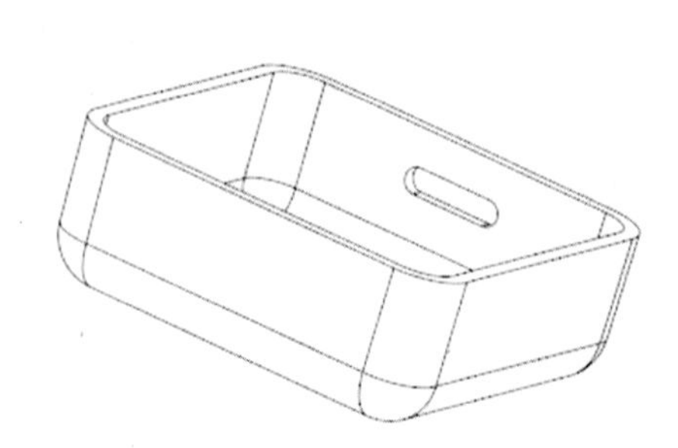

图7-5　创建完全倒圆角特征

Step 16 单击“保存”按钮，保存文件。

7.2 模具设计

7.2.1 进入模具设计环境

Step 01 按照前面章节的方法，创建新的模具型腔文件，文件名称为mfg07. asm，→加载参考模型，→设定收缩率。

Step 02 创建工件，工件的名称为prt07，工件尺寸为120mm×120mm，如图7-6所示。

Step 03 在“拉伸”操控板中设定“侧1”为50mm，“侧2”为20mm，工件如图7-7所示。

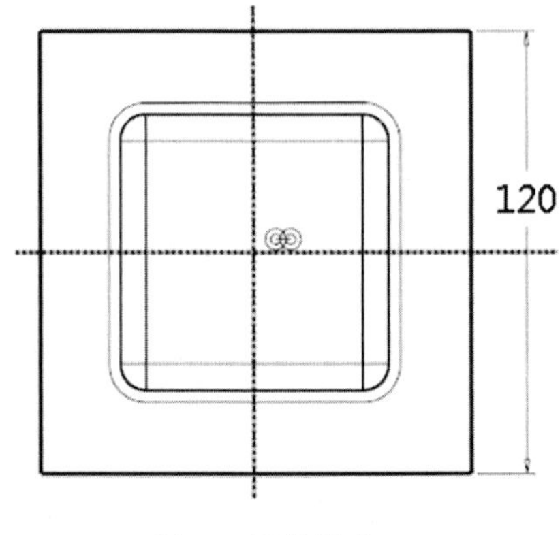

图7-6 工件尺寸

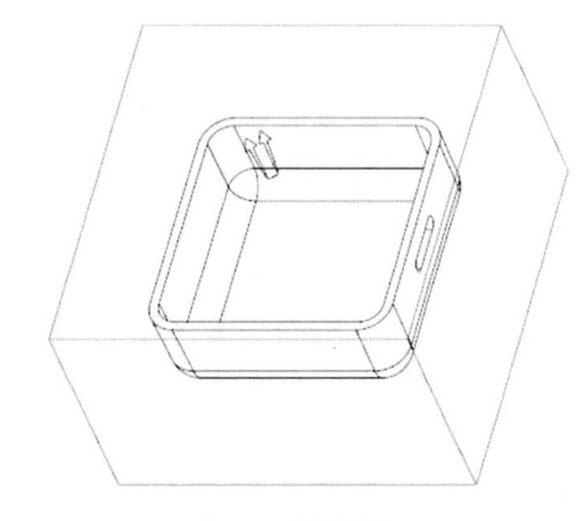

图7-7 创建工件

7.2.2 创建分型面

Step 01 在模型树中选中工件文件名PRT07.PRT，单击浮动窗口中选择“隐藏”按钮，如图6-19所示，隐藏工件后，图形更简洁，方便操作。

Step 02 在快捷菜单中选择“基准显示过滤器”按钮，取消“□（全选）”选项的复选框状态，隐藏基准轴、点、坐标系和平面，如图7-8所示。（隐藏基准后，图形更简洁，方便操作）

图7-8 取消“□（全选）”的复选状态

Step 03 单击“轮廓曲线”按钮，参考零件上显示3条轮廓曲线，零件的口部有1条曲线，小缺口处有2条曲线。

Step 04 在“轮廓曲线”操控中选择“环选择”选项，第2个环和第3个环选择“排除”选项，如图7-9所示（排除该曲线为分型线）。

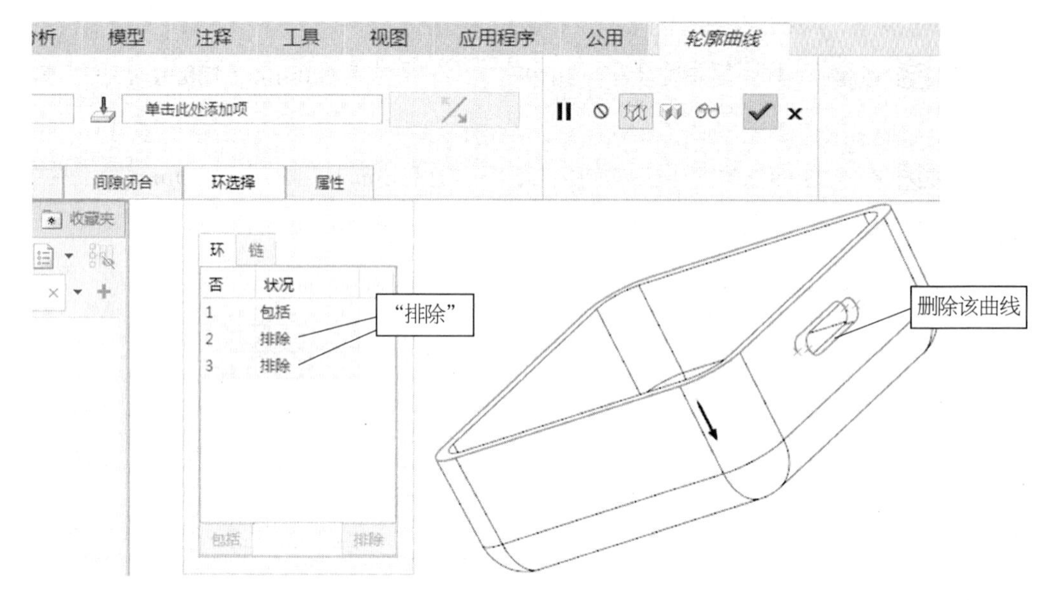

图7-9　选择“排除”选项

Step 05 在“轮廓曲线”操控板中单击“确定”按钮，只保留零件口部的分型线。

Step 06 单击“分型面”按钮，再选择“裙边曲面”命令，如图1-37所示。

Step 07 在模型树中选择 SILH_CURVE_1，在“裙边曲面”窗口中单击“确定”按钮，创建裙边分型面。

Step 08 在快捷菜单条中单击“着色”按钮，如图7-10所示。

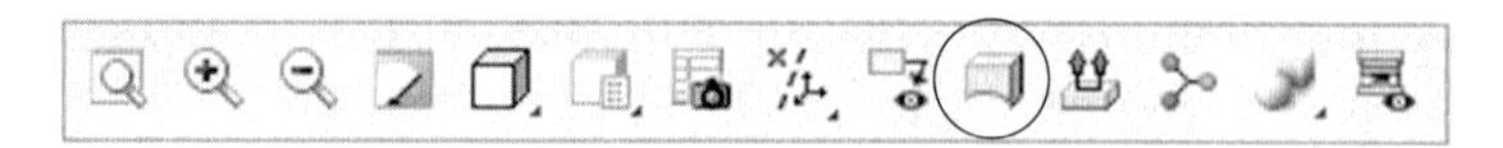

图7-10　单击“着色”按钮

Step 09 只显示分型面，如图7-11所示。

Step 10 在“菜单管理器”中单击“确定/返回”命令。

Step 11 在“分型面”操控板中单击“确定”按钮，完成设计主分型面。

Step 12 在模型树中选择裙边曲面，选择“隐藏”按钮，隐藏分型面。

Step 13 在模型树中选择工件prt07，单击鼠标右键，选择“显示”按钮，显示工件实体。

图7-11 只显示分型面

7.2.3 创建体积块

Step 01 选择“模具体积块”命令，如图7-12所示。

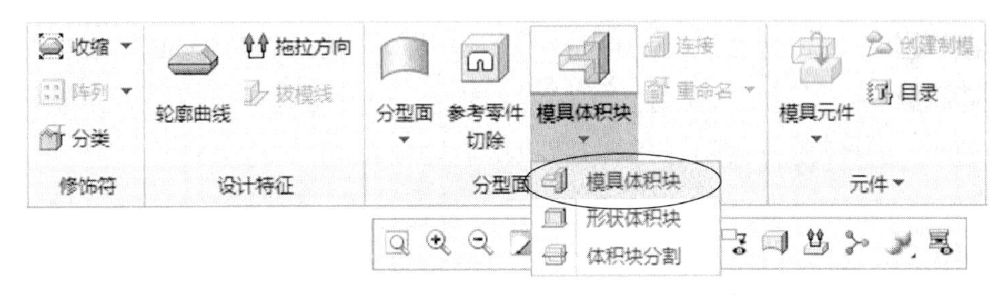

图7-12 选择“模具体积块”命令

Step 02 在“编辑模具体积块”操控板中单击“拉伸”按钮，在“拉伸”操控板中单击“放置”按钮 放置 ，再在“放置”滑板中单击“定义”按钮 定义... 。

Step 03 选择参考零件缺口所对应的平面为草绘平面，如图7-13阴影面所示，下底面为参考平面，在“草绘”对话框中将“方向”选为“向下”，单击“草绘”按钮 草绘 ，进入草绘模式。

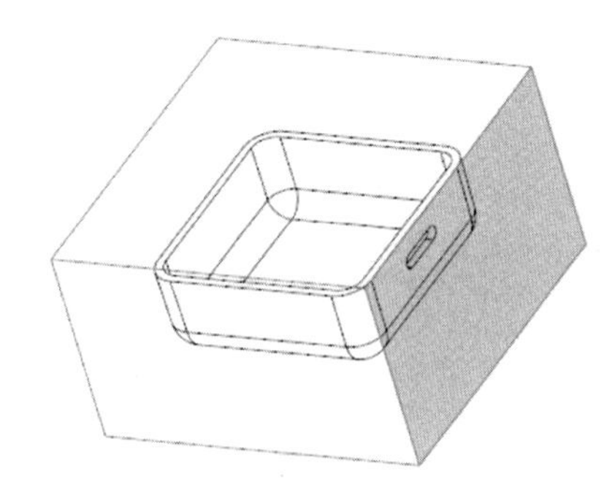

图7-13 选择草绘平面

Step 04 单击“投影”按钮，选择侧面通孔的边线，在草绘平面上创建一个投影截面，如图7-14所示。

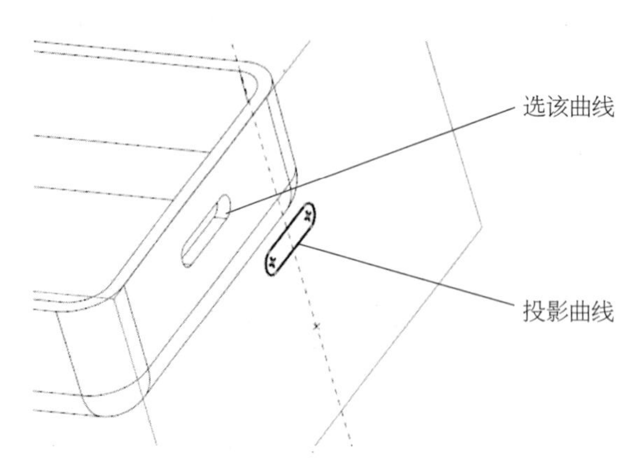

图7-14　创建投影截面

Step 05 在“草绘”操控板中单击“确定”按钮☑。

Step 06 在“拉伸”操控中选择“盲孔”选项⊔，“深度”为50mm。

Step 07 单击“确定”按钮☑，创建拉伸特征，如果拉伸的方向不同，请单击箭头改变方向，拉伸特征必须深入到参考零件内部，隐藏工件后如图7-15所示。

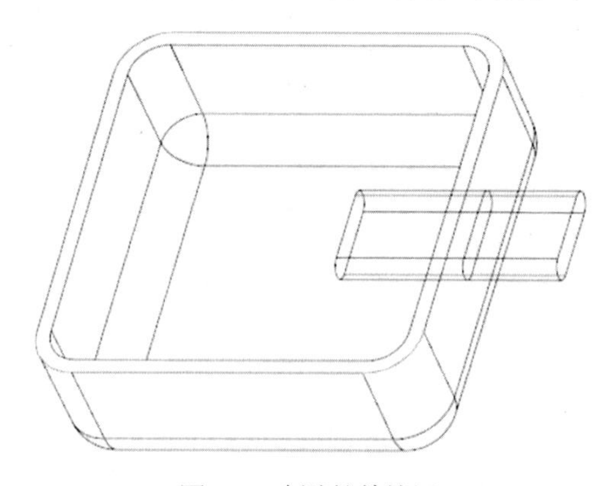

图7-15　创建拉伸特征

Step 08 在“编辑模具体积块”操控板中单击“修剪到几何”按钮，如图7-16所示。

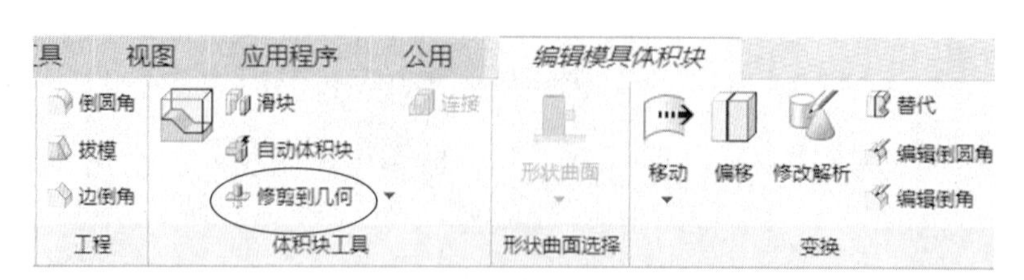

图7-16　单击“修剪到几何”按钮

Step 09 在【修剪到几体】对话框中选中“◉ 平面”，单击“方向”按钮，在模型树中选择RIGHT平面，如图7-17所示。

Step 10 在“修剪到几何”对话框中单击“参考”按钮，再选择参考零件的内表面为修剪平面，修剪方向如箭头方向，如图7-18阴影面所示。

图7-17 “修剪到几何”对话框

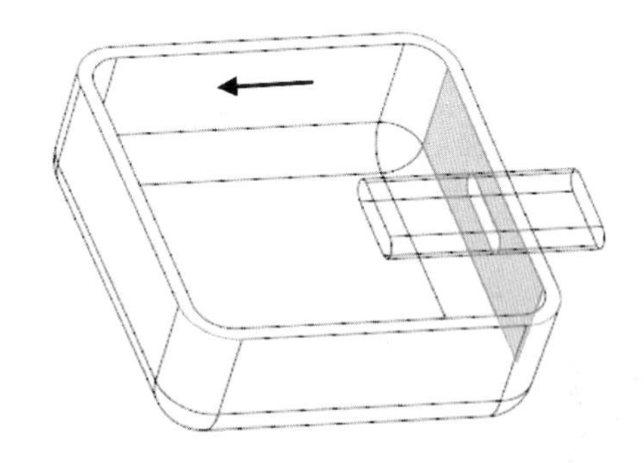

图7-18 选择参考零件的内表面为修剪平面

Step 11 单击“确定”按钮，剪去参考零件以内的部分，如图7-19所示。

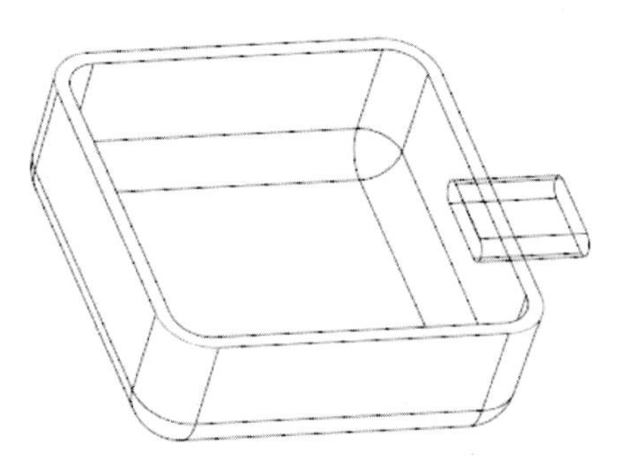

图7-19 创建修剪特征

Step 12 在“编辑模具体积块”操控板中单击“确定”按钮。

说明： 这里主要是介绍“模具体积块”这个命令的应用，在项目 12 中，介绍了一种只需要创建拉伸曲面，而不需要创建模具体积块就可以创建滑块的方法，使用那种方法更简单。

7.2.4 拆分体积块

Step 01 单击“参考零件切除”按钮，先选择工件，再选择参考零件，然后单击“确定”按钮，切除参考零件。

Step 02 选择“体积块分割”按钮，选择工件实体为“要分割的模具体积块”，选择图7-19的分型面为“用于分割模具体积块的分型面”，并将“体积块1”改为“主体积块”，将“体积块2”改为“滑块”，如图7-20所示。

图7-20　将“体积块1”改为“主体积块”，“体积块2”改为“滑块”

Step 03 在“体积块分割”操控板中单击“确定”按钮，完成第1次体积块分割。

Step 04 在模型树中选择分型面，单击鼠标右键，选择“显示”按钮，显示分型面。

Step 05 再次选择“体积块分割”按钮，选择“主体积块”为“要分割的模具体积块”，选择图7-11的裙边曲面为“用于分割模具体积块的分型面”，并将“体积块1”改为“型腔”，“体积块2”改为“型芯”，如图7-21所示。

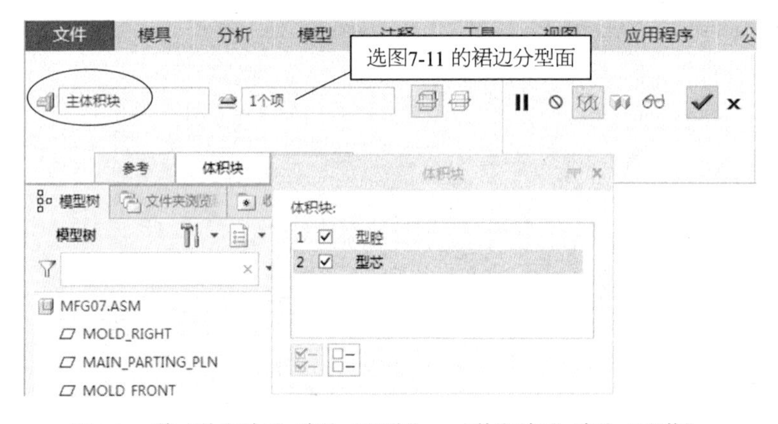

图7-21　将“体积块1”改为“型腔”，“体积块2”改为“型芯”

Step 06 在“体积块分割”操控板中单击“确定”按钮，完成第2次体积块分割。

7.2.5　抽取体积块

Step 01 单击“型腔镶块”按钮，在“创建模具元件”对话框中选择“型腔”“型芯”“滑块”。

Step 02 单击“确定”按钮，创建“型腔”“型芯”“滑块”文件。

Step 03 单击“保存”按钮，保存文件。

项目 8 带斜顶的模具设计

如果零件的侧面有扣位，如图 8-1 所示，此时需要设计斜顶，才能正常脱模。

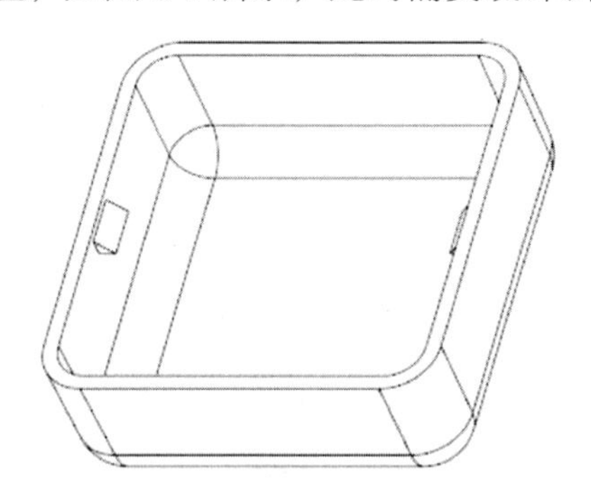

图8-1 带扣位的零件图

8.1 产品设计

Step 01 启动Creo Parametric 5.0软件，在Creo Parametric 5.0的起始界面下单击“选择工作目录”按钮，选择“E：\项目8”为工作目录。

Step 02 单击“新建”按钮，在“新建”对话框“类型”选项区中选择“◉ 零件”，选择“子类型”为“◉ 实体”，输入文件名为“fanghe08.prt”，取消“□使用默认模板”复选框的选中状态。

Step 03 先按项目1的步骤创建实体（80mm × 80mm × 30mm，圆角为R10mm），如图8-2所示。

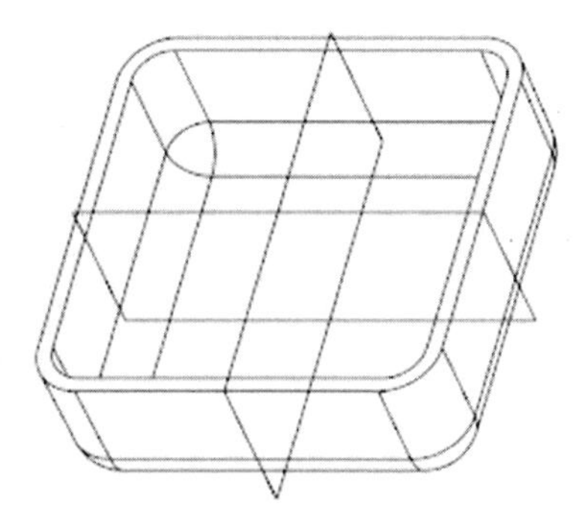

图8-2 创建方盒实体

Step 04 单击“拉伸”按钮，在“拉伸”操控板中单击“放置”按钮 放置 ，再在“放置”滑板中单击“定义”按钮 定义... 。

Step 05 选择FRONT基准面为草绘平面，TOP基准面为参考平面，在【草绘】对话框中将“方向”选为“向上”，单击“草绘”按钮 草绘 ，进入草绘模式。

Step 06 单击“草绘视图”按钮，定向草绘平面与屏幕平行。

Step 07 单击“线链”按钮，绘制一个直角三角形截面，如图8-3中粗线所示。

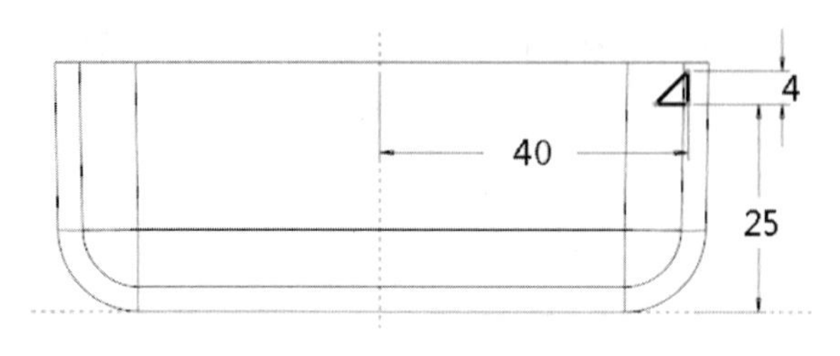

图8-3　绘制直角三角形截面

Step 08 在“草绘”操控板中单击“确定”按钮。

Step 09 在“拉伸”操控板中选择“对称”选项，设置“距离”为10mm，如图8-4所示。

图8-4　选择“对称”选项，设置“距离”为10mm

Step 10 单击“确定”按钮，在零件的内壁创建一个扣位，如图8-5所示。

Step 11 在屏幕的右下角的选择框内选择“特征”选项，如图8-6所示。

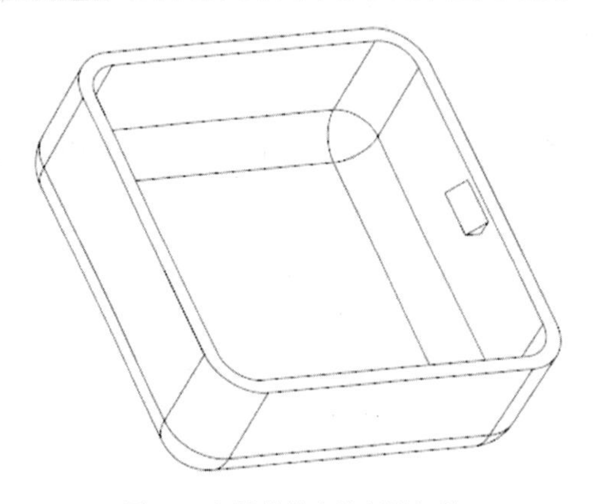

图8-5　在零件的内壁创建扣位

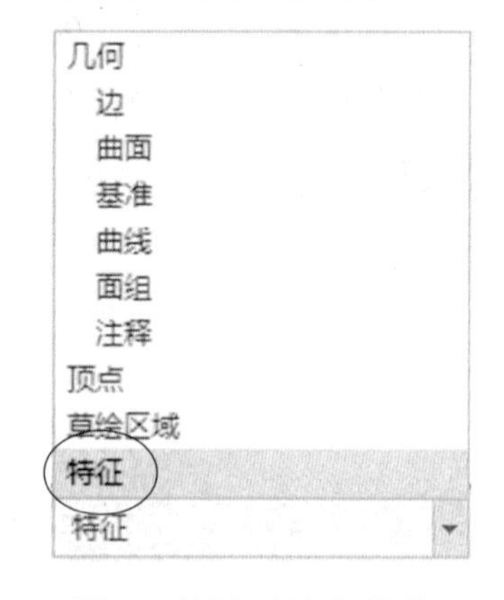

图8-6　选择“特征”选项

Step 12 在零件图中选择图8-5创建的扣位，再在快捷菜单中选择“镜像”按钮，然后选择RIGHT基准面。

Step 13 单击“确定”按钮，在零件内壁的另一侧创建扣位。

Step 14 单击“保存”按钮，保存文件。

8.2 模具设计

8.2.1 进入模具设计环境

Step 01 按照前面章节的方法，创建新的模具型腔文件，文件名称为mfg08. asm，加载参考模型，设定收缩率。

Step 02 创建工件，输入工件的名称为prt08，工件尺寸为120mm × 120mm。

Step 03 在“拉伸”操控板中设定“侧1”为50mm，“侧2”为20mm。

8.2.2 创建主分型面

Step 01 在模型树中选中文件名为PRT08.PRT的工件，单击浮动窗口中选择“隐藏”按钮，如图6-19所示，隐藏工件后，图形更简洁，方便操作。

Step 02 在快捷菜单中选择“基准显示过滤器”按钮，取消“（全选）”复选框的选中状态，隐藏基准轴、点、坐标系和平面，如图7-8所示，隐藏所有基准。

Step 03 在模型树中选择 MFG08.ASM，再在活动滑板中单击“激活”按钮。

Step 04 单击“轮廓曲线”按钮，单击“预览”按钮，参考零件上显示3条轮廓曲线，零件的口部有1条曲线，两个扣位处各有1条曲线。

Step 05 在“轮廓曲线”操控中选择“环选择”选项，第1环选择“包括”，第2、3 个环选择“排除”选项，可参考项目7图7-9所示，排除扣位的曲线，只保留零件口部的分型线。

Step 06 在“轮廓曲线”操控板中单击“确定”按钮。

Step 07 单击“分型面”按钮，再选择“裙边曲面”命令。

Step 08 在模型树中选择 SILH_CURVE_1，在“裙边曲面”窗口中单击“确定”按钮，创建裙边分型面。

Step 09 在快捷菜单条中单击“着色”按钮。

Step 10 只显示分型面。

Step 11 在“菜单管理器”中单击“确定/返回”命令。

Step 12 在“分型面”操控板中单击“确定”按钮，完成设计主分型面。

Step 13 在模型树中选择裙边曲面，单击鼠标右键，选择“重命名”命令，如图8-7所示。

Step 14 将该曲面命名为“PL1”，如图8-8所示。

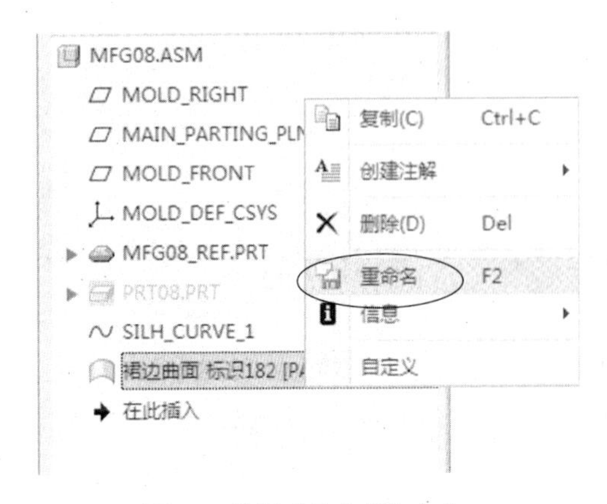

图8-7 选择“重命名”命令

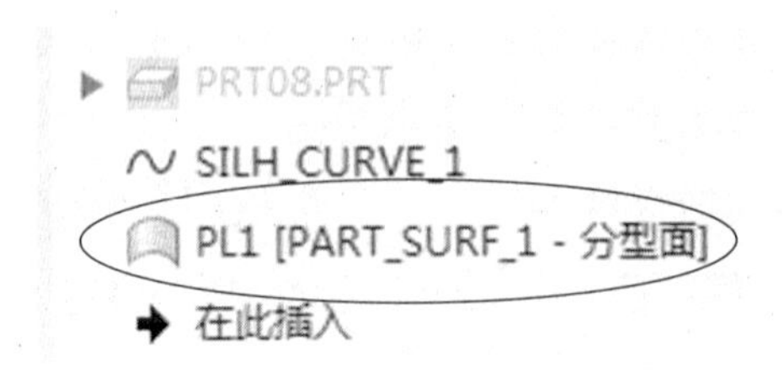

图8-8 将该曲面命名为“PL1”

8.2.3 创建斜顶分型面

Step 01 在模型树中选择“PL”，单击鼠标右键，选择“隐藏”按钮，将分型面隐藏。

Step 02 在模型树中选择 PRT08.PRT，单击右键，选择“显示”按钮，显示工件。

Step 03 单击“分型面”按钮，在“分型面”操控板中单击“属性”按钮，如图8-9所示。

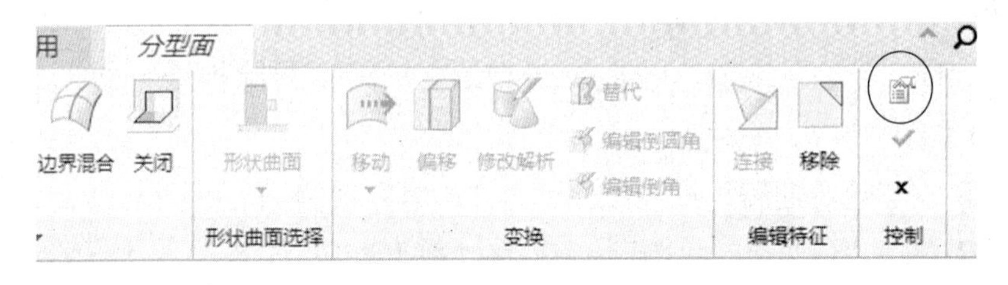

图8-9 单击“属性”按钮

Step 04 在“属性”活动窗口输入分型面名称为“斜顶曲面—1”，如图8-10所示。

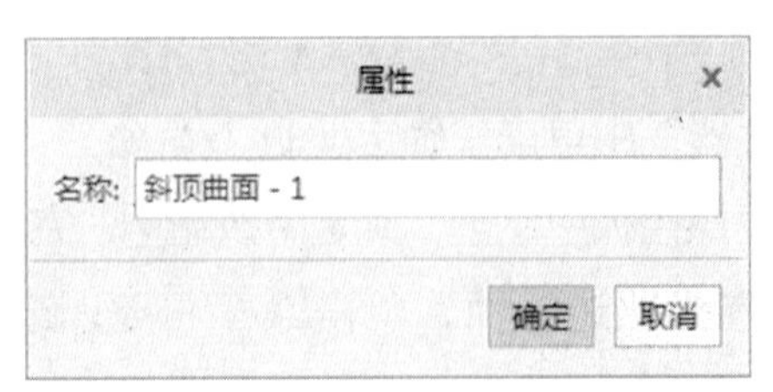

图8-10 输入分型面名称为“斜顶曲面-1”

Step 05 单击“拉伸”按钮，在“拉伸”操控板中单击“放置”按钮 放置 ，再在“放置”滑板中单击“定义”按钮定义...。

Step 06 选择FRONT基准面为草绘平面，RIGHT基准面为参考平面，在“草绘”对话框中“方向”选择“向右”，单击“草绘”按钮草绘，进入草绘模式。

Step 07 单击“草绘视图”按钮，定向草绘平面与屏幕平行。

Step 08 单击“线链”按钮，绘制一个截面，如图8-11中粗线所示。

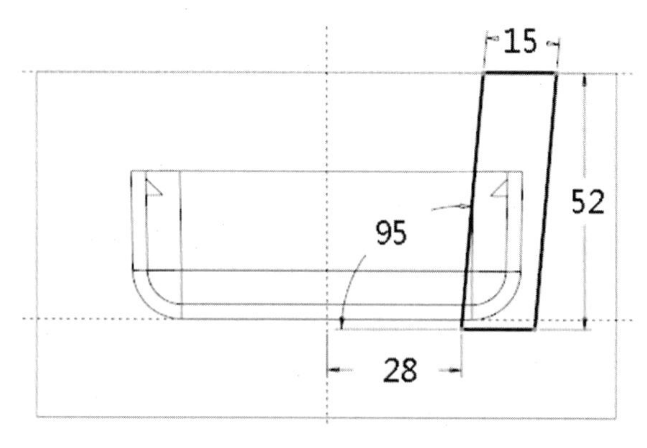

图8-11　绘制一个截面

Step 09 在“草绘”操控板中单击“确定”按钮。

Step 10 在“拉伸”操控板中选择“对称”选项，设置“深度”为15mm，选中“封闭端”复选框，如图8-12所示。

图8-12　选择“对称”选项，设置“距离”为15mm，选中“封闭端”

Step 11 单击“确定”按钮，创建一个拉伸曲面，隐藏工件后如图8-13所示。

Step 12 为方便操作，先选中刚才创建的拉伸曲面，再在活动窗口中选择“隐藏”按钮，将拉伸曲面隐藏。

Step 13 按住Ctrl键，在参考模型中选中3个曲面，如图8-14阴影曲面所示。（如果无法选中，请先在图8-6中选择“几何”选项。）

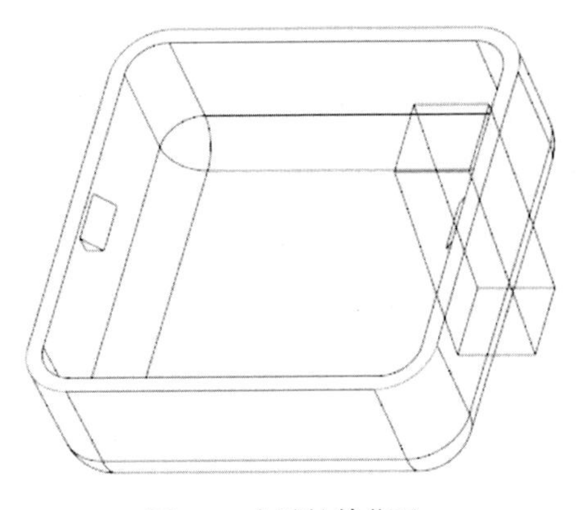

图8-13　创建拉伸曲面

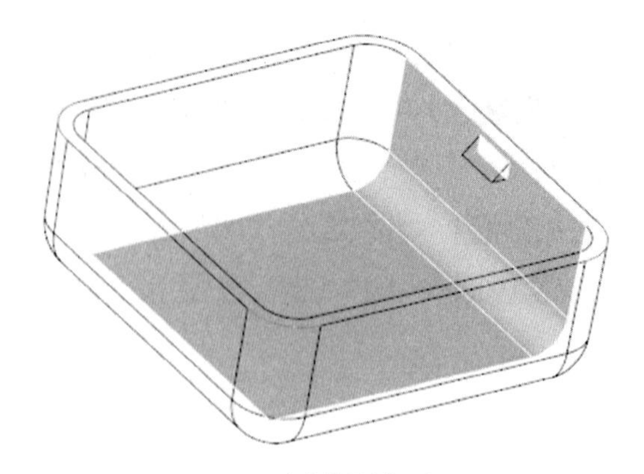

图8-14　选中阴影曲面

Step 14 在横向菜单中选择“模具”选项卡，先选择“复制”命令，再选择“粘贴”命令，如图8-15所示。

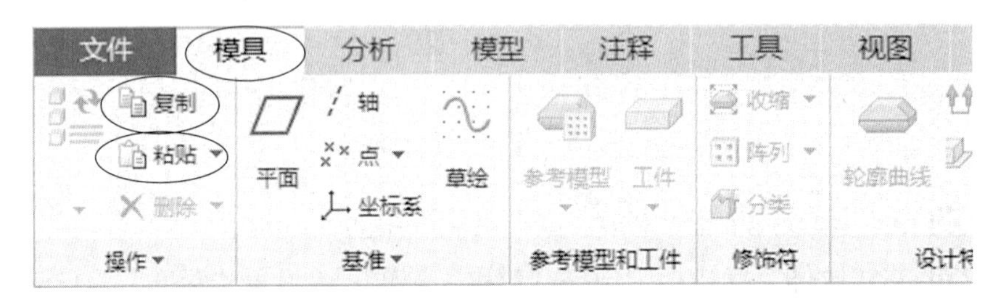

图8-15　选择“复制”命令

Step 15 在“曲面：复制”操控板中选择“◉ 排除曲面并填充孔”选项，然后选择扣位的边线，如图8-16所示。

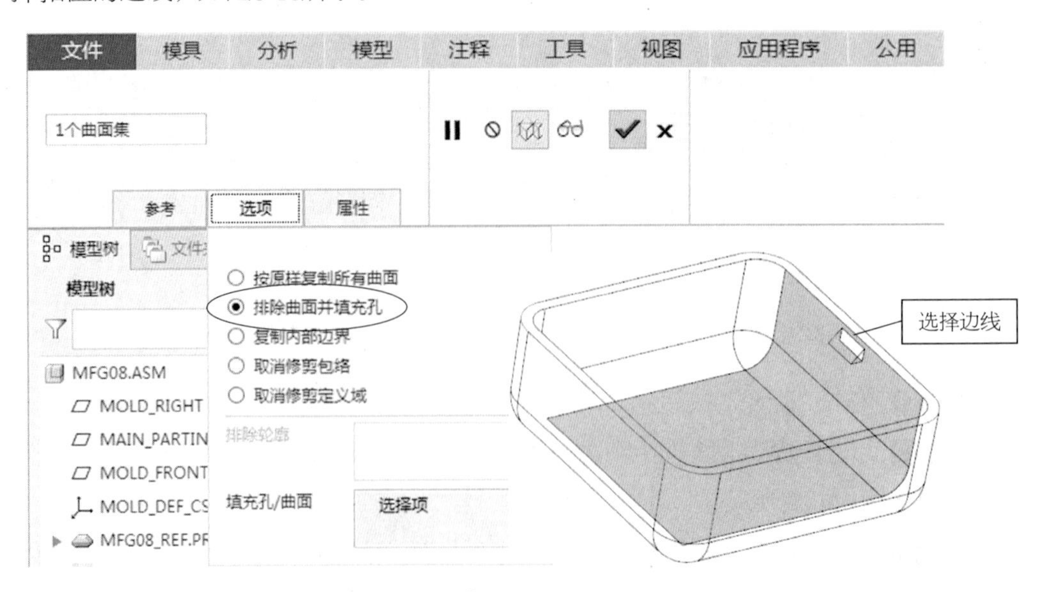

图8-16　选择“◉ 排除曲面并填充孔”选项

Step 16 扣拉处的曲面被填充，如图8-17所示。

Step 17 在模型树中选择“PRT08.PRT”，在活动窗口中选择“显示”按钮，显示工件实体。

Step 18 选在屏幕的右下角的选择框内选择“边”选项，参考图8-6。

Step 19 选中复制曲面的一条边线，如图8-18中的粗线所示。

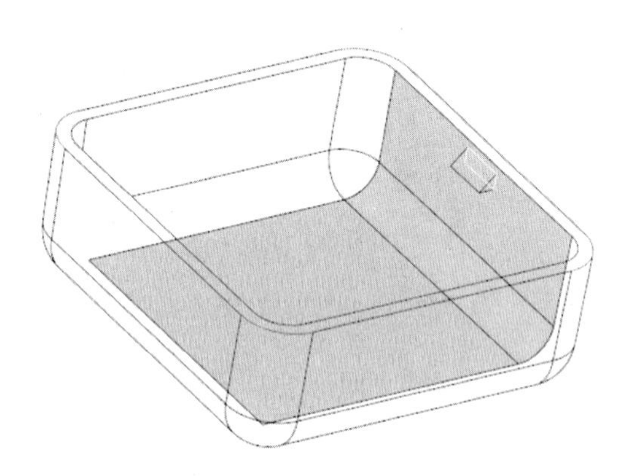

图8-17 填充方孔曲面

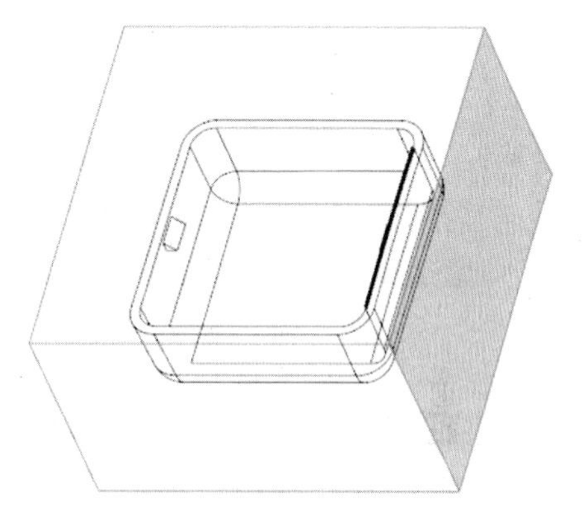

图8-18 选择粗线

Step 20 再在快捷菜单中单击“延伸”按钮，如图8-19所示（如果无法选中“延伸”按钮，则请先隐藏参考零件实体后，再选择曲面的边线）。

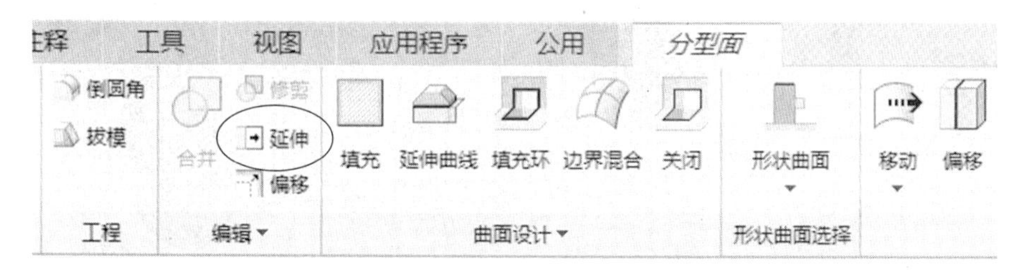

图8-19 单击“延伸”按钮

Step 21 在“延伸”操控板中选择“延伸到参数平面”选项，如图8-20所示。

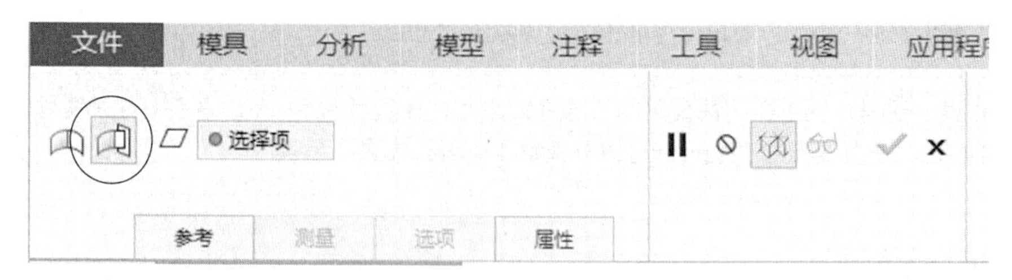

图8-20 选择“延伸到参数平面”选项

Step 22 在“延伸”操控板中单击 选择项 按钮，再选择图8-18中的阴影曲面，创建延伸曲面，将工件隐藏后如图8-21所示。

Step 23 为方便操作，先隐藏参考零件。

Step 24 在模型树中选择拉伸曲面和复制曲面，如图8-22所示。

图8-21　创建延伸曲面

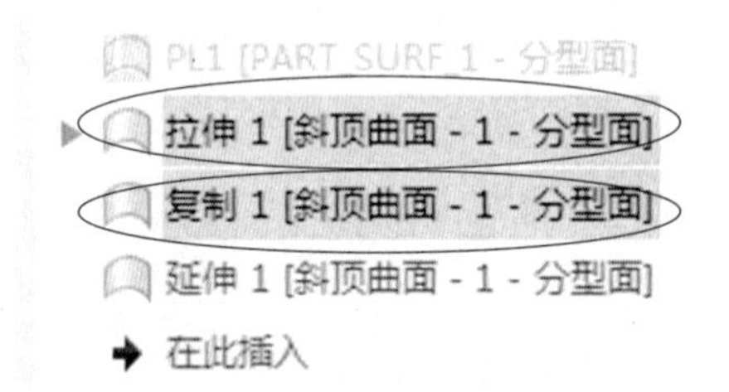

图8-22　选择拉伸曲面和复制曲面

Step 25 在快捷菜单中选择“合并”按钮，箭头方向如图8-23所示。

Step 26 单击“确定”按钮，合并后的曲面如图8-24所示。

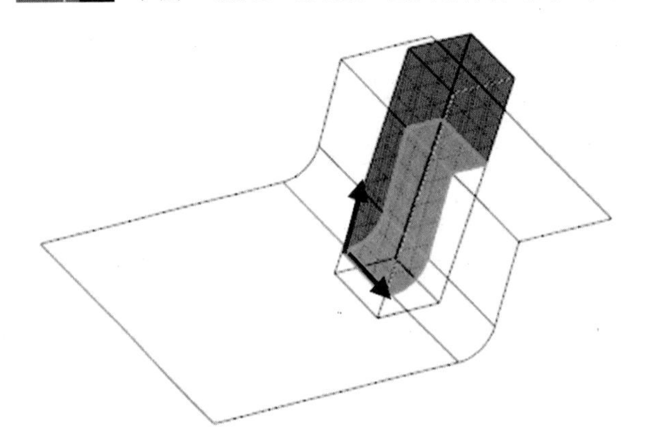

图8-23　注意箭头方向

图8-24　合并后的曲面

Step 27 在“分型面”操控板中单击“确定”按钮，创建第1个斜顶的曲面。

Step 28 按照相同的方法，创建另一侧斜顶的曲面。

说明：这里主要是介绍曲面复制与合并的应用，在项目 12 中，介绍了一种只需要创建拉伸曲面，而不需要合并曲面就可以创建斜顶曲面的方法。

8.2.4　拆分体积块

Step 01 单击“参考零件切除”按钮，先选择工件，再选择参考零件，然后单击“确定”按钮，切除参考零件。

Step 02 选择“体积块分割”按钮，选择工件实体为“要分割的模具体积块”，选择裙边曲面为“用于分割模具体积块的分型面”，将“体积块_1”改为“型腔”，“体积块_2”名称保持不变，如图8-25所示。

图8-25 “体积块1”改为“型腔”

Step 03 再次选择“体积块分割”按钮，选择“体积块_2”为“要分割的模具体积块”，按住Ctrl键，选择2个斜顶曲面为“用于分割模具体积块的分型面”，将“体积块”改为“型芯”“斜顶_1”“斜顶_2”，如图8-26所示。

图8-26 将“体积块”改为“型芯”“斜顶_1”“斜顶_2”

8.2.5 抽取体积块

Step 01 单击“型腔镶块”按钮，在【创建模具元件】对话框中选择“型腔”“型芯”“斜顶_1”“斜顶_2”。

Step 02 单击“确定”按钮，创建“型腔”“型芯”“斜顶_1”“斜顶_2”文件。

Step 03 单击“保存”按钮，保存文件。

项目 9　带镶件的模具设计

有的零件上带有柱子等结构，如图 9-1 所示，对于这类又细又长的结构，在模具长期工作时，容易变形，必须在前模（或后模）做成镶件形式，便于修模。

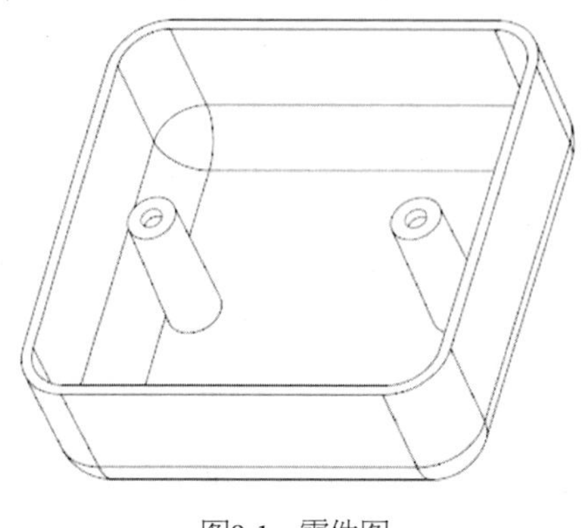

图9-1　零件图

9.1　产品设计

Step 01 启动Creo Parametric 5.0软件，在Creo Parametric 5.0的起始界面下单击“选择工作目录”按钮，选择“E：\项目9”为工作目录。

Step 02 单击“新建”按钮，在“新建”对话框的“类型”选项区中选择“◉ 零件”，选择“子类型”为“◉ 实体”，输入文件名为“fanghe09.prt”，取消“使用默认模板”复选框的选中状态。

Step 03 按项目1的步骤创建实体（80mm × 80mm × 30mm），圆角为R5mm，斜度为2°，上部大，下部小，如图9-2所示。

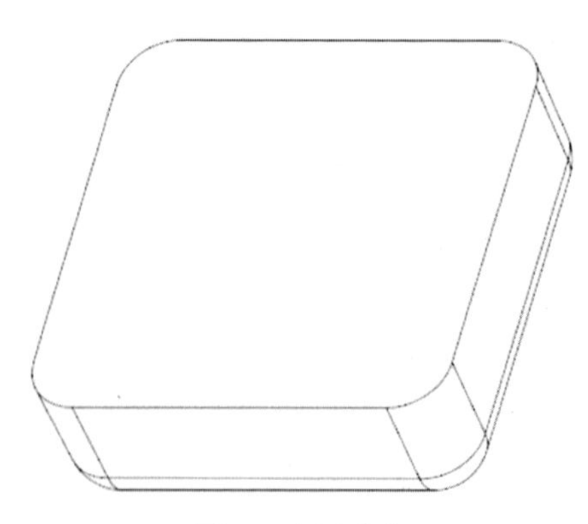

图9-2　创建实体

Step 04 单击“拉伸”按钮，选择TOP基准面为草绘平面，RIGHT基准面为参考平面。

Step 05 单击“草绘视图”按钮，定向草绘平面与屏幕平行。

Step 06 单击“草绘”区域的“中心线”按钮，绘制一条水平中心线和竖直中心线。

Step 07 单击“重合”按钮，使水平中心线和竖直中心线与X轴、Y轴重合。

Step 08 单击“圆心和点”按钮，任意绘制两个圆（尺寸为任意值），如图9-3所示。

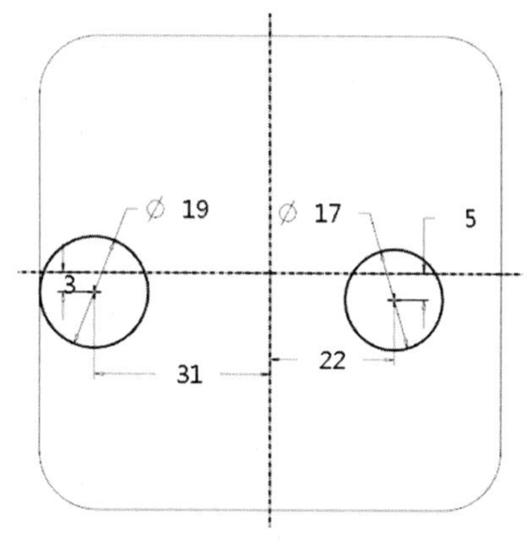

图9-3 任意绘制两个圆

Step 09 单击“对称”按钮，先选左边圆的圆心，再选右边圆的圆心，然后选择竖直中心线，使两个圆关于竖直中心线对称。

Step 10 单击“相等”按钮，选中第1个圆，再选中第2个圆，使两个圆直径相等。

Step 11 单击“重合”按钮，先选圆心，再选X轴，使两个圆的圆心在X轴上。

Step 12 修改尺寸标注后，所绘制的两个圆如图9-4所示。

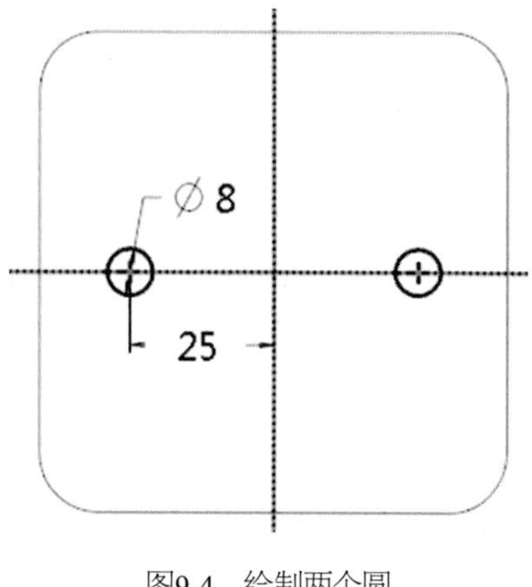

图9-4 绘制两个圆

Step 13 在“草绘”操控板中单击“确定”按钮☑。

Step 14 在“拉伸”操控板中选择“盲孔”选项，“深度”为25mm，单击“切除材料”按钮，选中“☑添加角度”，设置“角度值”设为1°，如图9-5所示。

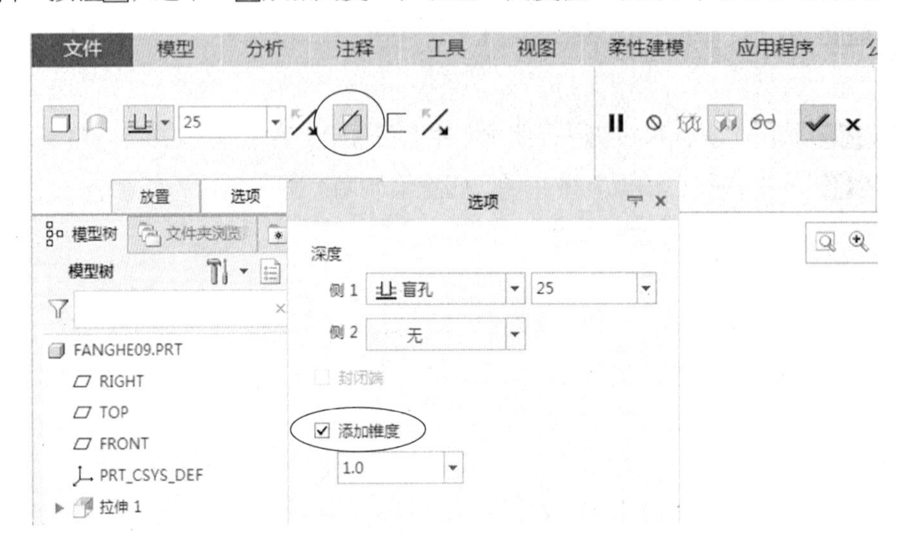

图9-5　设定“拉伸”操控板参数

Step 15 在“拉伸”操控板中单击“确定”按钮☑，创建2个孔，如图9-6所示。

Step 16 单击“抽壳”按钮，选择底面为移除的曲面，厚度为1mm，如图9-7所示。

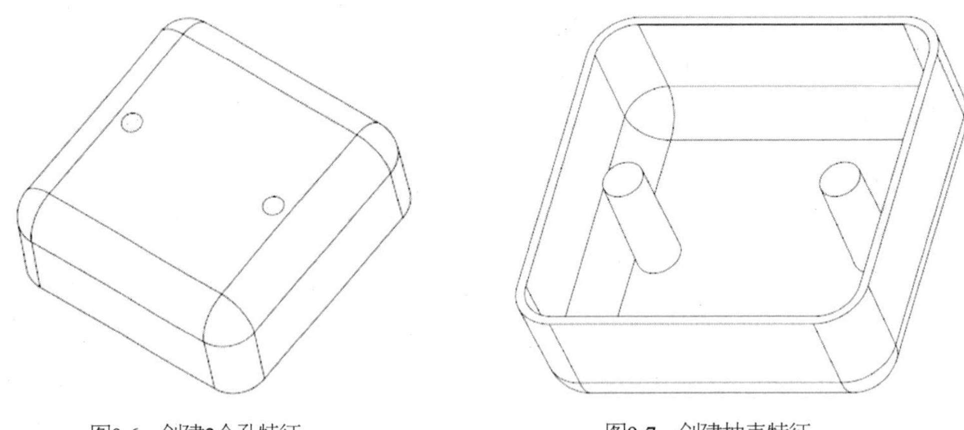

图9-6　创建2个孔特征　　图9-7　创建抽壳特征

Step 17 单击“拉伸”按钮，选择TOP基准面为草绘平面，RIGHT基准面为参考平面。

Step 18 单击“草绘视图”按钮，定向草绘平面与屏幕平行。

Step 19 单击“圆”旁边的三角形，选择“同心”按钮，如图9-8所示。

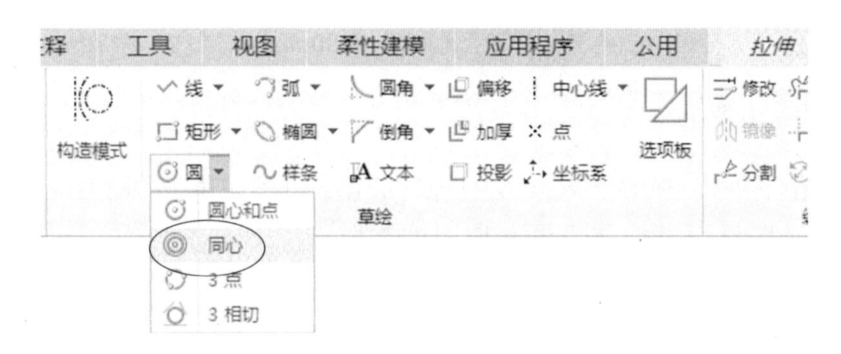

图9-8　单击“同心”按钮

Step 20 选择两个柱子的边线，创建2个圆（ϕ4mm），如图9-9所示。

Step 21 在“草绘”操控板中单击“确定”按钮。

Step 22 在“拉伸”操控板中选择“穿透”选项，单击“切除材料”按钮。

Step 23 在“拉伸”操控板中单击“确定”按钮，在两个圆柱表面各创建1个通孔，如图9-10所示。

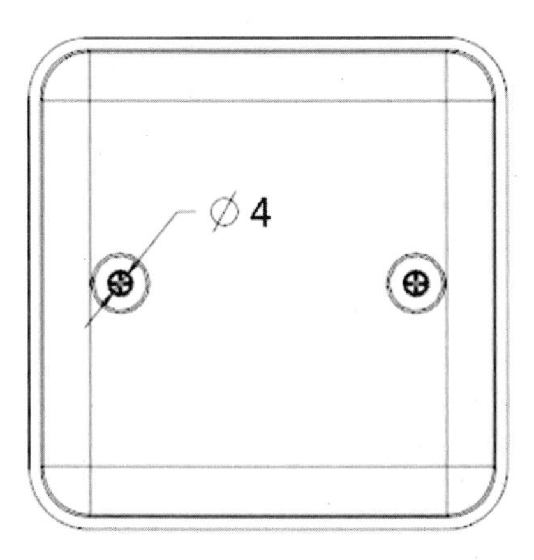

图9-9　绘制2个圆（ϕ4mm）

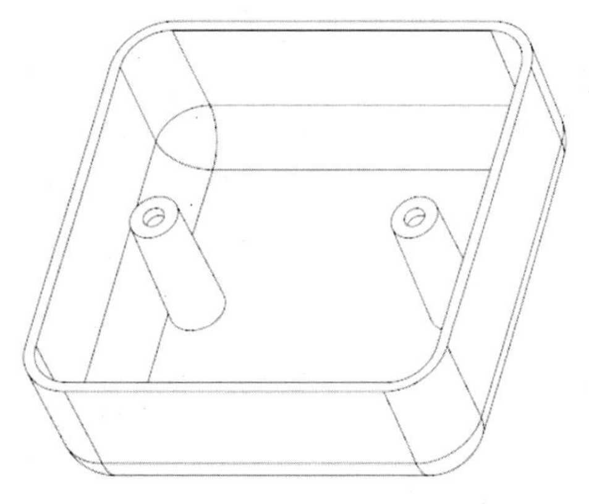

图9-10　在圆柱表面创建通孔

Step 24 单击“保存”按钮，保存文件。

9.2 模具设计

9.2.1 进入模具设计环境

Step 01 按照前面章节的方法，创建新的模具型腔文件，文件名称为mfg09.asm，加载参考模型，设定收缩率。

Step 02 创建工件，工件的名称为prt09，工件尺寸为120mm×120mm。

Step 03 在“拉伸”操控板中设定“侧1”为50mm，“侧2”为20mm。

9.2.2 创建主分型面

Step 01 在模型树中选中文件名为PRT09.PRT的工件，单击浮动窗口中选择“隐藏”按钮，隐藏工件后，图形更简洁，方便操作。

Step 02 在快捷菜单中选择“基准显示过滤器”按钮，取消“（全选）”复选框的选中状态，隐藏基准轴、点、坐标系和平面，隐藏所有基准。

Step 04 单击“轮廓曲线”按钮，参考零件上显示3条轮廓曲线，零件的口部有1条曲线，两个圆柱的口部各有1条曲线。

Step 05 在“轮廓曲线”操控板中单击“环选择”按钮，再单击“链”按钮，在“2-1”下拉列表中选择“下部”，（“2-1”对应的是右边圆柱，“3-1”对应的是左侧圆柱），可以改变圆柱口部分型线的位置如图9-11所示。（为了更好地对比，“3-1”选择“上部”，看看分模后，两个圆柱有什么区别？）

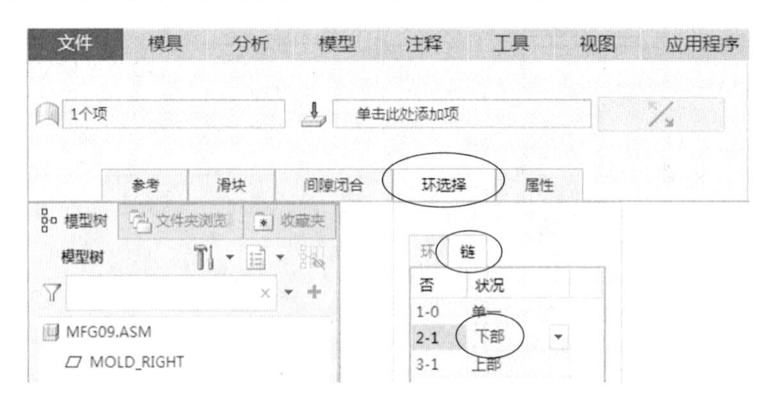

图9-11 “2-1”选择“下部”

Step 06 在“轮廓曲线”操控板中单击“确定”按钮，创建三条分型线，一条在零件口部，一条在小孔的上部，一条在下孔的下部。

Step 07 单击“分型面”按钮，在“分型面”操控板中单击“属性”按钮，在“属性”窗口中将分型面默认的名称修改为“主分型面”。

Step 08 再选择“裙边曲面”命令。

Step 09 在模型树中选择 SILH_CURVE_1，在“裙边曲面”窗口中单击“确定”按钮，创建主分型面。

Step 10 在快捷菜单条中单击“着色”按钮，只显示分型面，中间有2个圆形的平面，如图9-12所示。

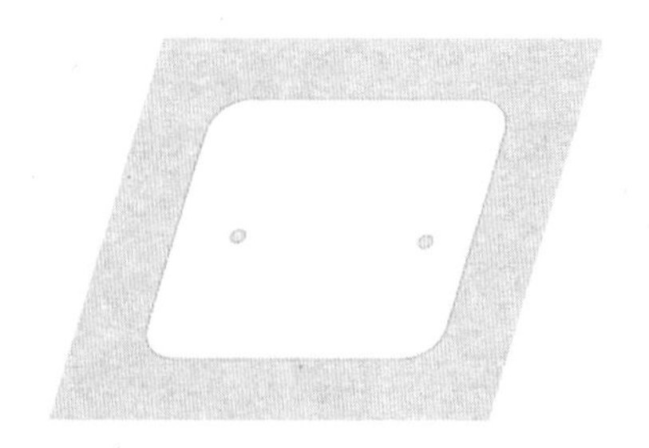

图9-12 显示分型面

Step 11 在“菜单管理器”中单击“确定/返回”命令。

Step 12 在“分型面”操控板中单击“确定”按钮☑，完成设计主分型面。

9.2.3 创建镶件分型面

Step 01 单击“分型面”按钮，在“分型面”操控板中单击“属性”按钮，在“属性”窗口中将分型面默认的名称修改为“镶件-1”。

Step 02 在模型树中选中文件名为PRT09.PRT的工件，单击浮动窗口中选择“隐藏”按钮，隐藏工件后，图形更简洁，方便操作。

Step 03 按住键盘的Ctrl键，选择右侧圆柱的2个侧面，如图9-13所示。

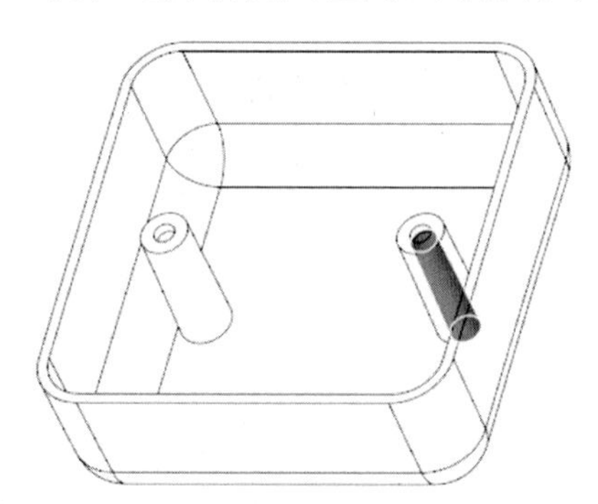

图9-13 右侧圆柱的2个侧面

Step 04 在横向菜单中选择“模具”选项卡，再单击“复制”按钮，然后单击“粘贴”按钮，如图9-14所示。

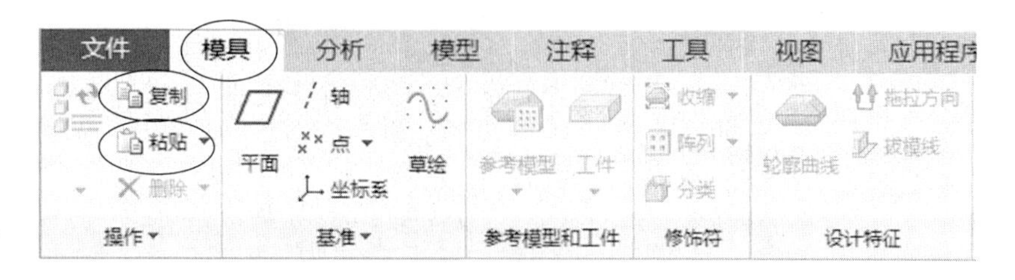

图9-14 单击“复制”按钮

Step 05 显示工件实体。

Step 06 先选择复制曲面下边的一段边线，再按住Shift键，然后选择曲面另一段边线，如图9-15中粗线所示。

Step 07 再在快捷菜单中单击“延伸”按钮，如图8-19所示。（如果不能选中“延伸”按钮，请先隐藏参考零件后，再重复上述步骤操作）

Step 08 在“延伸”操控板中选择“延伸到参数平面”选项，如图8-20所示。

Step 09 在“延伸”操控板中单击 ●选择项 按钮，再选择工件的底面（阴影曲面所示），创建延伸曲面，如图9-16所示。

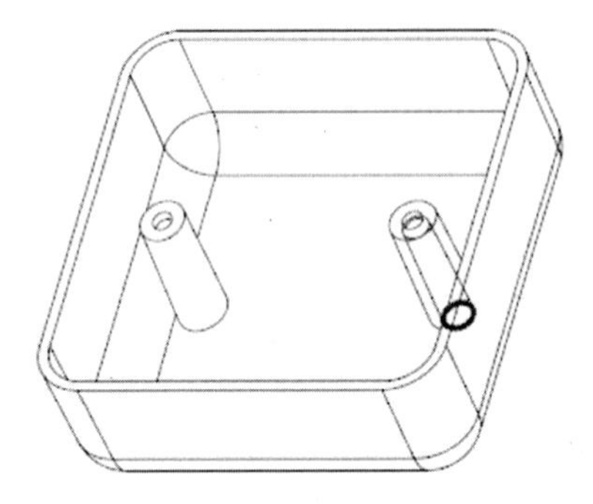

图9-15 选择曲面的边线

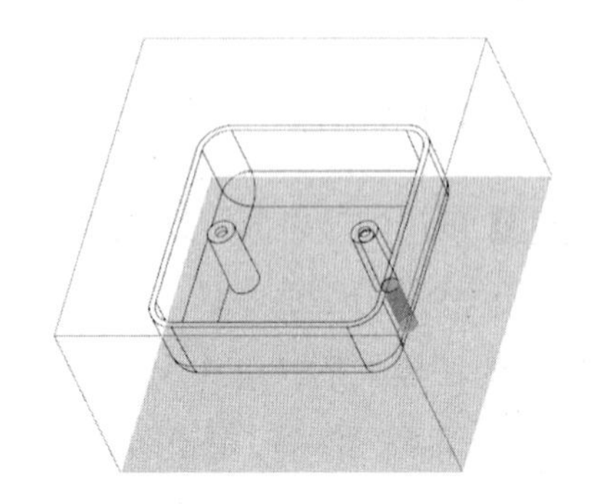

图9-16 创建延伸曲面

Step 10 采用相同的方法，创建另一个镶件的曲面，曲面名称设为“镶件−2”。

9.2.4 拆分体积块

Step 01 单击“参考零件切除”按钮，先选择工件，再选择参考零件，然后单击“确定”按钮，切除参考零件。

Step 02 选择“体积块分割”按钮，选择工件实体为“要分割的模具体积块”，选择裙边曲面为“用于分割模具体积块的分型面”，将“体积块_1”名称保持不变，“体积块_2”改为“型芯”，如图9-17所示。

图9-17 “体积块_2”改为“型芯”

Step 03 再次选择“体积块分割”按钮，选择“体积块_2”为“要分割的模具体积块”，按住Ctrl键，选择2个镶件曲面为“用于分割模具体积块的分型面”，将“体积块”改为“型腔”“镶件_1”“镶件_2”，如图9-18所示。

图9-18 将“体积块”改为“型腔”、“镶件_1”、“镶件_2”

9.2.5 抽取体积块

Step 01 单击“型腔镶块”按钮，在“创建模具元件”对话框中选择“型腔”“型芯”“镶件_1”“镶件_2”。

Step 02 单击“确定”按钮，创建“型腔”“型芯”“镶件_1”“镶件_2”文件。

Step 03 单击“保存”按钮，保存文件。

Step 04 由于在图9-11中两个圆柱分型面位置不相同，所创建的两个镶件实体也不相同，有兴趣的同学可以打开“镶件_1”“镶件_2”的实体，对比一下，有什么不同？

项目 10 管件类模具设计

本章将通过如图 10-1 所示的 1 个简单的实例，详细介绍运用 Creo Parametric 5.0 进行管件类产品设计和模具设计的一般过程。

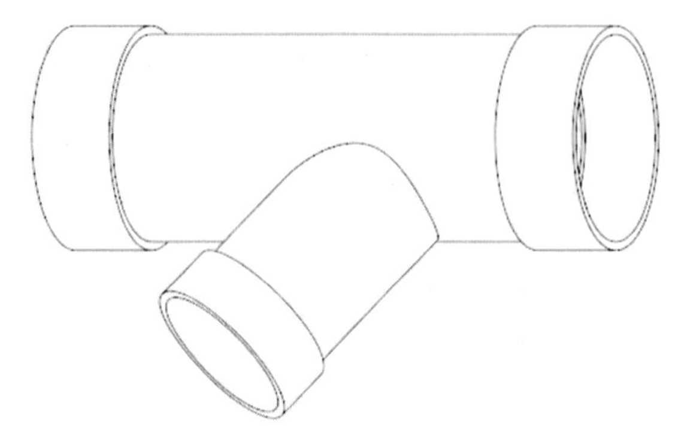

图10-1 零件图

10.1 产品设计

Step 01 启动Creo Parametric 5.0，在Creo Parametric 5.0的起始界面下单击“选择工作目录”按钮，选择“E：\项目10”为工作目录。

Step 02 单击“新建”按钮，在“新建”对话框的“类型”选项区选中“◉ 零件”，选择“子类型”为“◉ 实体”，输入文件名为“santong.prt”，取消“□使用默认模板”前的选中状态。

Step 03 单击“确定”按钮，选择“mmns_part_solid”。

Step 04 单击“确定” 确定 ，进入建模环境。

Step 05 在横向菜单中单击“模型”选项卡，再单击“旋转”按钮，如图10-2所示。

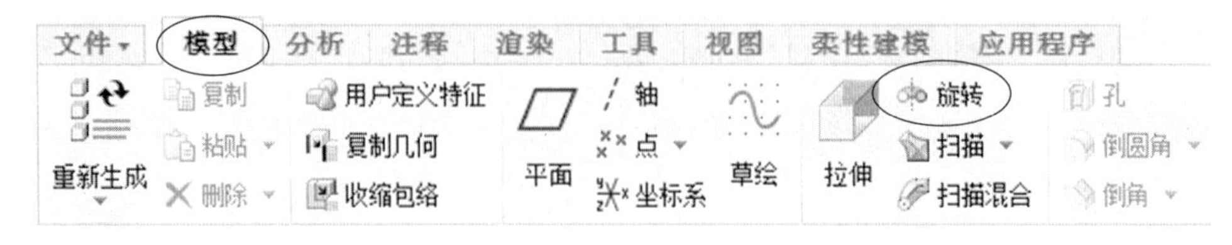

图10-2 单击“拉伸”按钮

Step 06 在“旋转”操控板中单击“放置”按钮 放置 ，再在“放置”滑板中单击

"定义"按钮 定义...。

Step 07 选择TOP基准面为草绘平面，RIGHT基准面为参考平面。

Step 08 在"草绘"对话框中将"方向"选为"向右"。

Step 09 单击"草绘"按钮 草绘 ，进入草绘模式。

Step 10 单击"草绘视图"按钮，定向草绘平面与屏幕平行。

Step 11 单击"基准"区域的"中心线"按钮，如图10-3所示，绘制一条水平中心线。

提示：快捷菜单中有两个中心线按钮，一个位于"基准"区域，一个位于"草绘"区域。

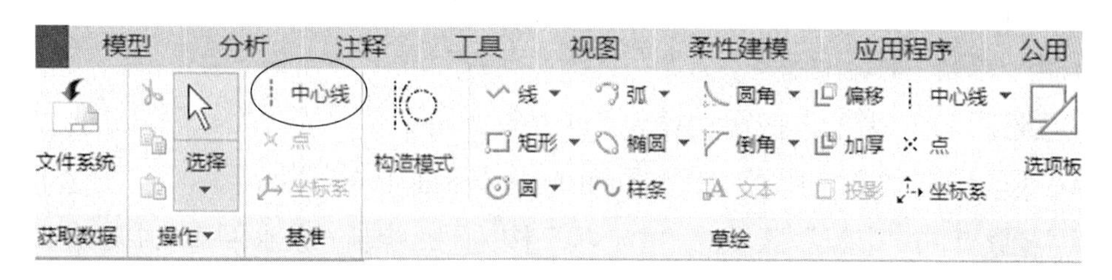

图10-3 单击"基准中心线"按钮

Step 12 单击"重合"按钮，使水平中心线与X轴重合。

Step 13 单击"矩形"按钮，任意绘制一个矩形（尺寸为任意值），单击鼠标中键，如图10-4所示。

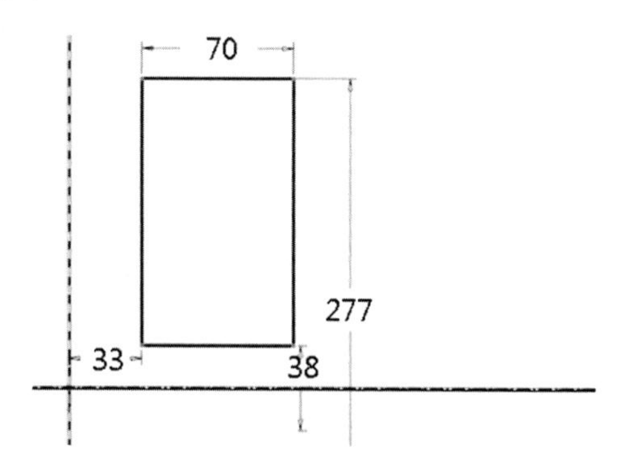

图10-4 任意绘制一个矩形

Step 14 单击"重合"按钮，使矩形的水平线与X轴重合，矩形的竖直线与Y轴重合，修后尺寸后如图10-5所示。

Step 15 在"草绘"操控板中单击"确定"按钮。

Step 16 在"旋转"操控板中选择"作为实体旋转"按钮，"旋转角度"为360°。

Step 17 单击“确定”按钮☑，创建第1个旋转体，如图10-6所示。

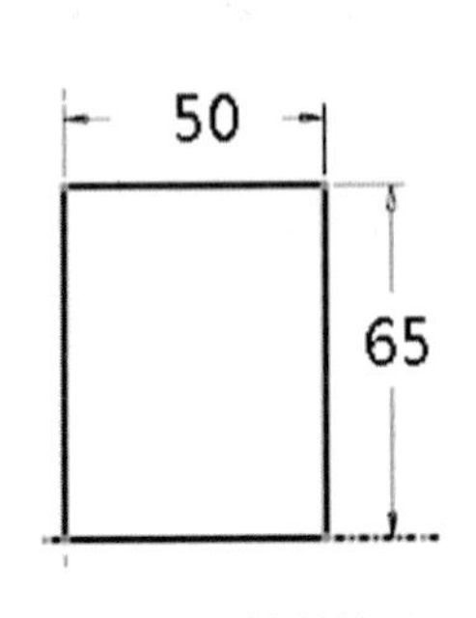

图10-5 绘制截面

图10-6 创建第1个旋转体

Step 18 单击“旋转”按钮，选择TOP基准面为草绘平面，RIGHT基准面为参考平面，在“草绘”对话框中将“方向”选为“向右”。

Step 19 单击“草绘”按钮 草绘 ，进入草绘模式。

Step 20 单击“草绘视图”按钮，定向草绘平面与屏幕平行。

Step 21 单击“基准”区域的“中心线”按钮，绘制一条水平基准中心线。

Step 22 单击“矩形”按钮，绘制一个矩形（250mm × 60mm），矩形的水平线与X轴重合，左边的竖直线与实体边线重合，如图10-7所示。

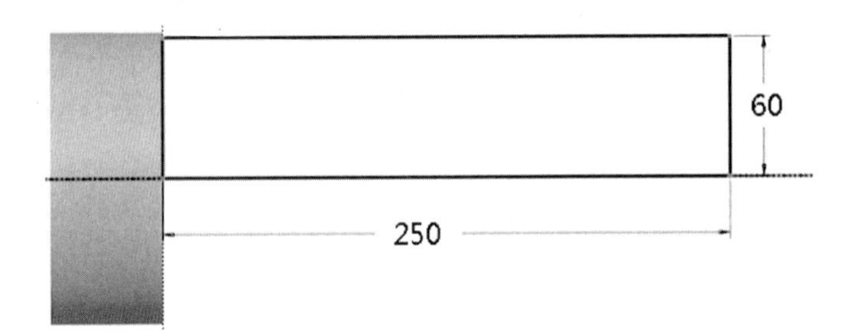

图10-7 绘制截面

Step 23 在“草绘”操控板中单击“确定”按钮☑。

Step 24 在“旋转”操控板中选择“作为实体旋转”按钮，“旋转角度”为360°。

Step 25 单击“确定”按钮☑，创建第2个旋转体，如图10-8所示。

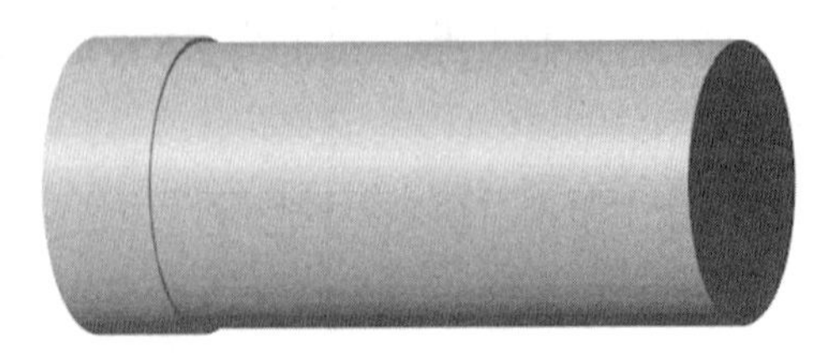

图10-8 创建第2个旋转体

Step 26 按照相同的方法，创建第3个旋转体（ϕ130mm × 50mm），如图10-9所示。

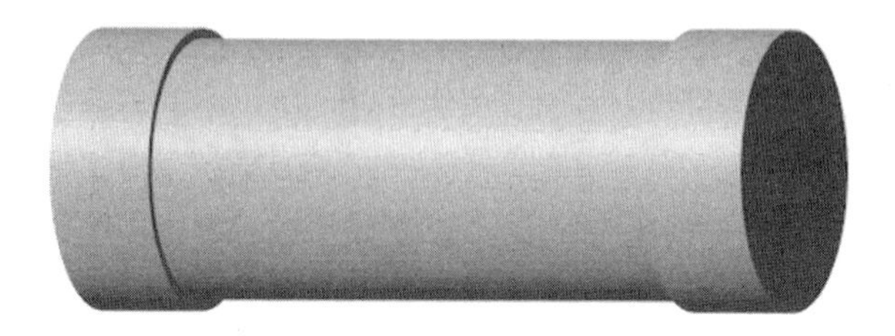

图10-9 创建第3个旋转体（ϕ130mm × 50mm）

Step 27 单击“旋转”按钮，选择TOP基准面为草绘平面，RIGHT基准面为参考平面，在“草绘”对话框中将“方向”选为“向右”。

Step 28 单击“草绘”按钮 草绘 ，进入草绘模式。

Step 29 单击“草绘视图”按钮，定向草绘平面与屏幕平行。

Step 30 单击“基准”区域的“中心线”按钮，绘制一条基准中心线，与X轴成60°。

Step 31 单击“线链”按钮，绘制一个截面，如图10-10粗线所示。

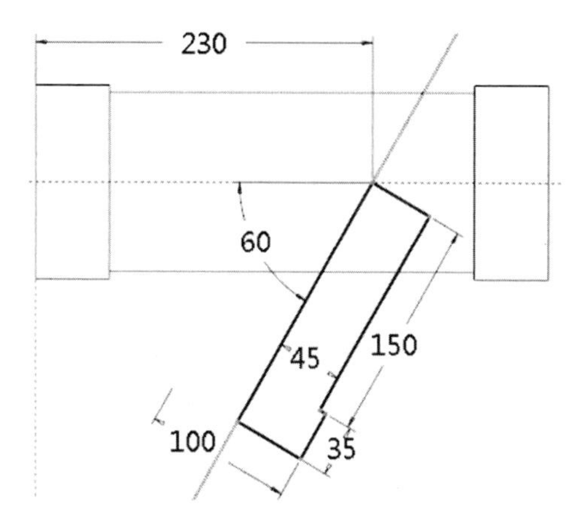

图10-10 绘制截面

Step 32 在“草绘”操控板中单击“确定”按钮。

Step 33 在“旋转”操控板中选择“作为实体旋转”按钮，“旋转角度”为360°。

Step 34 单击“确定”按钮，创建第4个旋转体，如图10-11所示。

Step 35 单击“抽壳”按钮，按住Ctrl键，选择管口的3个平面，“厚度”设为3mm。

Step 36 单击“确定”按钮，创建抽壳特征，如图10-12所示。

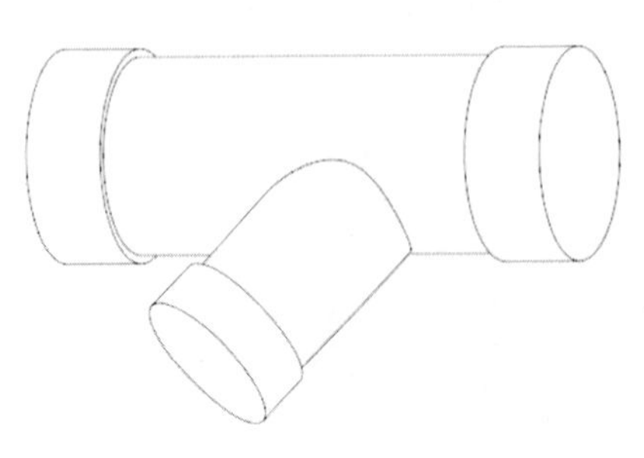

图10-11　创建第4个旋转体

图10-12　创建抽壳特征

Step 37 单击“保存”按钮，保存文件。

10.2　模具设计

10.2.1　进入模具设计环境

按照前面章节的方法，创建新的模具型腔文件，文件名称为 mfg10. asm。

10.2.2　加载参考模型

Step 01 单击“参考模型”按钮，再选择“组装参考模型”。

Step 02 选择“santong.prt”，单击“打开”按钮，装配方法为：

1）先在工作区中选择参考模型的FRONT基准面和模具坐标系的FRONT基准面，如图10-13所示。

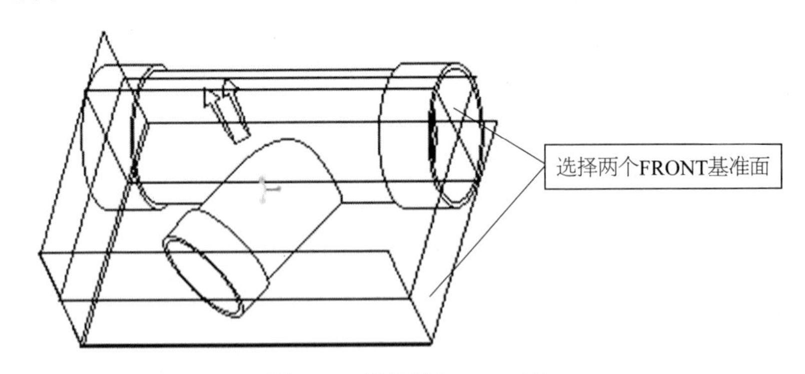

图10-13　选择两个FRONT面

2）再在“元件放置”操控板中“类型”选择“距离”选项，“设置约束偏移”为－80mm，在“元件放置”操控板中单击“反向”按钮，改变摆放方向，使小管口朝Y轴正方向，如图10-14所示；

3）选择参考模型的RIGHT基准面和模具坐标系的RIGHT基准面，再在“元件放置”操控板中将“类型”选为“重合”选项，使两个RIGHT基准面重合，如图10-14所示；

4）选择参考模型的TOP基准面和模具坐标系的TOP基准面重合，再在“元件放置”操控板中将“类型”选为“重合”选项，使两个TOP基准面重合，如图10-14所示。

Step 03 再次单击“参考模型”按钮，选中“组装参考模型”。

Step 04 选择“santong.prt”，单击“打开”按钮，装配方法为：

1）参考模型的FRONT基准面和模具坐标系的FRONT基准面相距80mm；

2）参考模型的RIGHT基准面和模具坐标系的RIGHT基准面重合；

3）参考模型的TOP基准面和模具坐标系的TOP基准面重合，装配第2个参考零件后如图10-14所示。

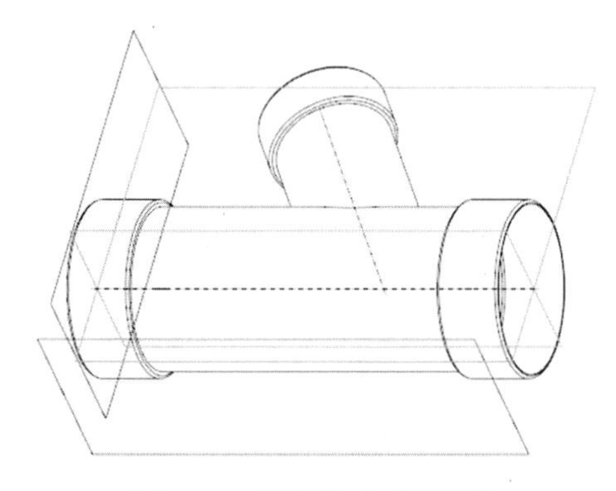

图10-14 装配第1个参考零件

10.2.3 设定收缩率

Step 01 单击“按比率收缩”按钮，先选择第1个参考模型，再选择第1个参考模型的坐标系，在“按比率收缩”对话框中，将“公式”选为“1+S”，选中“☑各向同性”和“☑前参考”，将“收缩率”设为0.005。

Step 02 单击“确定”按钮☑，参考模型以坐标系原点为基准点，按比例放大1.005倍。

Step 03 采用相同的方法，对另一个参考模型放收缩率。

10.2.4 创建工件

Step 01 单击“创建工件”按钮，在“创建元件”对话框的“类型”选项区中选中“◉ 零件”，将“子类型”选为“◉ 实体”，输入文件名为“gongjian10.prt”。

Step 02 单击“确定” 确定(O) 按钮，在“创建选项”对话框的“创建方法”选项区中选中“◉ 创建特征”选项，单击“确定” 确定(O) 按钮。

Step 03 单击“拉伸”按钮，在“拉伸”操控板中单击“放置”按钮 放置 ，再在“放置”滑板中单击“定义”按钮 定义... 。

Step 04 选择TOP基准面为草绘平面，RIGHT基准面为参考平面，方向向右。

Step 05 单击“草绘”按钮 草绘 ，进入草绘模式。

Step 06 选择FRONT和RIGHT为参考平面。

Step 07 单击“草绘视图”按钮，定向草绘平面与屏幕平行。

Step 08 单击“草绘”区域的“中心线”按钮，沿X轴、Y轴各绘制一条中心线。

Step 09 单击“矩形”按钮，以原点为中心，绘制一个矩形（500mm×600mm），如图10-15所示。

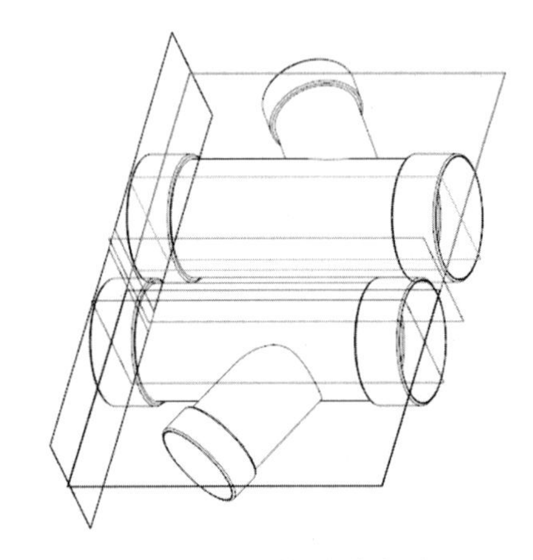

图10-15　装配第2个参考零件

Step 10 在“草绘”操控板中单击“确定”按钮。

Step 11 在“拉伸”操控板中选择“拉伸为实体”按钮，选择“对称”按钮，“距离”为200mm。

Step 12 在“拉伸”操控板中单击“确定”按钮，创建工件实体，如图10-16所示。

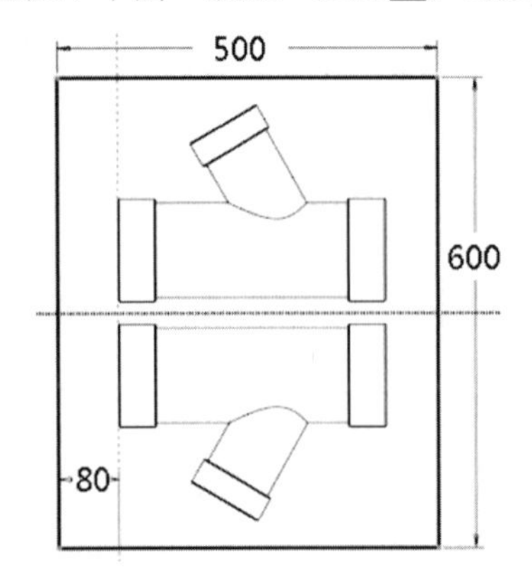

图10-16　绘制截面

10.2.5 创建主分型面

Step 01 单击“分型面”按钮。在“分型面”操控板中单击“属性”按钮。

Step 02 在“属性”窗口中输入分型面的名称为“主分型面”，如图10-17所示。

Step 03 在“分型面”操控板中单击“拉伸”按钮，在“拉伸”操控板中单击“放置”按钮放置，再在“放置”滑板中单击“定义”按钮定义...，选择工件侧面为草绘平面，如图10-18所示，工件上表面为参考平面，方向向上。

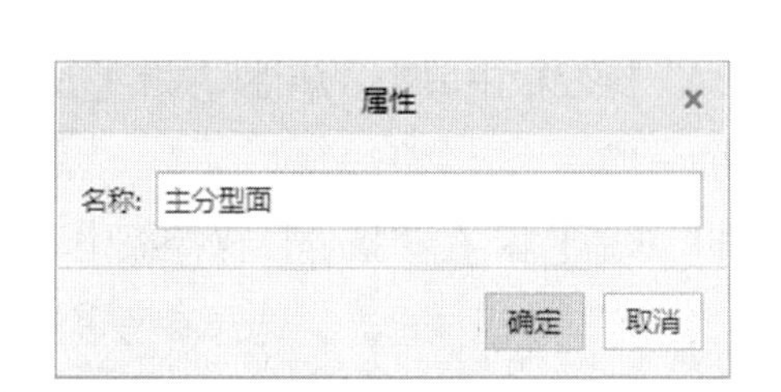

图10-17 名称为“主分型面”

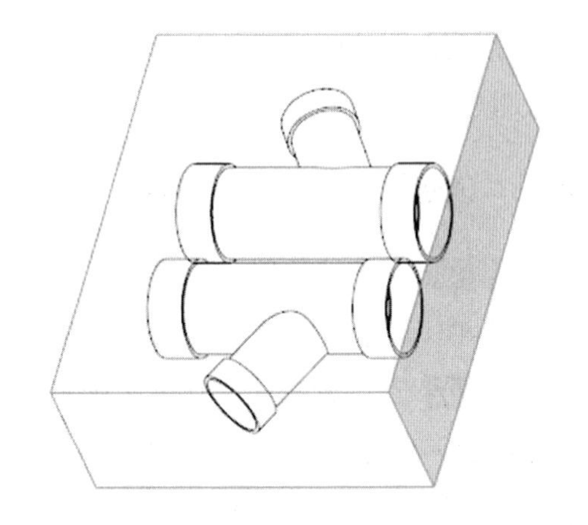

图10-18 选择侧面为草绘平面

Step 04 绘制一条直线，该直线与X轴重合，直线的两个端点与工件的边线重合，如图10-19所示。

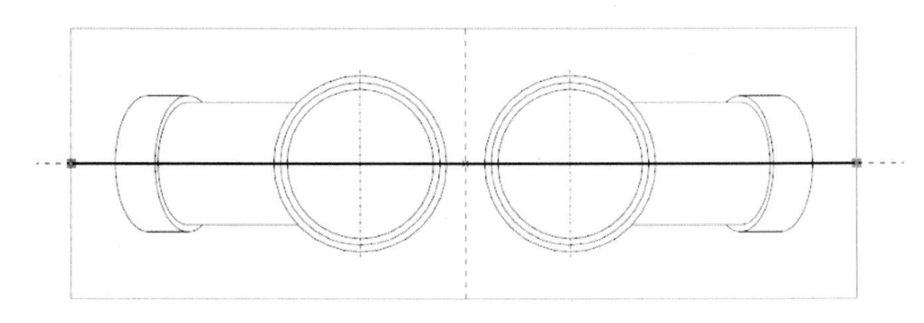

图10-19 绘制直线

Step 05 在“草绘”操控板中单击“确定”按钮，在“拉伸”操控板中选择“拉伸至选定的面”选项，选择工件的另一个侧面，创建一个拉伸曲面，如图10-20所示。

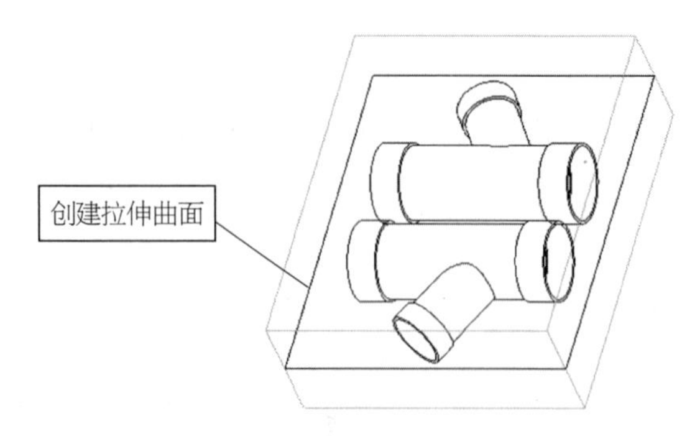

图10-20　创建一个拉伸曲面

Step 06 在“拉伸曲面”操控板中单击“确定”按钮☑，再在“分型面”操控板中单击“确定”按钮，创建主分型面。

10.2.6　创建第1个滑块分型面

Step 01 单击“分型面”按钮，在“分型面”操控板中单击“属性”按钮，在“属性”窗口中输入分型面的名称为“滑块分型面-1”。

Step 02 在“分型面”操控板中单击“拉伸”按钮，在“拉伸”操控板中单击“放置”按钮 放置 ，再在“放置”滑板中单击“定义”按钮 定义... ，选择参考零件口部平面为草绘平面，如图10-21阴影面所示，工件上表面为参考平面，方向向上。

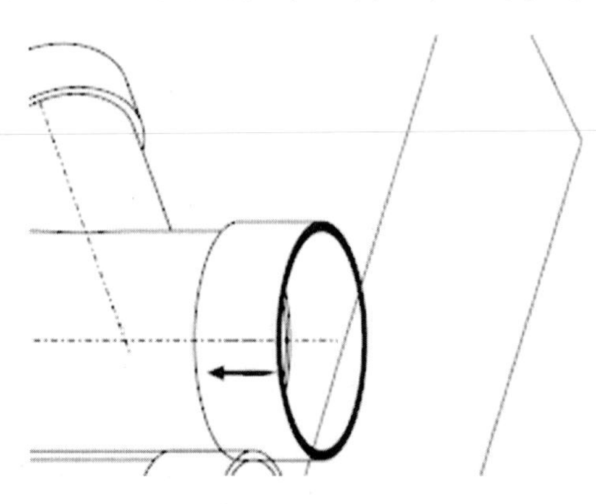

图10-21　选择参考零件口部平面为草绘平面

Step 03 单击“草绘视图”按钮，定向草绘平面与屏幕平行。

Step 04 在快捷菜按钮中单击“◎圆”旁边的三角形，选择“同心”按钮◎，选择圆口的边线，绘制一个同心圆（ϕ126mm），如图10-22粗线所示。

Step 05 在“草绘”操控板中单击“确定”按钮☑，在“拉伸”操控板“侧1”中选择“拉伸到选定的曲面”按钮，选择工件侧面，选中“☑添加锥角”，将“角度”设为-5°，如图10-23所示。

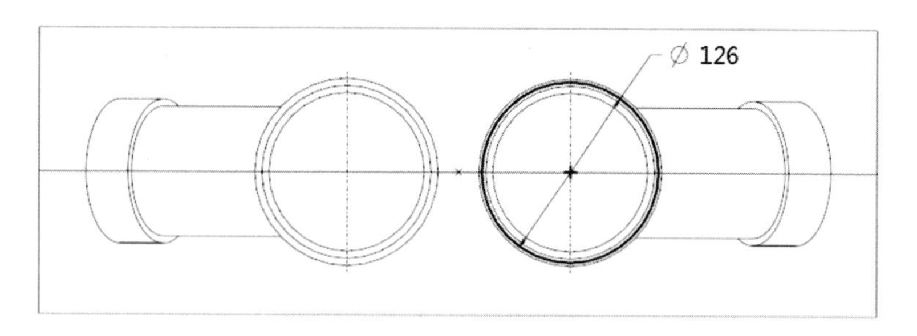

图10-22　绘制同心圆（ϕ126mm）

Step 06 在“拉伸”操控板中单击“确定”按钮☑，创建口部分型面（分型面成喇叭型，逐渐放大，如果逐渐变小，请将“角度”改变为+5°），如图10-23所示。

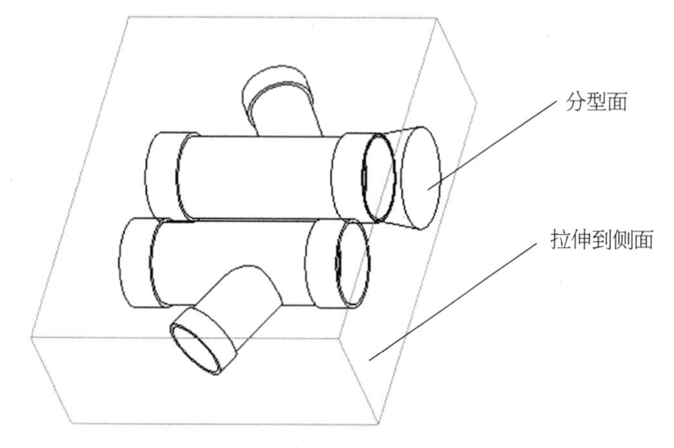

图10-23　拉伸到侧面

Step 07 在“分型面”操控板中单击“填充”按钮▢，选择另一侧的台侧面为草绘平面，如图10-24阴影所示。

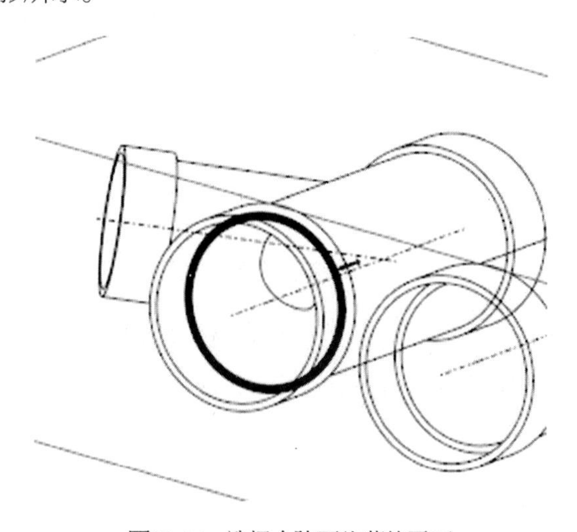

图10-24　选择台阶面为草绘平面

Step 08 单击“投影”按钮□，按住<Ctrl>键，选择台阶的边线，如图10-25粗线所示。

Step 09 在“草绘”操控板中单击“确定”按钮☑，创建台阶处的分型面，如图10-26所示。

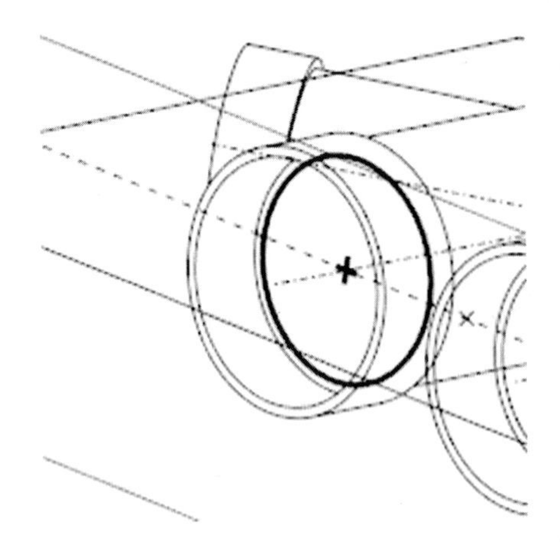

图10-25　选择台阶的边线

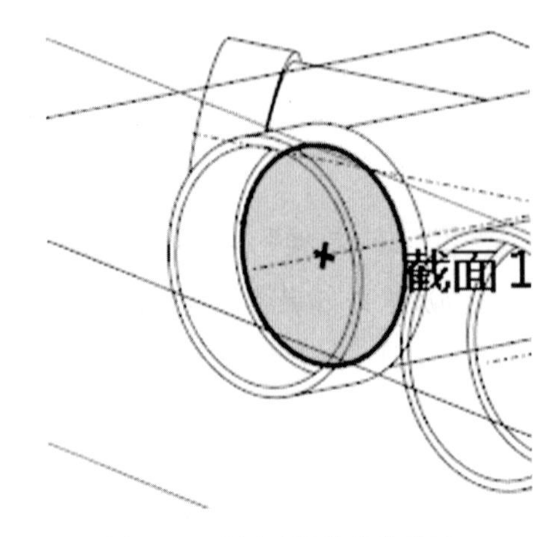

图10-26　创建台阶位的分型面

Step 10 为了方便操作，先将工件实体、主分型面、图10-23和图10-26所示的分型面隐藏。

Step 11 按住Ctrl键，选择管件内壁的2个曲面，如图10-27阴影曲面所示。

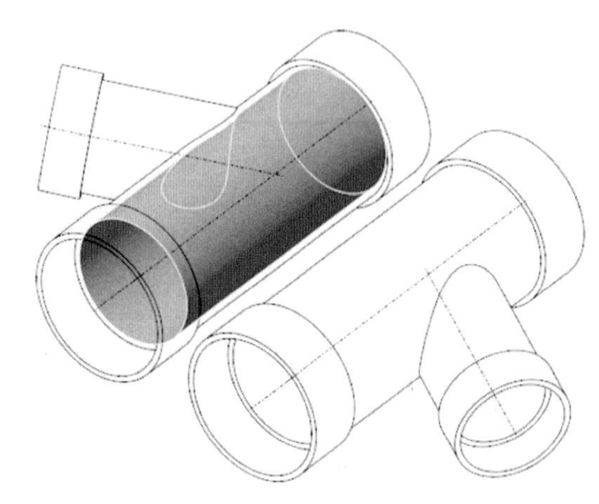

图10-27　选择内壁的曲面

Step 12 在横向菜单中选择“模具”，先选择“复制”命令，再选“粘贴”命令，在“曲面：复制”操控板中选中“◉ 排除曲面并填充孔”选项，参考项目8中图8-15与图8-16所示。

Step 13 先选中曲面的一段边线，再按住Shift键，然后选择曲面另一段边线，如图10-28中的粗线所示。

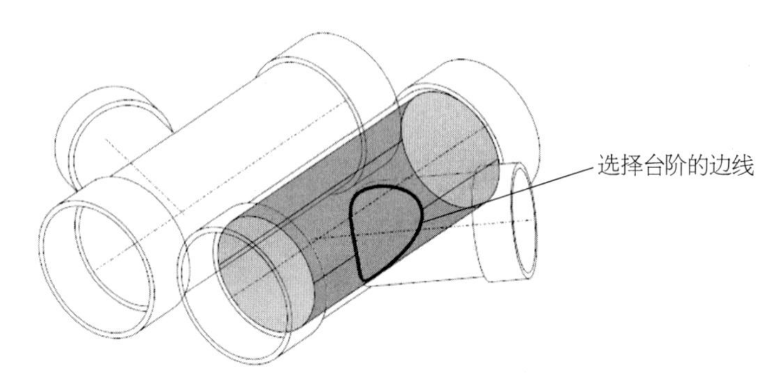

图10-28 选择曲面的边线

Step 14 单击“确定”按钮☑，复制并粘贴所选曲面，并填补孔。

Step 15 再在“分型面”操控板中单击“确定”按钮，创建第1个滑块的分型面。将两个参考零件、工件实体、主分型面隐藏，只显示第1个滑块的3个分型面，如图10-29所示。

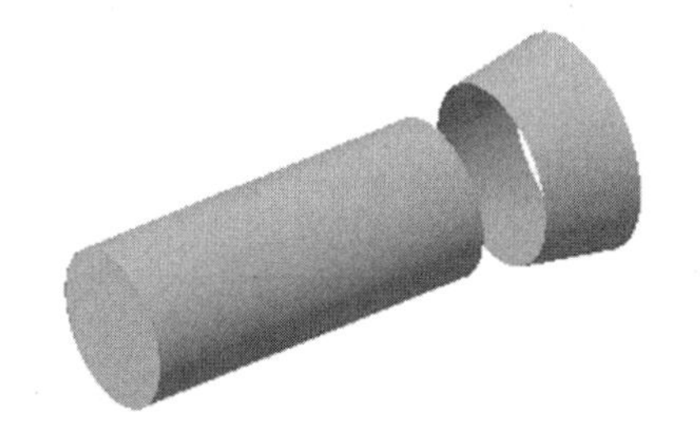

图10-29 只显示第1个滑块的3个分型面

10.2.7 创建第 2 个滑块分型面

Step 01 单击“分型面”按钮，在“分型面”操控板中单击“属性”按钮，在“属性”窗口中输入分型面的名称为“滑块分型面-2”。

Step 02 在“分型面”操控板中单击“拉伸”按钮，在“拉伸”操控板中单击“放置”按钮 放置 ，再在“放置”滑板中单击“定义”按钮 定义... ，选择参考零件另一侧口部平面为草绘平面，如图10-30阴影面所示，工件上表面为参考平面，方向向上。

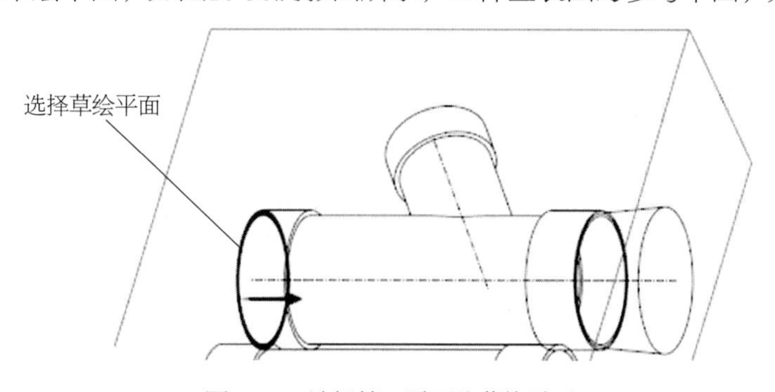

图10-30 选择管口平面为草绘平面

Step 03 单击“草绘视图”按钮，定向草绘平面与屏幕平行。

Step 04 单击“圆”旁边的三角形，单击“同心”按钮，选择圆口的边线，绘制一个同心圆（ϕ126mm），如图10-31粗线所示。

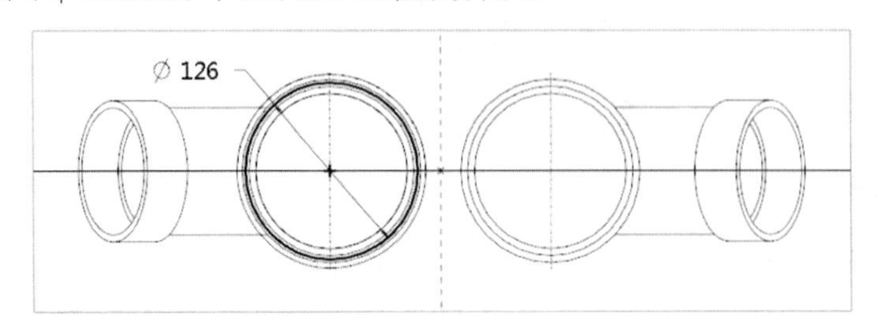

图10-31　绘制一个同心圆（ϕ126mm）

Step 05 在“草绘”操控板中单击“确定”按钮，在“拉伸”操控板中“侧1”下拉列表中选择“拉伸到选定的曲面”按钮，选择工件侧面，选中“☑添加锥角”，设置“角度”为−5°。

Step 06 在“拉伸”操控板中单击“确定”按钮，创建口部分型面（分型面成喇叭型，逐渐放大），如图10-32所示。

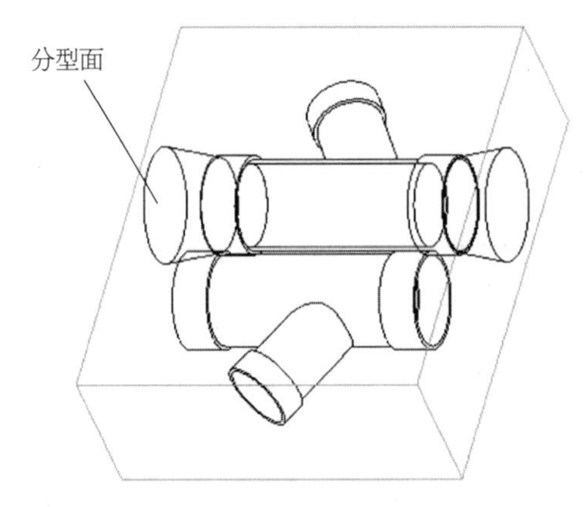

图10-32　拉伸到侧面

Step 07 在“分型面”操控板中单击“确定”按钮，创建第2个滑块的分型面。

10.2.8　创建第 3 个滑块分型面

Step 01 单击“分型面”按钮，在“分型面”操控板中单击“属性”按钮，在“属性”窗口中输入分型面的名称为“滑块分型面−3”。

Step 02 在“分型面”操控板中单击“拉伸”按钮，在“拉伸”操控板中单击“放置”按钮 放置 ，再在“放置”滑板中单击“定义”按钮 定义... ，选择参考零件小管口部平面为草绘平面，如图10-33阴影面所示，工件上表面为参考平面，方向向上。

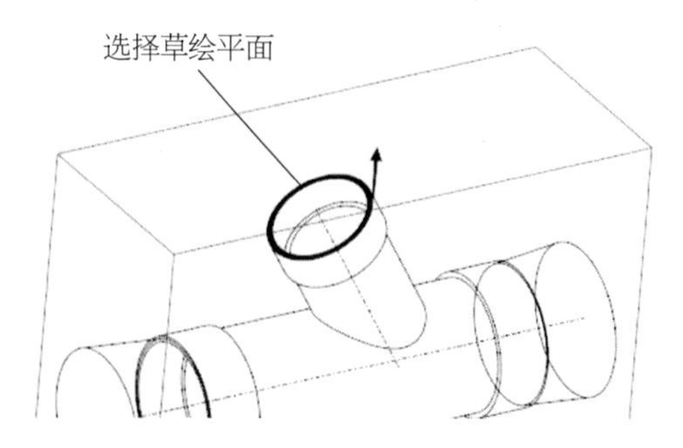

图10-33　选择参考零件小管口部平面为草绘平面

Step 03 单击“草绘视图”按钮，定向草绘平面与屏幕平行。

Step 04 单击“圆”旁边的三角形，选择“同心”按钮，选择圆口的边线，绘制一个同心圆（ϕ95mm），如图10-34粗线所示。

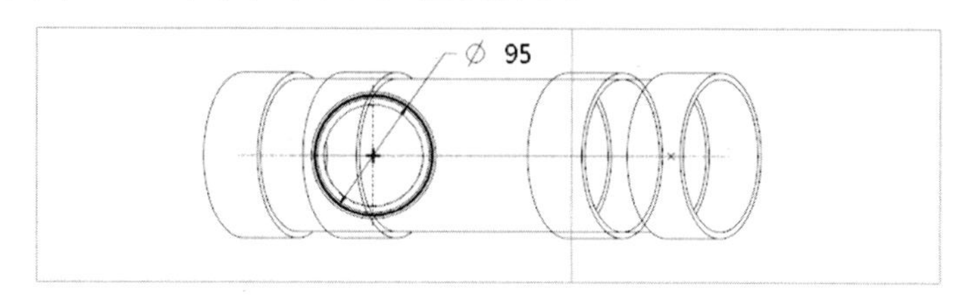

图10-34　绘制一个同心圆（ϕ95mm）

Step 05 在“草绘”操控板中单击“确定”按钮，在“拉伸”操控板的“侧1”下拉列表中选择“盲孔”按钮，设置“深度”为110mm（超过工件），选中“添加锥角”，设置“角度”为−5°。

Step 06 在“拉伸”操控板中单击“确定”按钮，创建口部分型面（分型面成喇叭型，逐渐放大），如图10-35所示。

Step 07 在“分型面”操控板中单击“确定”按钮，创建第3个滑块的分型面。

Step 08 将两个参考零件、工件实体、主分型面隐藏，只显示第1个参考零件的3个分型面，如图10-36所示。

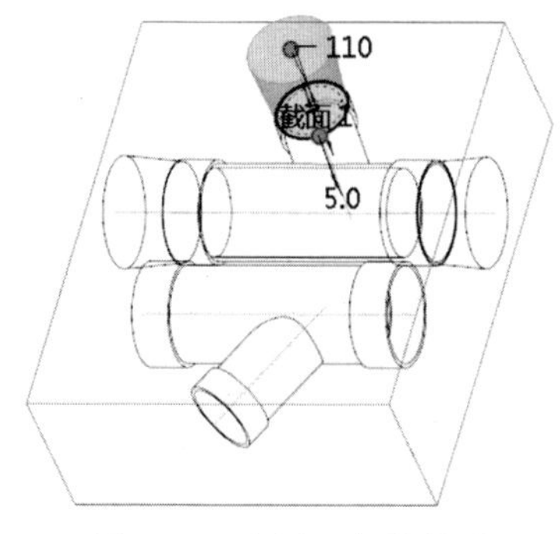

图 10-35　创建口部分型面

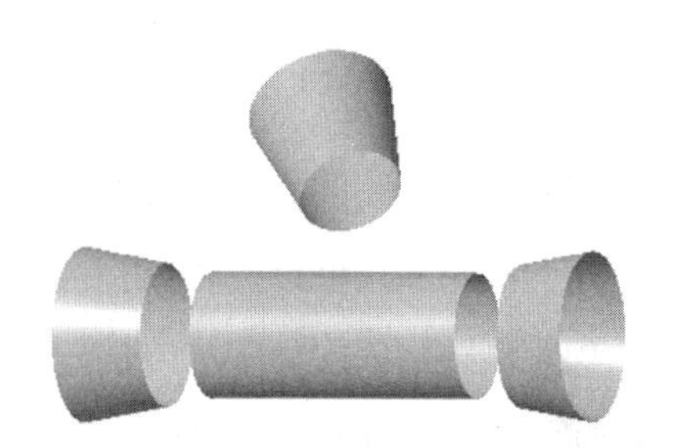

图 10-36　第 1 个参考零件的 3 个分型面

10.2.9 拆分体积块

Step 01 单击“参考零件切除”按钮，先选择工件，再按住Ctrl键，选择2个参考零件。

Step 02 单击“确定”按钮，切除参考零件。

Step 03 选择“体积块分割”按钮，选择工件实体为“要分割的模具体积块”，再按住Ctrl键，选择图10-29的3个曲面为“用于分割模具体积块的分型面”，将“体积块_2”改为“滑块1”，“体积块_1”名称保持不变，如图10-37所示。

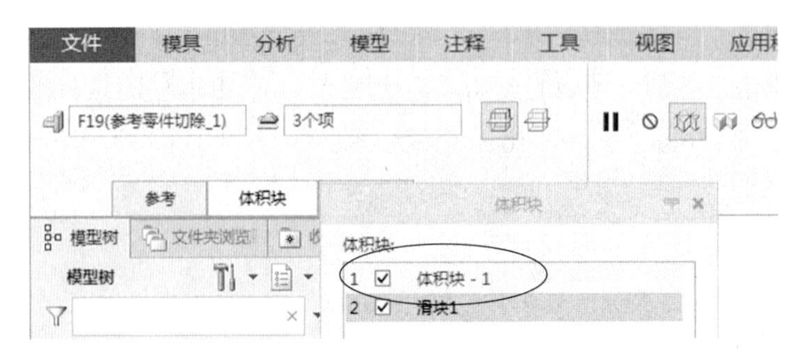

图 10-37 将“体积块 _2”改为“滑块 _1”，“体积块 _1”名称保持不变

Step 04 再次选择“体积块分割”按钮，选择“体积块-1”为“要分割的模具体积块”，选择图10-32的曲面为“用于分割模具体积块的分型面”，将“体积块_3”改为“滑块2”，“体积块_1”名称保持不变，如图10-38所示。

图10-38 第二次拆分体积块

Step 05 按照相同的方法，用滑块分型面依次创建滑块3～滑块6。

Step 06 再用图10-20所创建的主分型面将实体拆分成型腔和型芯。

Step 07 再按照前面章节的方法，抽取体积块，过程完全相同。

Step 08 单击“保存”按钮，保存文件。

项目 11 箱体类零件模具设计

箱体类零件一般含有滑块、斜顶、镶件，而且分型面也是异型面，本章以 1 个简单的箱体类实体为例，如图 11-1 所示，详细介绍 Creo Parametric 5.0 进行箱体类产品设计和模具设计的一般过程。

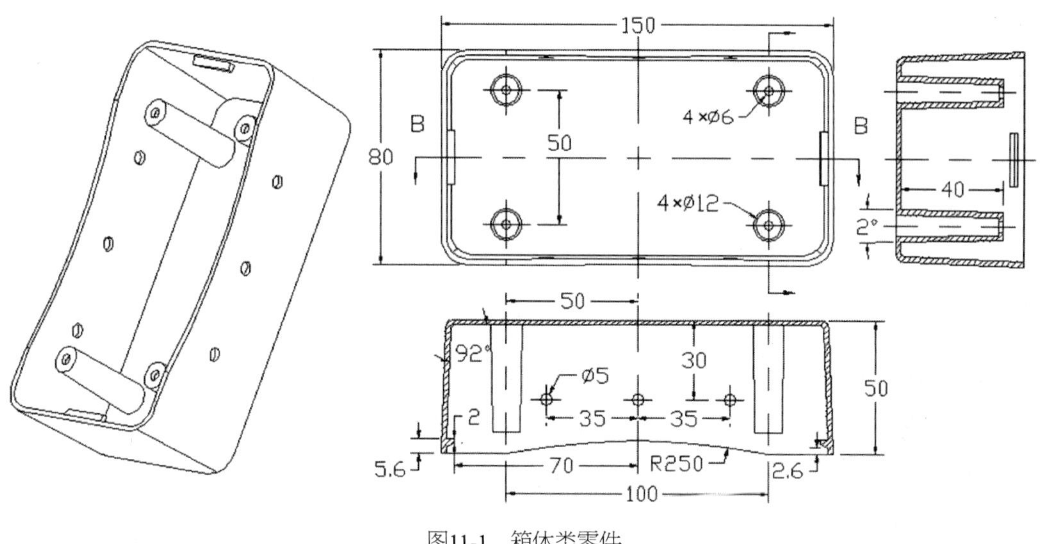

图11-1 箱体类零件

11.1 产品设计

Step 01 启动Creo Parametric 5.0，在Creo Parametric 5.0的起始界面下单击“选择工作目录”按钮，选择“E：\项目11”为工作目录。

Step 02 单击“新建”按钮，在“新建”对话框的“类型”选项区中选中“◉零件”，选择“子类型”为“◉ 实体”，输入文件名为“xiangti.prt”，取消“使用默认模板”复选框的选中状态。

Step 03 单击“确定”按钮，选择“mmns_part_solid”。

Step 04 单击“确定” 确定，进入建模环境。

Step 05 单击“拉伸”按钮，在“拉伸”操控板中单击“放置”按钮 放置，再在“放置”滑板中单击“定义”按钮 定义...。

Step 06 选择TOP基准面为草绘平面，RIGHT基准面为参考平面，在“草绘”对话框中将“方向”选为“向右”，单击“草绘”按钮 草绘，进入草绘模式。

Step 07 单击“草绘视图”按钮，定向草绘平面与屏幕平行。

Step 08 单击“草绘”区域的“中心线”按钮，绘制一条水平中心线和竖直中心线。

Step 09 单击“重合”按钮，使水平中心线和竖直中心线与X轴、Y轴重合。

Step 10 单击“矩形”按钮，以原点为中心，绘制一个矩形（150mm×80mm），如图11-2所示。

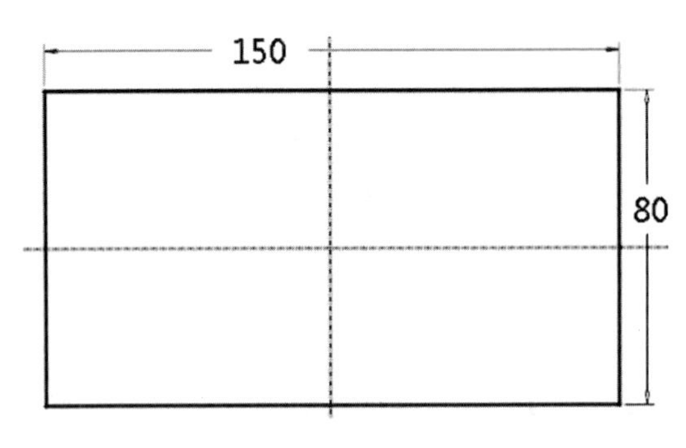

图11-2　绘制截面

Step 11 在“草绘”操控板中单击“确定”按钮。

Step 12 在“拉伸”操控板的“侧1”下拉列表中选择“盲孔”按钮，设置“距离”为50mm，选中“添加锥度”选项，设置“角度”为2°。

Step 13 单击箭头按钮，使箭头朝下，向下拉伸实体。

Step 14 在“拉伸”操控板中单击“确定”按钮，创建一个拉伸特征，下部分小，上部分大（如果下部分大，上部分小，请将角度值改为-2°），如图11-3所示。

图11-3　创建一个拉伸特征

Step 15 单击“拉伸”按钮，在“拉伸”操控板中单击“放置”按钮 放置，再在“放置”滑板中单击“定义”按钮 定义...。

Step 16 选择实体的下表面为草绘平面，RIGHT基准面为参考平面，在“草绘”对话框中“方向”选择“向右”，单击“草绘”按钮 草绘，进入草绘模式。

Step 17 单击“草绘视图”按钮，定向草绘平面与屏幕平行。

Step 18 单击“草绘”区域的“中心线”按钮，绘制一条水平中心线和竖直中心线。

Step 19 单击“重合”按钮，使水平中心线和竖直中心线与X轴、Y轴重合。

Step 20 单击“圆心和点”按钮，绘制4个圆（ϕ12mm），使左、右关于Y轴对称，上、下关于X轴对称，如图11-4所示。

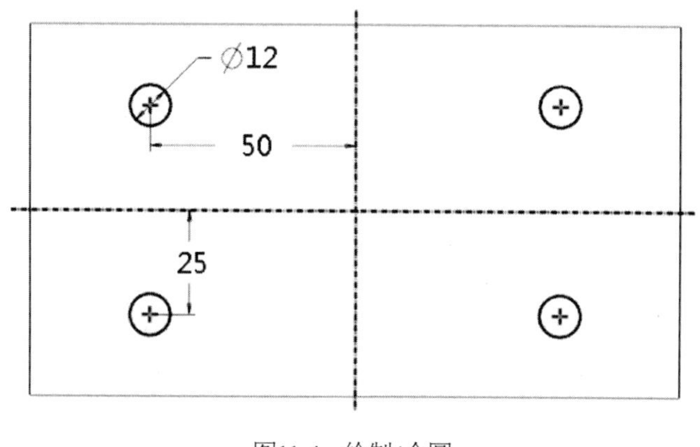

图11-4　绘制4个圆

Step 21 在“草绘”操控板中单击“确定”按钮。

Step 22 在“拉伸”操控板的“侧1”下拉列表中选择“盲孔”按钮，设置“距离”为40mm，选中“添加锥度”选项，设置“角度”为2°。

Step 23 在“拉伸”操控板中单击“确定”按钮，创建4个锥度盲孔，孔的口部大，里面小（如果孔的口部小，里面大，请将角度值改为−2°），如图11-5所示。

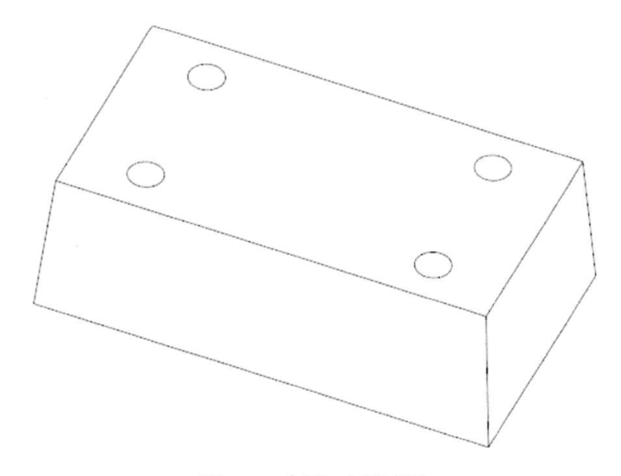

图11-5　创建4个锥度孔

Step 24 单击“倒圆角”按钮，为实体的4个角创建倒圆角特征（R10mm），底面的边线创建倒圆角特征（R5mm），如图11-6所示。

Step 25 单击“抽壳”按钮，选择上表面为移除的曲面，厚度为2mm，创建抽壳特征，如图11-6所示。

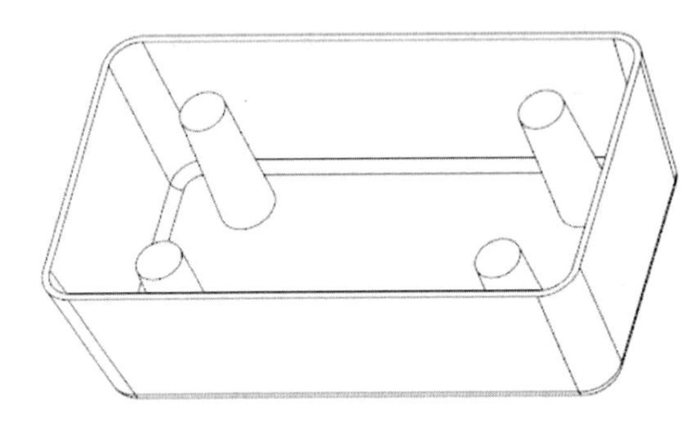

图11-6　创建抽壳特征

Step 26 单击“拉伸”按钮，在“拉伸”操控板中单击“放置”按钮 放置 ，再在“放置”滑板中单击“定义”按钮 定义... 。

Step 27 选择实体下表面为草绘平面，RIGHT基准面为参考平面，在“草绘”对话框中“方向”选择“向右”，单击“草绘”按钮 草绘 ，进入草绘模式。

Step 28 单击“草绘视图”按钮，定向草绘平面与屏幕平行。

Step 29 单击“圆”旁边的三角形，选择“同心”按钮，选择4个圆柱的边线，绘制4个圆（ϕ6mm），如图11-7所示。

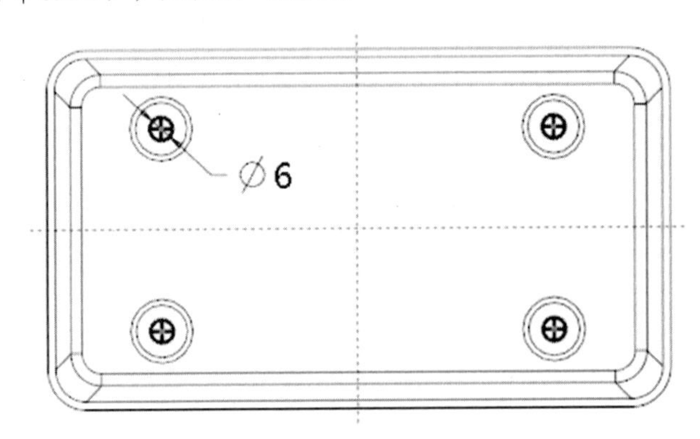

图11-7　绘制4个圆（ϕ6mm）

Step 30 在“草绘”操控板中单击“确定”按钮。

Step 31 在“拉伸”操控板中选择“穿透”按钮，按下“移除材料”按钮。

Step 32 在“拉伸”操控板中单击“确定”按钮，在4个圆柱上创建4个通孔，如图11-8所示。

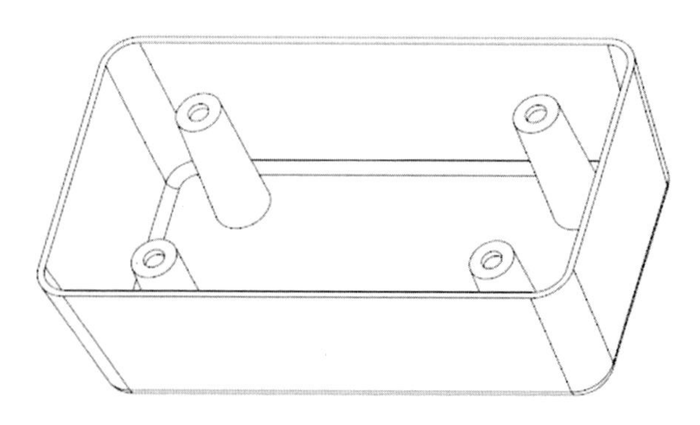

图11-8　创建4个通孔

Step 33 单击“拉伸”按钮，在“拉伸”操控板中单击“放置”按钮 放置 ，再在“放置”滑板中单击“定义”按钮 定义... 。

Step 34 选择FRONT基准面为草绘平面，RIGHT基准面为参考平面，在“草绘”对话框中将“方向”选为“向右”，单击“草绘”按钮 草绘 ，进入草绘模式。

Step 35 单击“草绘视图”按钮，定向草绘平面与屏幕平行。

Step 36 绘制一个截面（一条水平线和一条圆弧），其中圆弧的圆心在Y轴上，水平线与零件的边线重合，如图11-9所示。

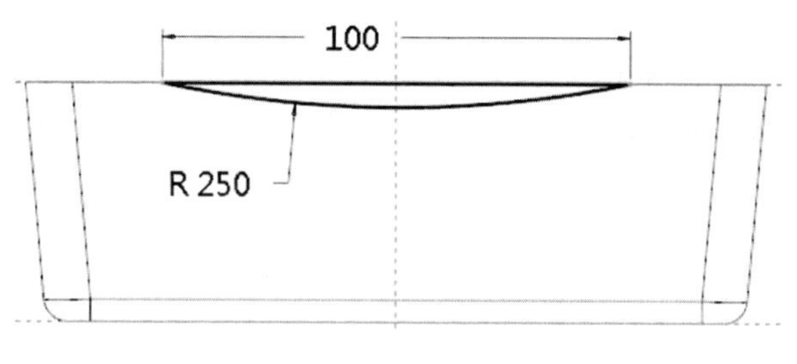

图11-9　绘制一个截面

Step 37 在“草绘”操控板中单击“确定”按钮，在“拉伸”操控板中将“侧1”选为“穿透”按钮，在“侧2”下拉列表中选择“穿透”按钮，按下“移除材料”按钮。

Step 38 在“拉伸”操控板中单击“确定”按钮，将零件口部切除一部分材料，成圆弧形状，如图11-10所示。

Step 39 单击“拉伸”按钮，选择FRONT面为草绘平面，RIGHT面为参考平面，绘制3个圆（ϕ6mm），3个圆心在同一水平线上，中间圆的圆心与Y轴重合，如图11-11所示。

提示: 设定3个圆心在同一水平线上的方法是：单击“水平”按钮，选择第1个圆的心圆，再选第2个圆的圆心，两个圆心就自动在同一水平线上。

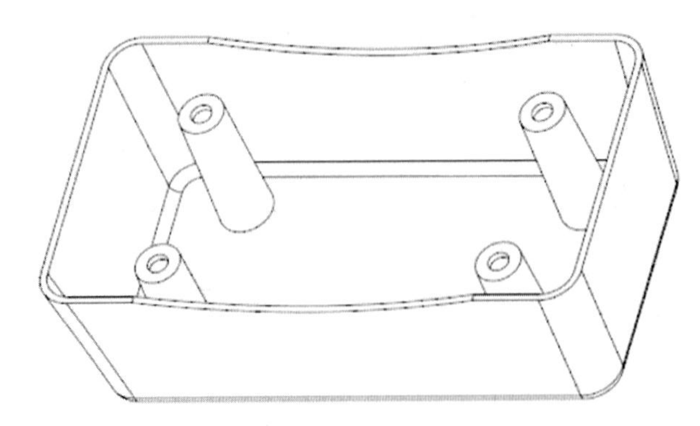

图11-10　将零件口部切除成圆弧形状

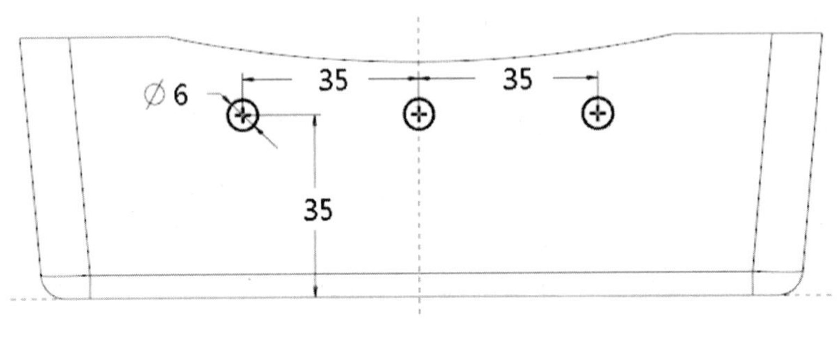

图11-11　绘制3个圆

Step 40 在“草绘”操控板中单击“确定”按钮☑，在“拉伸”操控板的“侧1”下拉列表中选择“穿透”按钮，在“侧2”下拉列表中选择“穿透”按钮，按下“移除材料”按钮。

Step 41 在“拉伸”操控板中单击“确定”按钮☑，在零件侧壁创建6个圆孔，如图11-12所示。

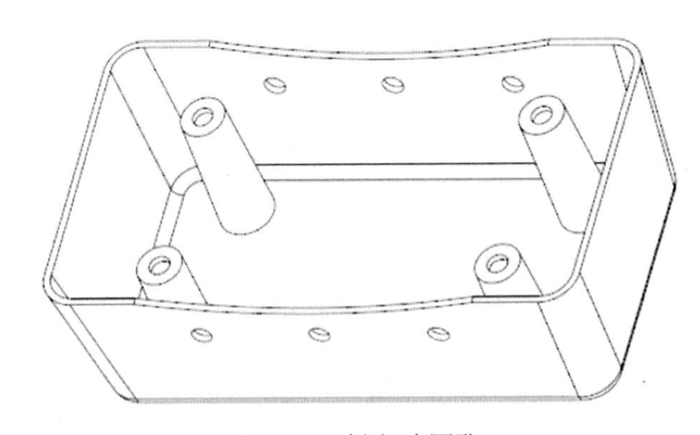

图11-12　创建6个圆孔

Step 42 单击“拉伸”按钮，选择FRONT面为草绘平面，RIGHT面为参考平面，绘制一个截面，如图11-13粗线所示。

Step 43 在“草绘”操控板中单击“确定”按钮☑，在“拉伸”操控板中选择“对称”按钮⊟，设置“深度”为10mm。

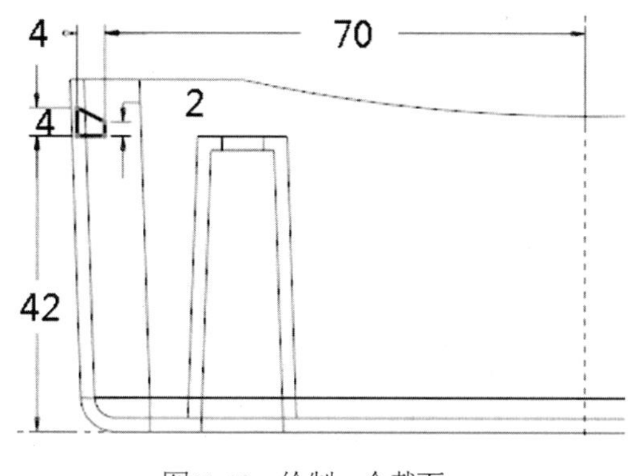

图11-13 绘制一个截面

Step 44 在“拉伸”操控板中单击“确定”按钮☑，在零件侧壁创建1个扣位，如图11-14所示。

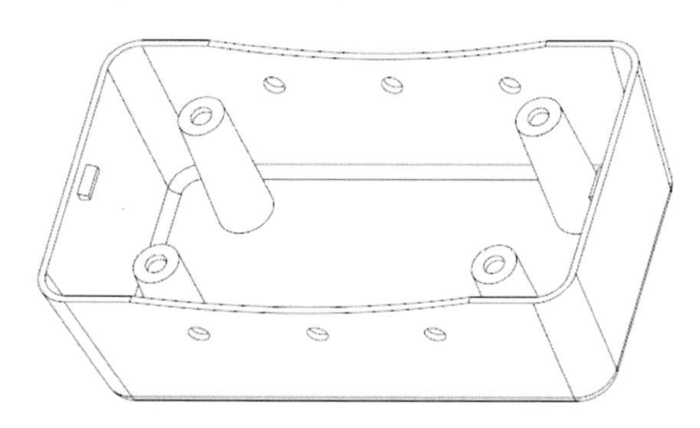

图11-14 创建扣位

Step 45 在模型树中选择 拉伸 6，再单击“镜像”按钮，选择RIGHT平面为镜像平面，在零件的另一个侧面创建镜像特征。

Step 46 单击“保存”按钮，保存文件。

11.2 模具设计

11.2.1 进入模具设计环境

Step 01 按照前面章节的方法，创建新的模具型腔文件，文件名称为mfg11. asm，加载参考模型，零件的开口方向朝上，设定收缩率。

Step 02 创建工件，工件的名称为prt012，工件尺寸为200mm × 150mm，如图11-15所示。

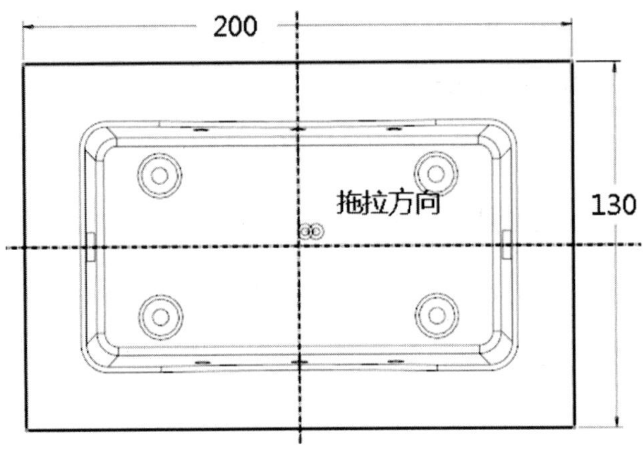

图11-15　工件尺寸

Step 03 在“草绘”操控板中单击“确定”按钮，在“拉伸”操控板的“侧1”下拉列表中选择“盲孔”选项，设置“深度”为80mm，在“侧2”下拉列表中选择“盲孔”选项，设置“深度”为20mm，工件如图11-16所示。

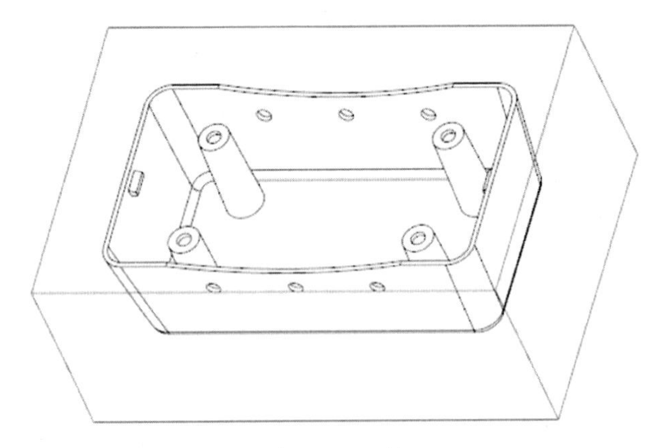

图11-16　工件

11.2.2　创建分型线

Step 01 在“模型树”中选中 MFG011.ASM，再在活动窗口中选中“激活”按钮。

Step 02 单击“轮廓曲线”按钮，在参考模型上产生若干棕色的轮廓曲线。

Step 03 在“轮廓曲线”操控板中选中“环选择”选项，选中“环”按钮，在参考模型中选择左侧倒扣位的轮廓曲线，“轮廓曲线”操控板中对应的环就会加强显示，选择“排除”选项，如图11-17所示。

Step 04 采用相同的方法，排除右侧扣位的轮廓曲线，排除前、后侧面6个小孔的轮廓线，只保留参考零件口部的轮廓线和4个圆柱上小孔的轮廓线。

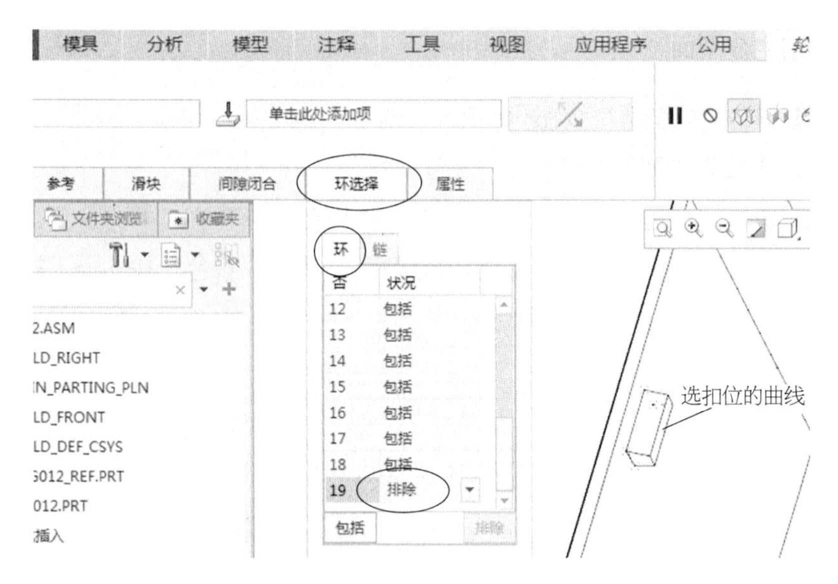

图11-17 选择“排除”选项

Step 05 在“轮廓曲线”操控板中选中“链”按钮，选择左上角圆柱的轮廓曲线，“轮廓曲线”操控板中对应的链就会加强显示，选择“下部”选项，如图11-18所示。

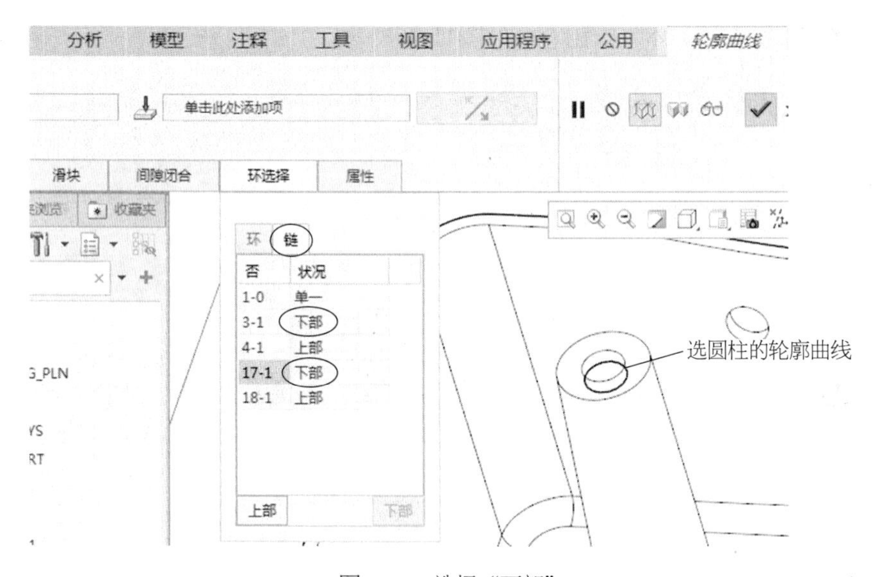

图11-18 选择“下部”

Step 06 采用相同的方法，将右上角圆柱的轮廓曲线也选为“下部”选项。（为了更好地体会这个选项的意义，2个圆柱小孔的轮廓线选“上部”，另外2个选“下部”）

Step 07 在“轮廓曲线”操控板中单击“确定”按钮☑，创建分型线。

说明: 零件口部的轮廓曲线只有一条，没有上部、下部之分，所以对应的“状况”是“单一”。

11.2.3　创建主分型面

Step 01 单击“分型面”按钮，在“分型面”操控板中单击“属性”按钮，在“属性”窗口中输入分型面的名称为“主分型面”。

Step 02 单击“裙边曲面”命令，在模型树中选择 SILH_CURVE_1，在“裙边曲面”窗口中单击“确定”按钮，创建裙边分型面，单击“着色”按钮，裙边曲面的中间有4个圆形的平面，如图11-19所示。

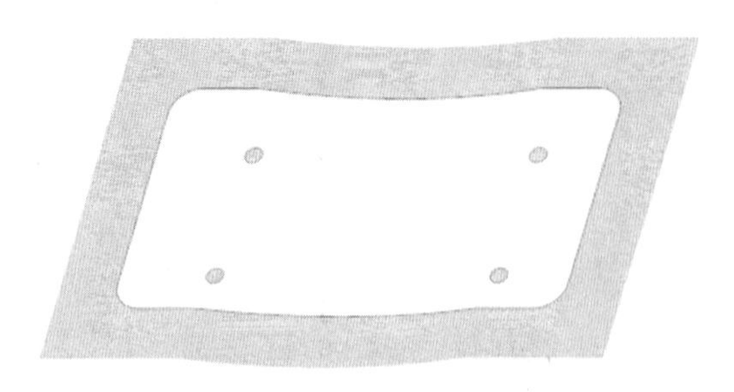

图11-19　裙边曲面

Step 03 在“裙边曲面”操控板中单击“确定”按钮，创建裙边曲面。

Step 04 单击“填充环”按钮，如图11-20所示。

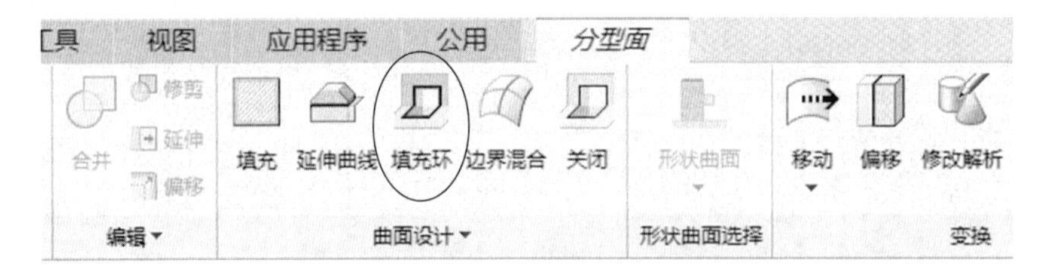

图11-20　单击“填充环”按钮

Step 05 按住Ctrl键，选择侧面6个小孔的内边线，创建6个曲面，如图11-21所示。

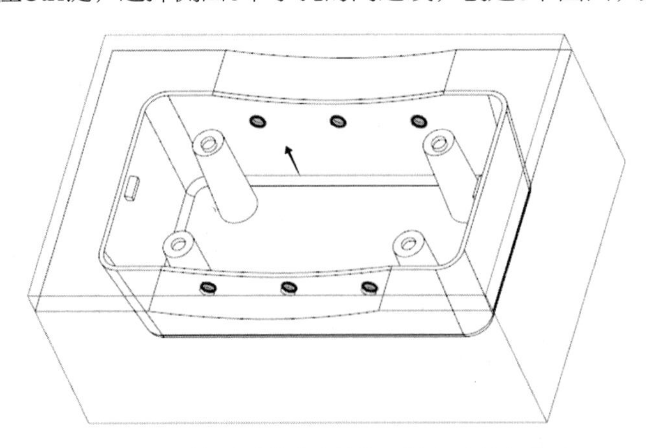

图11-21　选择小孔的内边沿线，创建6个填充曲面

Step 06 在“填充环”操控板中单击“确定”按钮☑，再在“分型面”操控板中单击“确定”按钮☑，创建主分型面。

11.2.4 创建滑块分型面

Step 01 单击“分型面”按钮，在“分型面”操控板中单击“属性”按钮，在“属性”窗口中输入分型面的名称为“滑块分型面-1”。

Step 02 在“分型面”操控板中单击“拉伸”按钮，选择工件的前侧面为草绘平面，绘制一个矩形截面（110mm×25mm），如图11-22粗线所示。（其中左、右两条竖直线关于Y轴对称，上面的水平线与参考零件的边线重合）

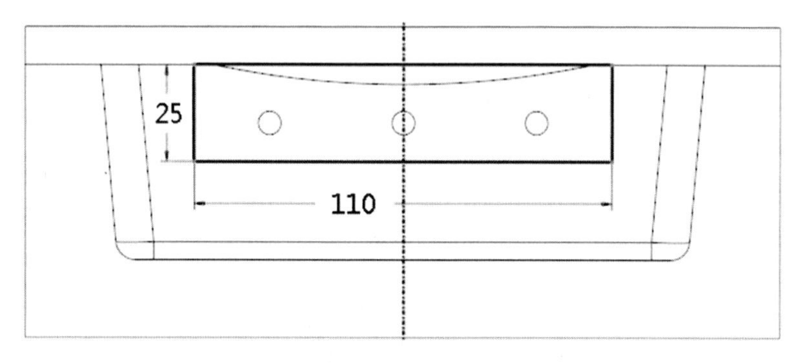

图11-22 绘制一个截面

Step 03 在“草绘”操控板中单击“确定”按钮☑，在“拉伸”操控板中选择“盲孔”选项，设置“深度”为30mm，单击“着色”按钮，所创建的曲面如图11-23所示。

图11-23 创建拉伸曲面

Step 04 在“拉伸”操控板中单击“确定”按钮☑，再在“分型面”操控板中单击“确定”按钮☑，创建第1个滑块分型面。

Step 05 按照相同的方法，创建另一侧的滑块分型面。

11.2.5 创建斜顶分型面

Step 01 为了方便操作，请先将前面创建的分型面全部隐藏，隐藏分型面的方法是在模型树中选择4个分型面特征，再在活动窗口中选择“隐藏”按钮，即可隐藏分型面。

Step 02 单击“分型面”按钮，在“分型面”操控板中单击“属性”按钮，在“属性”窗口中输入分型面的名称为“斜顶分型面-1”。

Step 03 在“分型面”操控板中单击“拉伸”按钮，选择工件的FRONT基准面为草绘平面，绘制一个截面（斜顶的倾斜度比参考零件的倾斜度要大一些），如图11-24粗线所示。

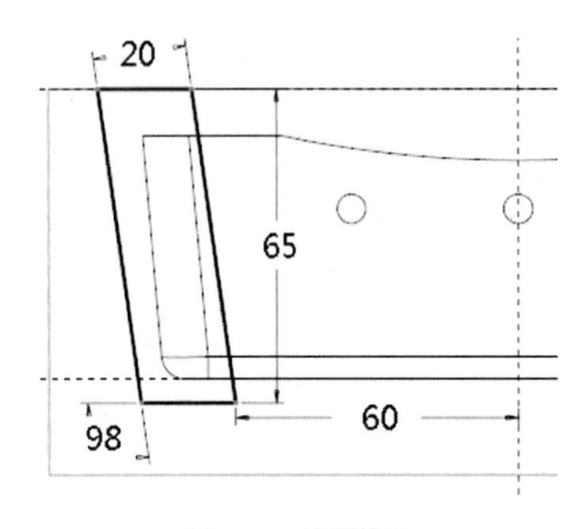

图11-24 绘制截面

Step 04 在“草绘”操控板中单击“确定”按钮，在“拉伸”操控板中选择“对称”选项，“深度”为15mm，选中“封闭端”选项。

Step 05 在“拉伸”操控板中单击“确定”按钮，创建的曲面如图11-25所示。

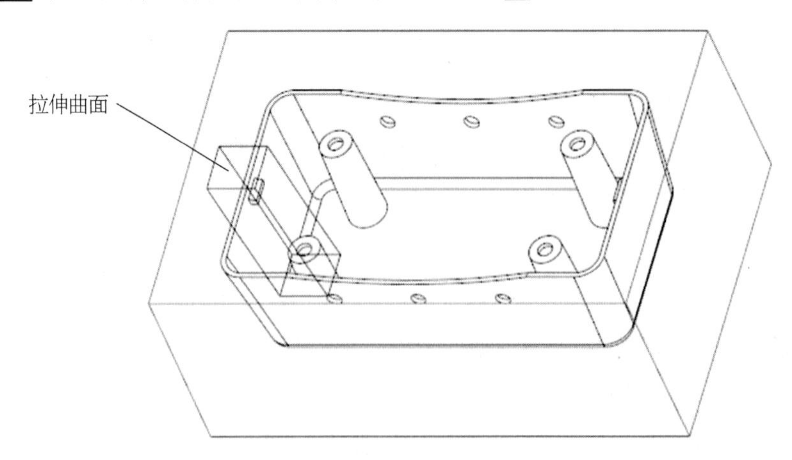

图11-25 创建拉伸曲面

Step 06 在“分型面”操控板中单击“确定”按钮☑，创建第1个斜顶的分型面。

Step 07 采用相同的方法，创建另一个斜顶的分型面。

11.2.6 创建镶件分型面

Step 01 单击“分型面”按钮，在“分型面”操控板中单击“属性”按钮，在“属性”窗口中输入分型面的名称为“镶件分型面”。

Step 02 在“分型面”操控板中单击“拉伸”按钮，选择参考零件的底面为草绘平面，工件的前侧面为参考面，方向向下，单击“草绘”按钮 草绘 ，进入草绘模式。

Step 03 单击“草绘视图”按钮，定向草绘平面与屏幕平行。

Step 04 单击“圆”旁边的三角形，选择“同心”按钮，选择圆孔的边，绘制4个同心线（ϕ14mm），如图11-26所示。

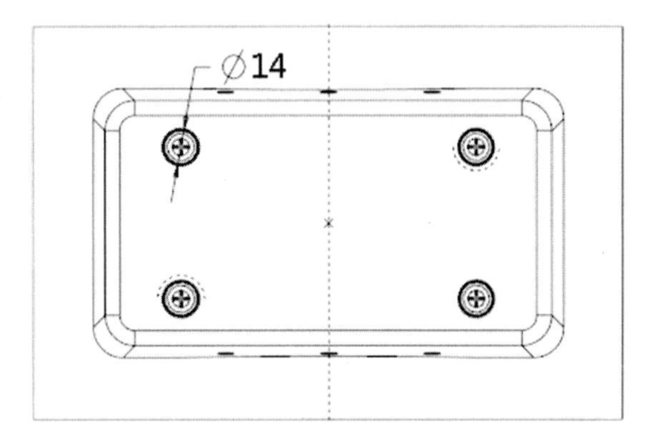

图11-26 绘制4个同心圆

Step 05 在“草绘”操控板中单击“确定”按钮☑，在“拉伸”操控板的“侧1”下拉列表中选择“拉伸至选定的面”选项，选择工件的底面，在“侧2”下拉列表中选择“拉伸至选定的面”选项，选择工件的上表面，创建4个拉伸曲面，如图11-27所示。

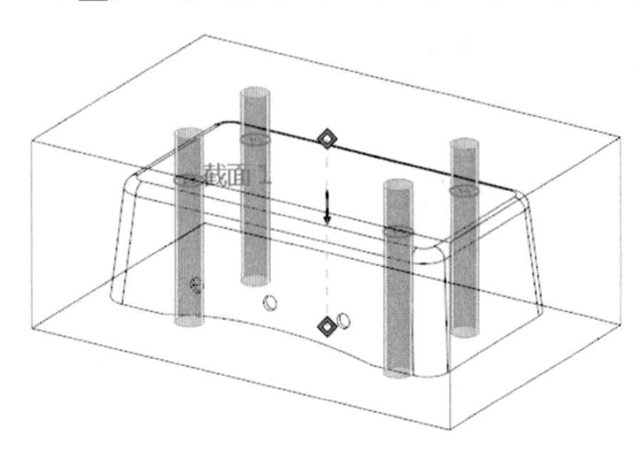

图11-27 创建4个拉伸曲面

Step 06 在“拉伸”操控板中单击“确定”按钮☑，再在“分型面”操控板中单击“确定”按钮☑，创建镶件的分型面。

11.2.7 拆分体积块

Step 01 单击“参考零件切除”按钮，先选择工件，再选择参考零件，单击“确定”按钮☑，切除参考零件。

Step 02 选择“体积块分割”按钮，选择工件为“要分割的模具体积块”，按住Ctrl键，选择裙边曲面和6个填充曲面为“用于分割模具体积块的分型面”，将工件分成“体积块−1”和“体积块−2”，如图11-28所示。

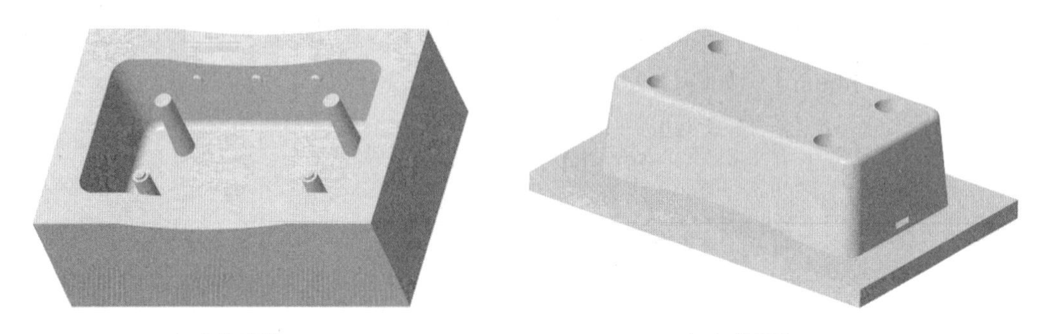

（a）体积块−1　　（b）体积块−2

图11-28　将工件分成“体积块−1”和“体积块−2”

Step 03 再次选择“体积块分割”按钮，选择“体积块-2”为“要分割的模具体积块”，按住Ctrl键，选择斜顶1和斜顶2的曲面为“用于分割模具体积块的分型面”，将“体积块-2”分成3个零件，并将这3个零件改名为“型芯”“斜顶−1”和“斜顶−2”，如图11-29所示。

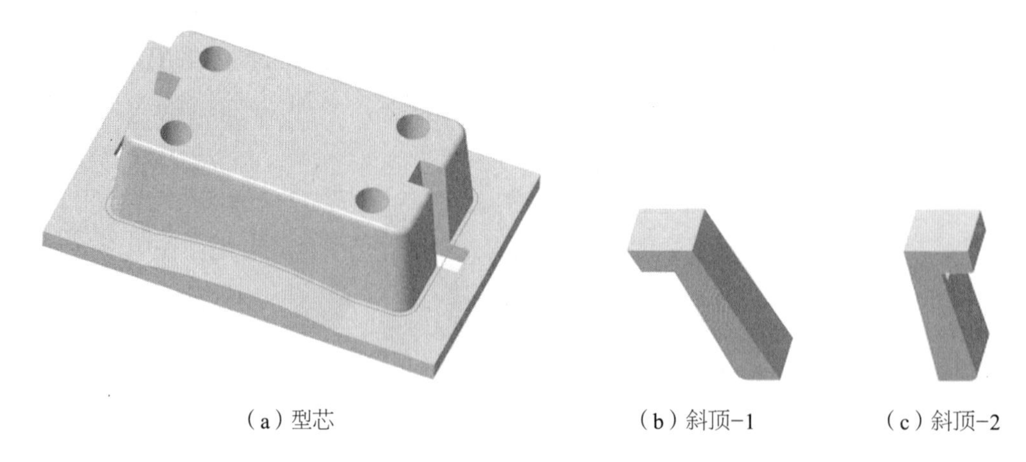

（a）型芯　　（b）斜顶−1　　（c）斜顶−2

图11-29　将“体积块−2”分成“型芯”、“斜顶−1”和“斜顶−2”

Step 04 再次选择“体积块分割”按钮，选择“体积块-1”为“要分割的模具体积块”，按住Ctrl键，选择滑块-1和滑块-2的曲面为“用于分割模具体积块的分型面”，将“体积块-1”分成3个零件，并将这3个零件改名为“体积块-3”“滑块-1”和“滑块-2”，如图11-30所示。

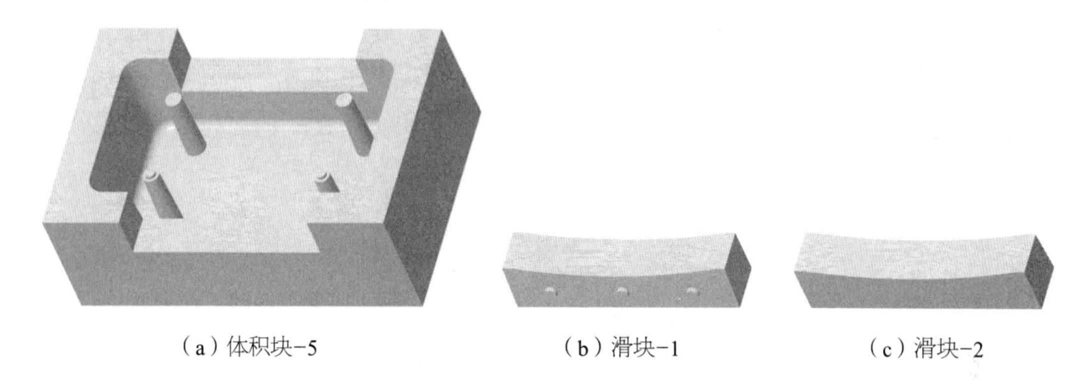

（a）体积块-5　　（b）滑块-1　　（c）滑块-2

图11-30　将“体积块-1”分成“体积块-5”、“滑块-1”和“滑块-2”

Step 05 再次选择“体积块分割”按钮，选择“体积块-3”为“要分割的模具体积块”，按住Ctrl键，选择滑块-1和滑块-2的曲面为“用于分割模具体积块的分型面”，将“体积块-1”分成5个零件，并将这5个零件改名为“型腔”“镶件-1”“镶件-2”“镶件-3”“镶件-4”，如图11-31所示。

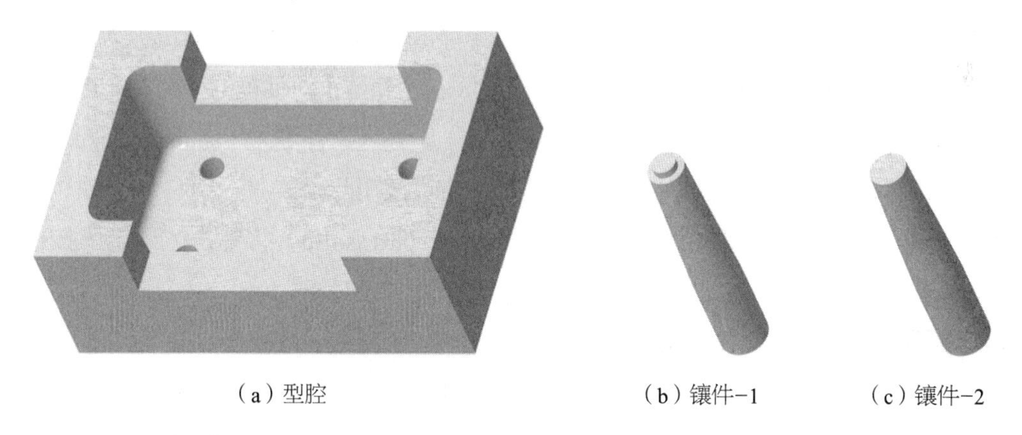

（a）型腔　　（b）镶件-1　　（c）镶件-2

图11-31　将“体积块-3”分成“型腔”、“镶件-1”、“镶件-2”、“镶件-3”、“镶件-4”

Step 06 4个镶件上表面的形状不相同，其中2个镶件上有小圆柱，另外2个镶件的上表面没有圆柱，这是因为图11-18中所选位置不同的原因。

Step 07 再按照前面章节的方法，抽取体积块，过程完全相同。

Step 08 单击“保存”按钮，保存文件。

项目 12　机壳类零件模具设计

机壳类零件的外形、曲面一般比较复杂，带有许多异型的曲面，本章通过一个简单的机壳类零件，重点讲述了 Creo 5.0 的草绘、唇、截面圆顶、变圆角、替换、偏移、拔模、复制、扫描、阵列等命令的使用方法，并对其进行模具设计，产品图如图 12-1 所示。

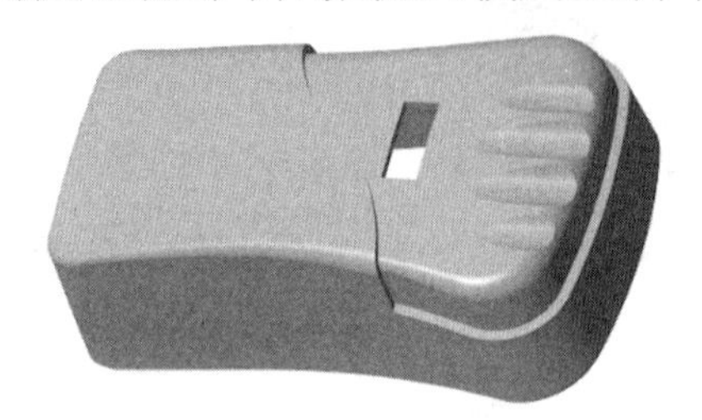

图12-1　塑料外壳产品图

12.1　调用 ProE 版特征命令

在早期的 Pro/E 版本中，有许多使用非常方便的命令（轴、法兰、环形槽、槽、半径圆顶、截面圆顶、耳、唇等），但在 PRO/E 升级到 Creo 后，这些命令没有出现在菜单中，应先加载一个变量，调出这些命令后，才能使用这些 ProE 版特征命令，具体步骤如下。

Step 01 启动 Creo 5.0，单击“新建”按钮，在【新建】对话框的“类型”选项区中选中“◉零件”，选项“子类型”为“◉实体”，输入文件名为“shubiaowaike”，取消“□使用默认模板”前面的“√”，单击“确定”按钮 确定 。

Step 02 在“新文件选项”窗口中选择“mmns_part_solid”，单击“确定”按钮 确定 ，进入建模环境。

Step 03 选择“文件”，再选择“选项”命令，在【Creo Parametric 选项】对话框中选择“配置编辑器”选项，单击 添加(A)... 按钮，在“选项名称”活动窗口中输入“allow_anatomic_features”，在“选项值”中选“yes”，如图12-2所示。

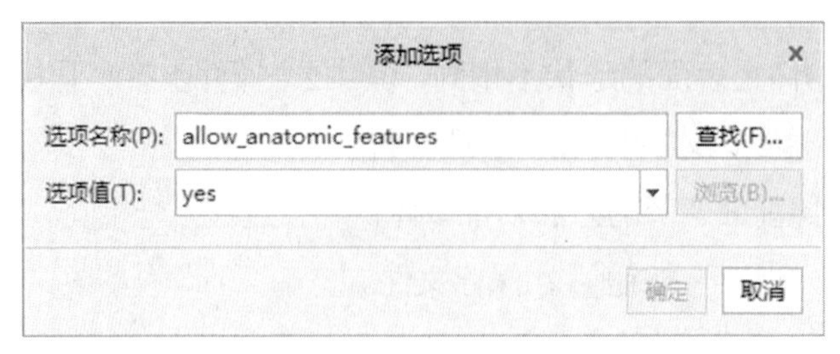

图12-2　加载变量

Step 04 单击“确定”按钮 确定 ，再单击“确定”按钮 确定 ，退出“Creo Parametric 选项”窗口。

Step 05 单击“文件”，再选择“选项”命令，单击“自定义”选择“功能区”选项，单击“新建”按钮 新建 ，选择“新建选项卡（W）”命令，并把新创建的选项卡更名为“ProE版特征命令”，如图12-3所示。

Step 06 在“类别”中选择“所有命令” 类别: 所有命令 (备用) ，在“名称”栏中选中 截面圆顶，单击→按钮，把“截面圆顶”命令添加到右边“ProE版特征命令”栏中，如图12-3所示。（在Creo3.0以前的版本中，该命令名称是“剖面圆顶”）

Step 07 采用相同的方法，把轴、耳、唇、半径圆顶、环形槽、法兰、槽等命令添加到“ProE版特征命令”选项卡中去，如图12-3所示。

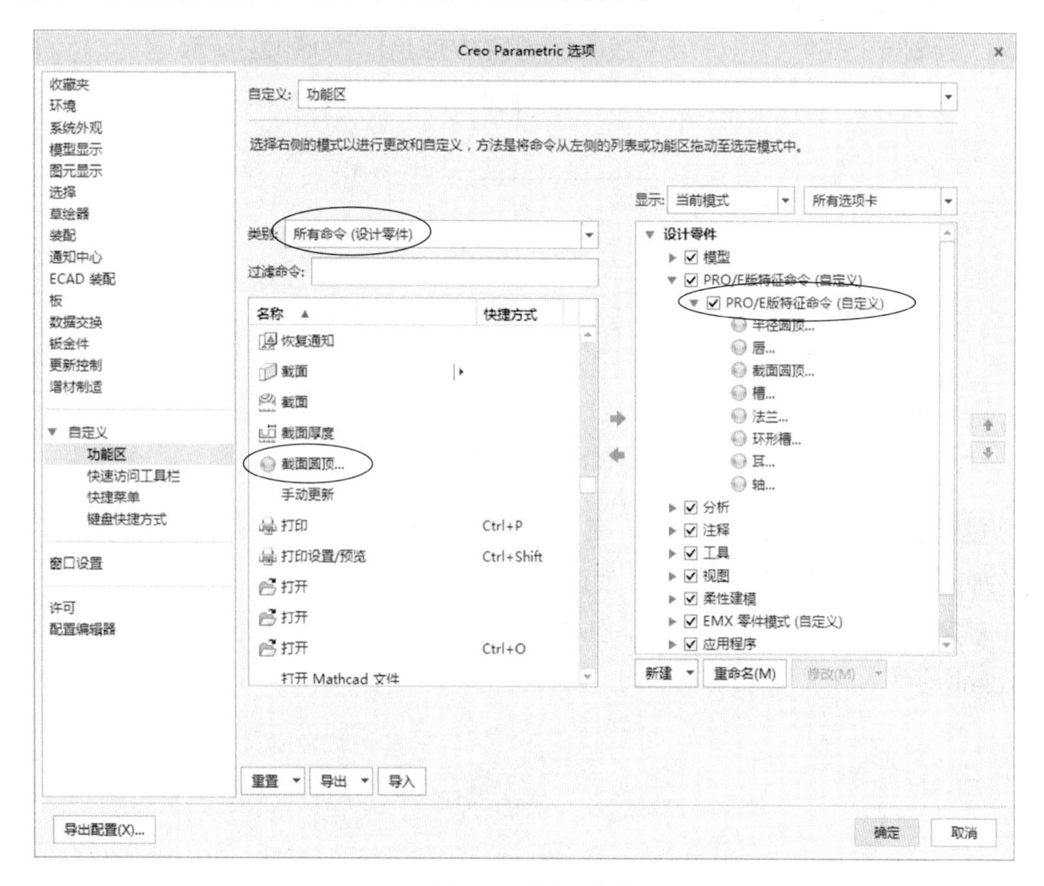

图12-3 设置“ProE版特征命令”选项卡

Step 08 单击“确定”按钮 确定 ，退出“Creo Parametric 选项”窗口。此时横向菜单中添加“ProE版特征命令”选项卡（如果没有添加“ProE版特征命令”选项卡，请在图12-3中勾选“☑ProE版特征命令”），如图12-4所示。

图12-4　添加“ProE版特征命令”选项卡

12.2　产品设计

12.2.1　进入产品设计环境

Step 01 单击“拉伸”按钮，以TOP平面为草绘平面，RIGHT为参考平面，方向向右，绘制一个截面（注意：水平线的端点不在Y轴上），如图12-5所示。

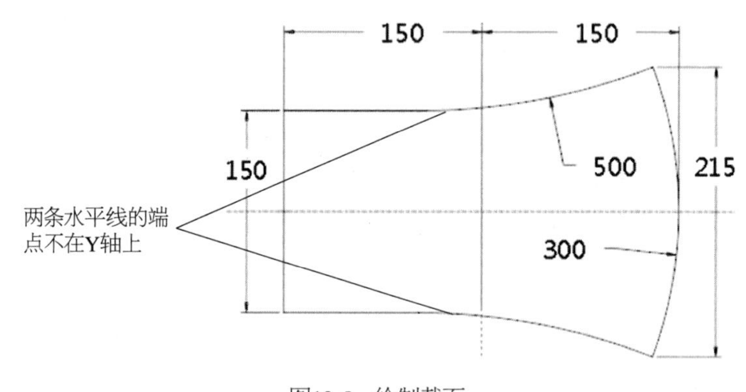

图12-5　绘制截面

Step 02 单击“确定”按钮，在“拉伸”操控板中选择“指定深度”按钮，深度为80mm，单击“反向”按钮，使箭头朝上。

Step 03 单击“确定”按钮，创建一个拉伸特征，此时TOP面在实体的底面，如图12-6所示。

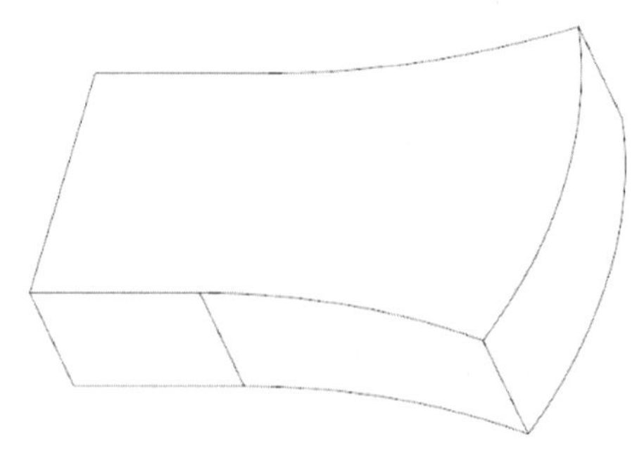

图12-6　创建拉伸特征

12.2.2 创建拔模特征

Step 01 单击“拔模”按钮，在“拔模”操控板中单击“参考”按钮 参考，按如下方式创建拔模特征。

1）选择拔模曲面：在“参考”滑板中单击“拔模曲面”框中的 单击此处添加项，然后按住Ctrl键，选择实体周围的曲面（此例的实体周围共有6个曲面）。

2）选择拔模枢轴：在“参考”滑板中单击“拔模枢轴”框中的 单击此处添加项，然后选择实体的底面（或TOP基准面）。

3）选择拖拉方向：在“参考”滑板中单击“拖拉方向”框中的 单击此处添加项，然后选择实体的底面（或TOP基准面），箭头朝下。

4）在“拔模”操控板中输入拔模角度为2°。

Step 02 单击“确定”按钮☑，创建拔模特征（拔模后的零件是上面小，下面大），如图12-7所示。

提示： 这个步骤是讲述“拔模”命令的应用方法，以上步骤可以按图 1-12 的方法，在创建拉伸特征时，同时创建锥度。

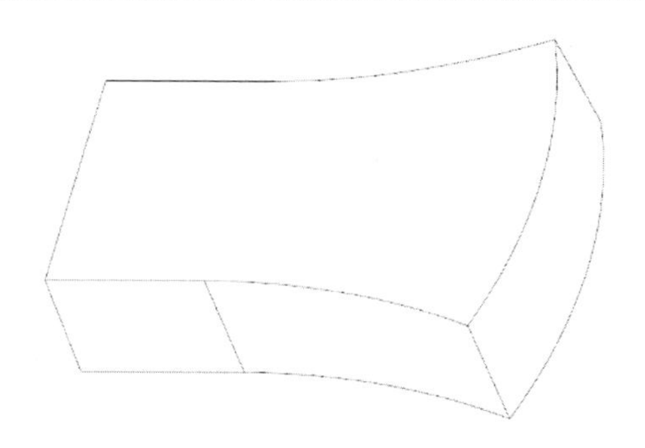

图12-7 创建拔模特征（上小下大）

12.2.3 创建截面圆顶特征

Step 01 在“Pro/E版特征命令”选项卡中单击“截面圆顶”按钮 截面圆顶，在菜单管理器中选择“扫描 | 一个轮廓 | 完成”命令，选择零件的上表面为要替换的面，选择FRONT为草绘平面，在菜单管理器中单击“确定”按钮，再在菜单管理器中选择“顶部”，选择TOP基准面，绘制截面（1），如图12-8所示，单击“确定”按钮☑。

Step 02 选择RIGHT为草绘平面，在菜单管理器中单击“确定”按钮，再在菜单管理器中选择“顶部”，选择TOP基准面，绘制截面（2）（圆弧与参考相相切），如图12-9所示。

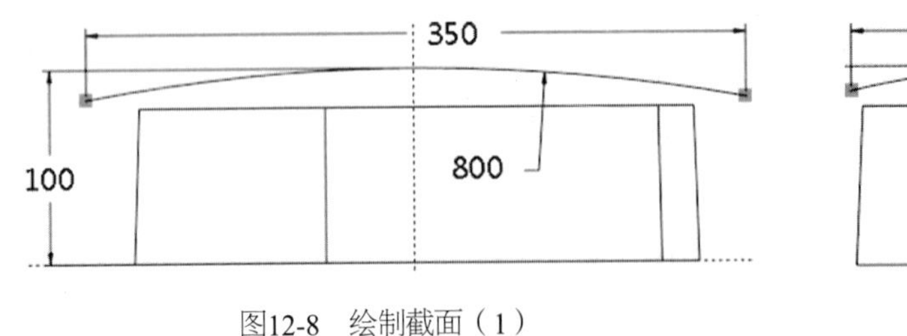

图12-8　绘制截面（1）

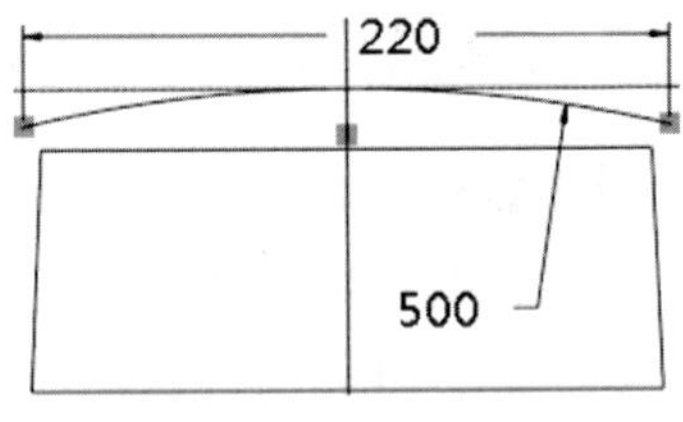

图12-9　绘制截面（2）

Step 03 单击“确定”按钮☑，零件的上表面由平面变成圆弧面。

12.2.4　创建变圆角特征

Step 01 单击“倒圆角”按钮，在实体上创建倒圆角特征，右边两个圆角为R40mm，左边两个圆角为R20mm，如图12-10所示。

Step 02 先了解各节点位置的圆角大小，如图12-11所示。

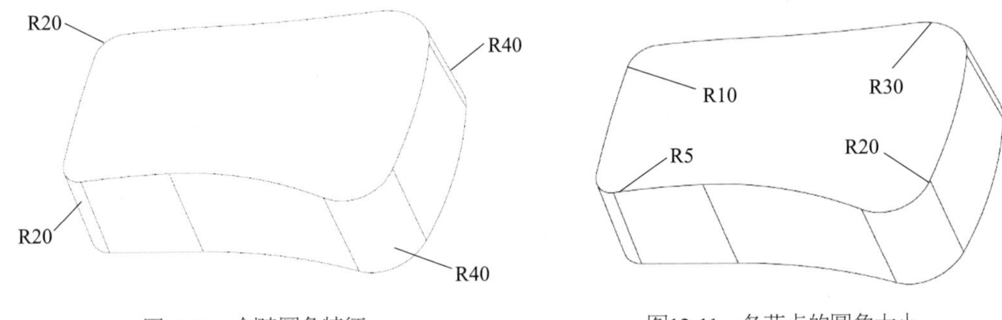

图12-10　创建圆角特征　　　图12-11　各节点的圆角大小

Step 03 单击“倒圆角”按钮，选择上表面与侧面的交线，此时会产生一个临时的倒圆角特征，呈淡黄色。

Step 04 在“倒圆角”操控板中单击“集”按钮 集 ，在“集”滑板中空白处单击鼠标右键，选“添加半径”命令，如图12-12所示。

Step 05 在“集”滑板中先选中#1处，再选“参考”，将“半径”改为R5mm，在零件图上选择图12-11中R5所指的端点，在“集”滑板中“位置”显示为“顶点：边：F8（…）”，如图12-13所示。

Step 06 采用相同的方法，在“集”滑板中先选中#2处，并把半径改为R20mm，再选“参考”，在零件图上选择图12-11中R20所指的端点。

Step 07 在“集”滑板中空白处单击鼠标右键，选“添加半径”命令，在“集”滑板中先选中#3处，并把半径改为R30mm，再选“参考”，在零件图上选择图12-11中R30所指的端点。

Step 08 在“集”滑板中空白处单击鼠标右键，选“添加半径”命令，在“集”

滑板中先选中#4处，并把半径改为R10mm，再选“参考”，在零件图上选择图12-11中R10mm所指的端点。

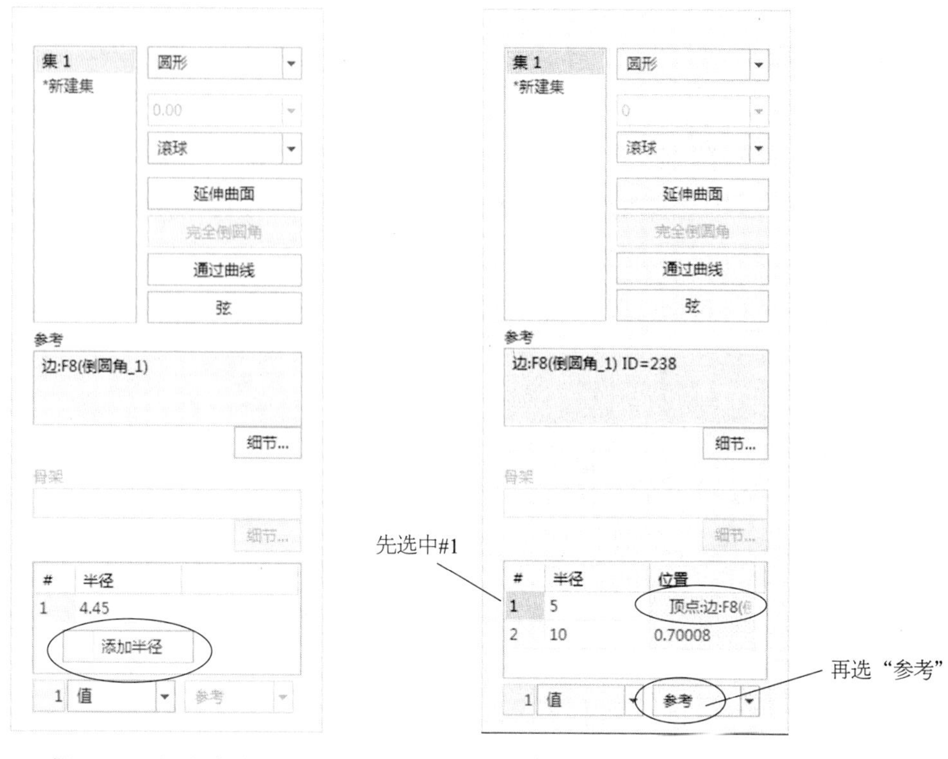

图12-12　选“添加半径”　　　　图12-13　选“参考”

Step 09 单击“确定”按钮☑，创建可变圆角特征，如图12-14所示。

12.2.5　创建偏移特征

Step 01 先在屏幕的右下角选择“几何”选项，再按住<Ctrl>键，选择零件上的曲面，如图12-15阴影曲面所示。

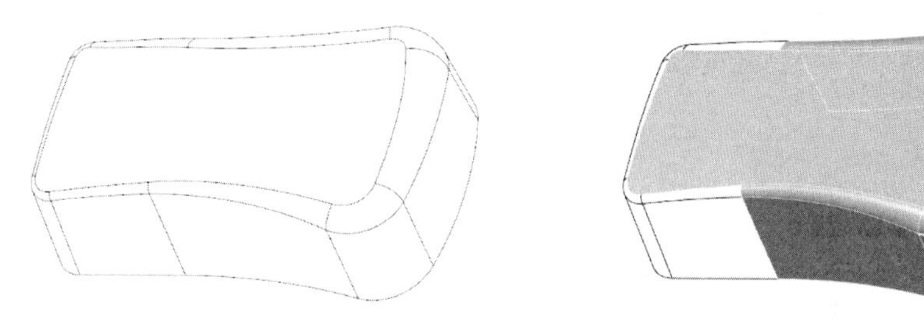

图12-14　创建可变圆角　　　　图12-15　选择曲面

Step 02 在快捷菜单中选择“偏移”按钮，在“偏移”操控板中选择“具有拔模特征”的按钮，拔模距离为5mm，拔模角度为0，如图12-16所示。

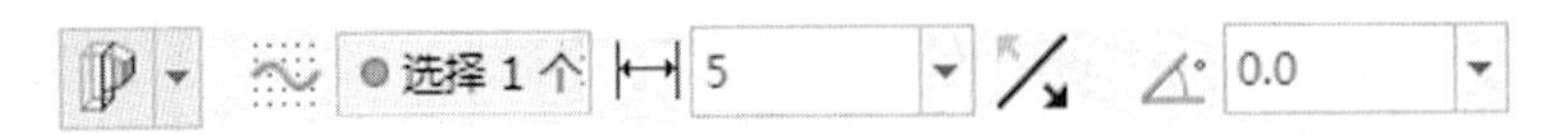

图12-16 偏移操控板

Step 03 在“偏移”操控板中选择“参考”选项，再单击“定义”按钮定义...，选择TOP为草绘平面，绘制一个截面（两条圆弧相切，且切点与X轴重合），如图12-17所示。

Step 04 单击“确定”按钮，创建偏移特征，如图12-18所示。（如果不能创建偏移特征，请仔细检查：①绘制图12-5所示的截面是否正确，②图12-15所选择的阴影曲面是否正确）

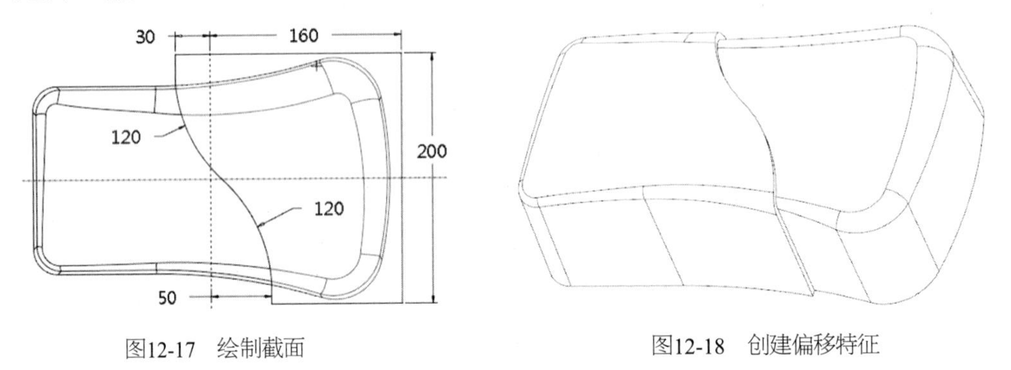

图12-17 绘制截面　　图12-18 创建偏移特征

12.2.6 创建扫描特征

Step 01 单击“草绘”按钮，选择TOP为草绘平面，RIGHT为参考平面，方向向右，绘制一条直线，如图12-19所示。

Step 02 再次单击“草绘”按钮，选择FRONT为草绘平面，RIGHT为参考平面，方向向右，绘制一条直线，直线的端点尺寸，如图12-20所示。

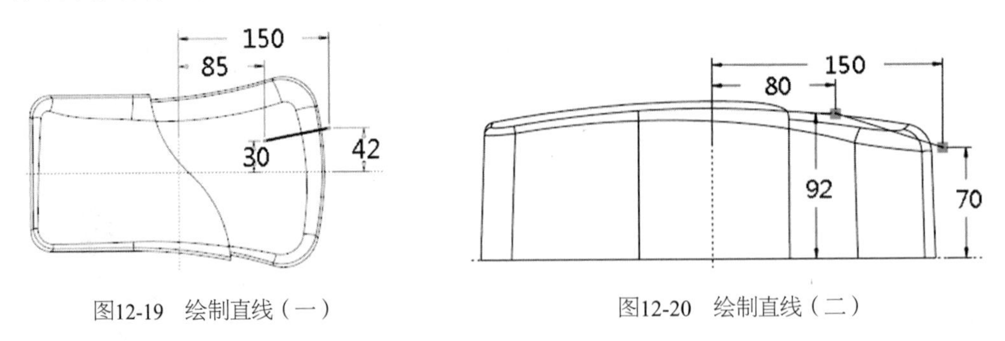

图12-19 绘制直线（一）　　图12-20 绘制直线（二）

Step 03 按住Ctrl键，选择刚才创建的两条直线，再在快捷菜单中选择“相交”按钮，创建组合投影曲线，如图12-21所示。

Step 04 先选择组合曲线，再单击“扫描”按钮，然后在“扫描”操控板中单击“创建或编辑截面”按钮，绘制一个ϕ30mm的圆（圆心与水平的参考线重合，圆周与竖直参考线相切），如图12-22所示。

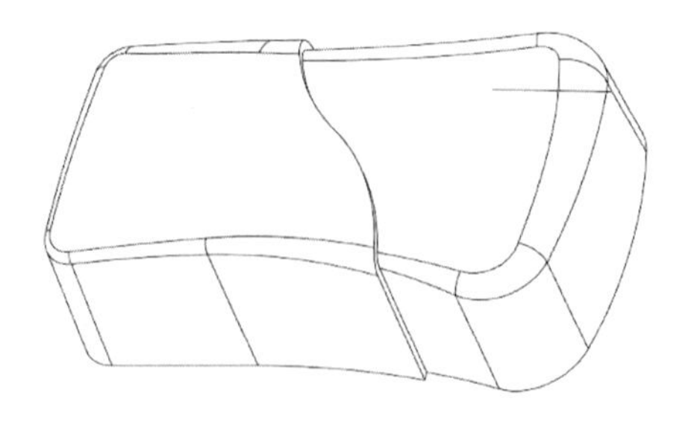

图12-21 创建组合投影曲线

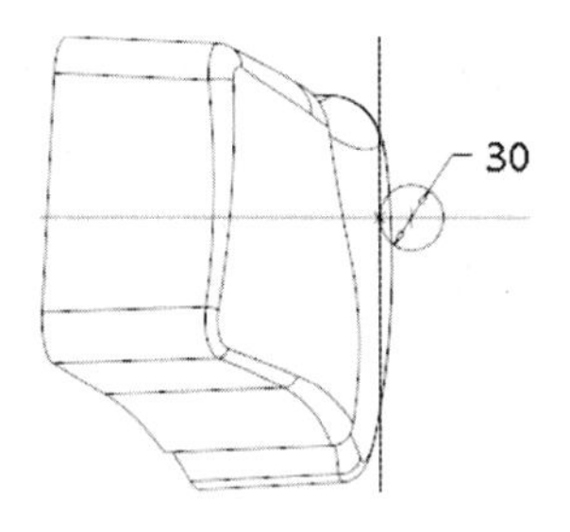

图12-22 绘制ϕ30mm的圆

Step 05 单击“确定”按钮☑，在“扫描”操控板中单击“切除材料”按钮◪。

Step 06 单击“确定”按钮☑，创建扫描切除特征，如图12-23所示。

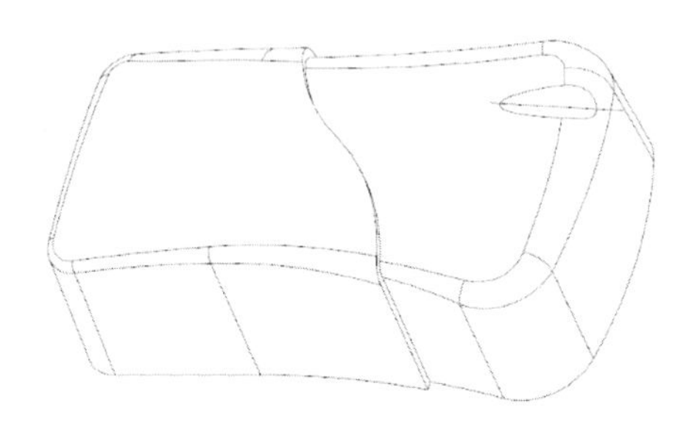

图12-23 创建扫描切除特征

12.2.7 创建阵列特征

Step 01 选择刚才创建的扫描特征，再在快捷菜单中单击“阵列”按钮⊞，在“阵列”操控板中的左侧选“方向”，选择FRONT基准面，阵列数量为4，距离为30mm，如图12-24所示。

图12-24 “阵列”操控板参数

Step 02 单击“确定”按钮☑，创建阵列特征，如图12-25所示。

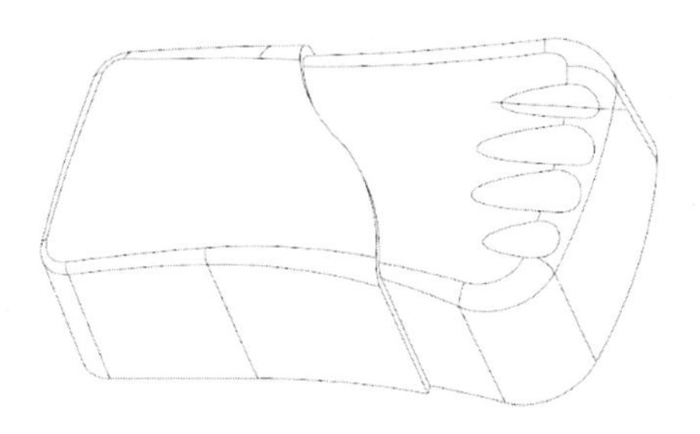

图12-25 创建阵列特征

12.2.8 创建台阶位

Step 01 单击“拉伸”按钮，以TOP为草绘平面，绘制一个截面，如图12-26（a）所示。

Step 02 单击“确定”按钮，在“拉伸”操控板中输入“距离”为30mm。

Step 03 单击“确定”按钮，创建拉伸特征，如图12-26（b）所示。

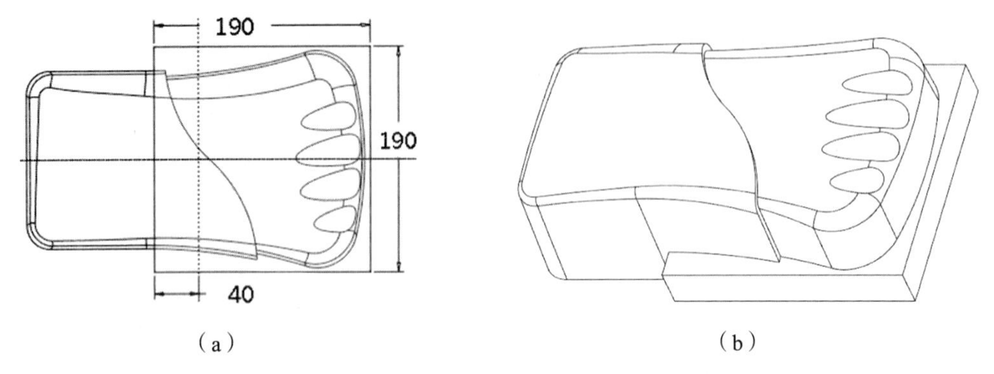

图12-26 创建拉伸特征

Step 04 先在屏幕的右下角选择“几何”选项，再在实体上选择一个侧面，如图12-27阴影所示，然后在快捷菜单中单击“复制”按钮，再选择“粘贴”按钮。在“复制”操控板中单击“确定”按钮，复制所选的侧面。

Step 05 在图12-26的拉伸特征上选择一个侧面，如图12-28阴影所示，然后在快捷菜单中单击“偏移”按钮，在“偏移”操控板中选“替换曲面特征”的按钮，如图12-29所示。

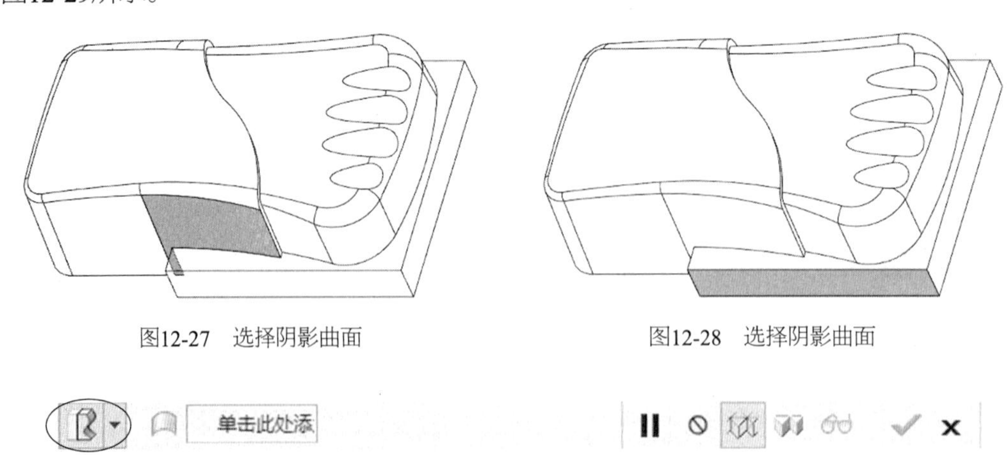

图12-27 选择阴影曲面

图12-28 选择阴影曲面

图12-29 选“替换曲面特征”的按钮

Step 06 选择图12-27所创建的曲面，单击“确定”按钮，零件的侧面被替换，如图12-30所示。

Step 07 采用相同的方法，替换另一侧的曲面。

Step 08 在实体上选择一个侧面，如图12-31阴影所示，然后在快捷菜单中单击“偏移”按钮，在“偏移”操控板中选“标准偏移特征”的按钮，偏移距离为5mm，如图12-32所示。（如果不能替换，请仔细检查图12-26所绘制的截面是否正确）

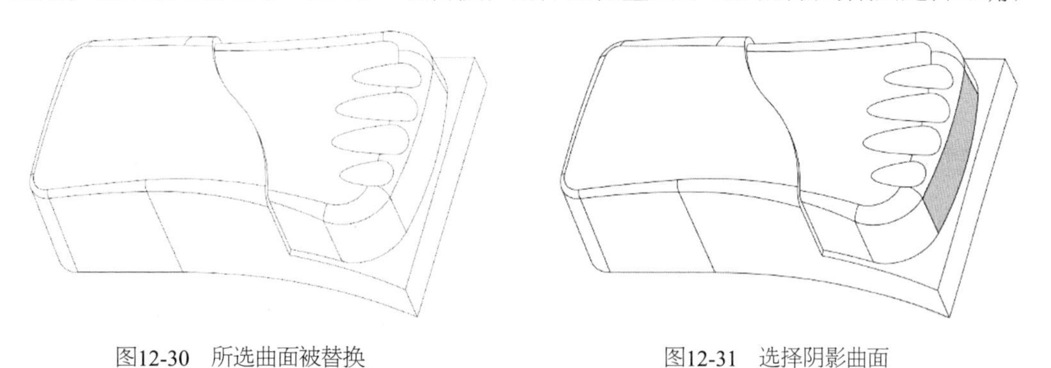

图12-30　所选曲面被替换　　　　图12-31　选择阴影曲面

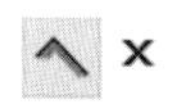

图12-32　选“标准偏移特征”的按钮，偏移距离为5mm

Step 09 单击“确定”按钮，创建偏移曲面，如图12-33所示。

Step 10 在图12-26的拉伸特征上选择一个侧面，如图12-34阴影所示，然后在快捷菜单中单击“偏移”按钮，在“偏移”操控板中选“替换曲面特征”的按钮，如图12-29所示。

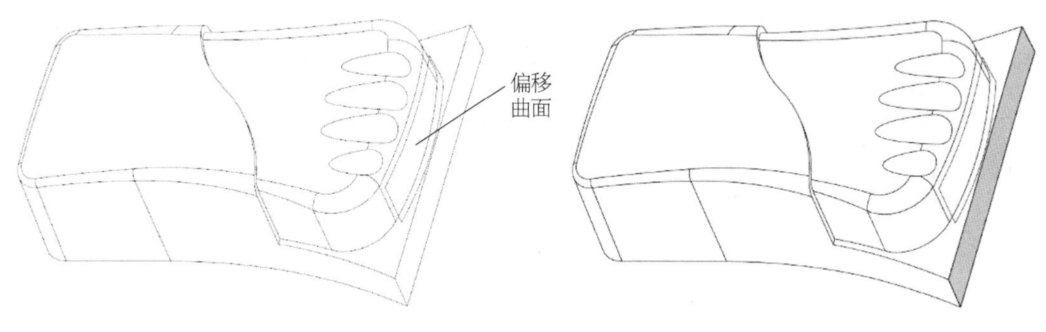

图12-33　创建偏移曲面　　　　图12-34　选择阴影曲面

Step 11 选择图12-33所创建的曲面，单击“确定”按钮，零件的侧面被替换，如图12-35所示。

Step 12 单击“倒圆角”按钮，在实体上创建倒圆角特征，圆角为R40，如图12-36所示。

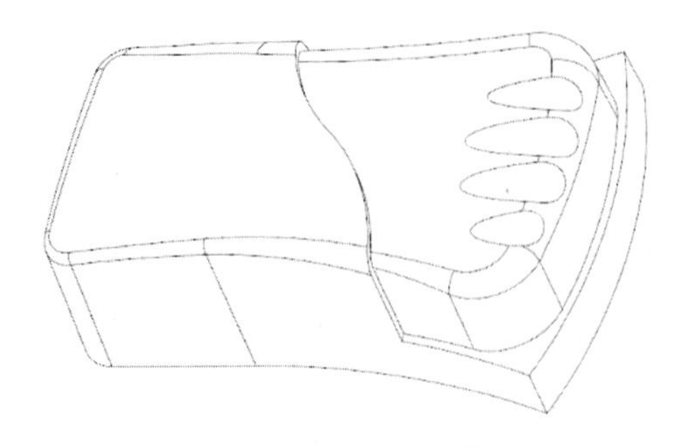
图12-35　所选曲面被替换

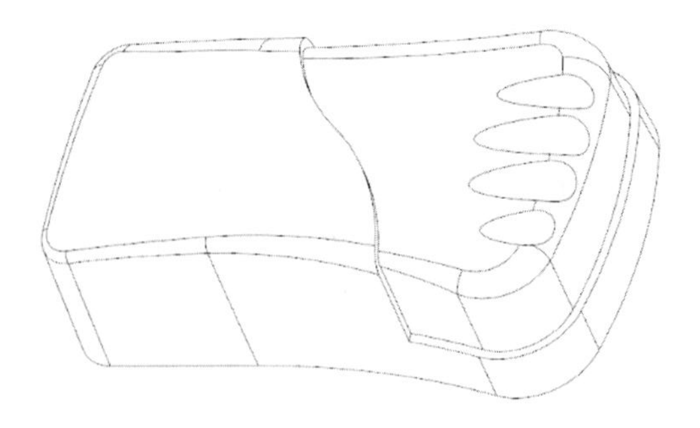
图12-36　创建圆角特征

Step 13 在实体上选择一个曲面，如图12-37阴影所示，然后在快捷菜单中单击“偏移”按钮，在“偏移”操控板中选“标准偏移特征”的按钮，偏移距离为30mm，单击箭头，使箭头方向向下。

Step 14 单击“确定”按钮，创建偏移曲面，创建的曲面在实体内部，如图12-38所示。

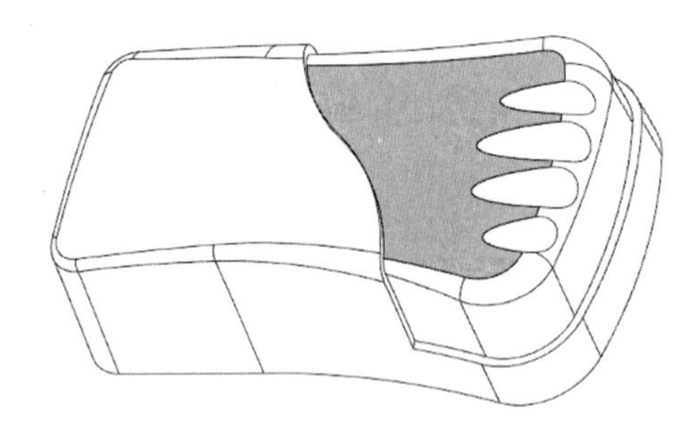
图12-37　选择阴影曲面

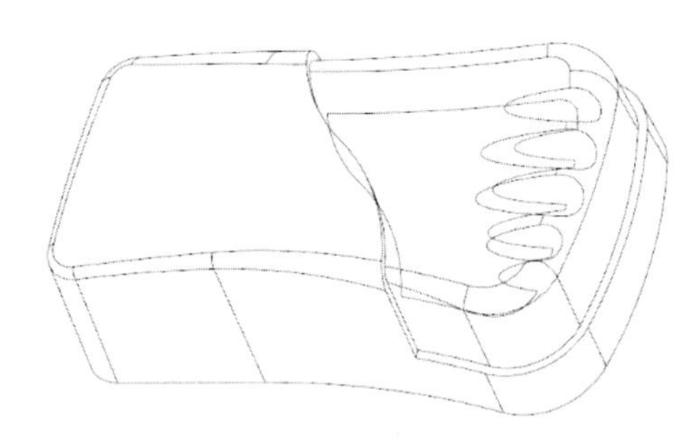
图12-38　创建偏移曲面

Step 15 选择图12-26拉伸特征的上表面，如图12-39阴影所示，然后在快捷菜单中单击“偏移”按钮，在“偏移”操控板中选“替换曲面特征”的按钮。

Step 16 选择图12-38所创建的曲面，单击“确定”按钮，图12-39所选择的阴影曲面被替换，如图12-40所示。

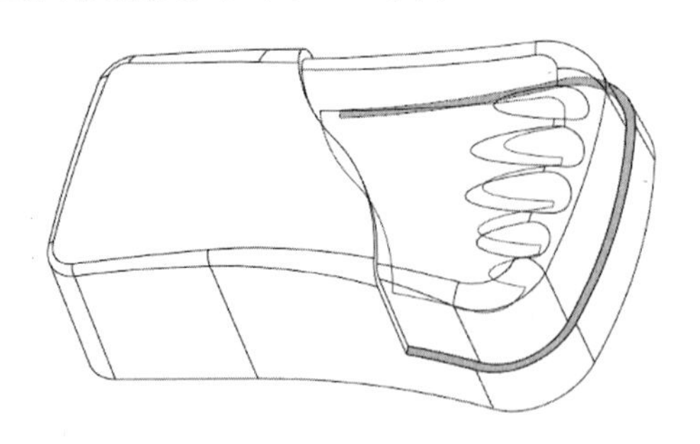
图12-39　选择阴影曲面

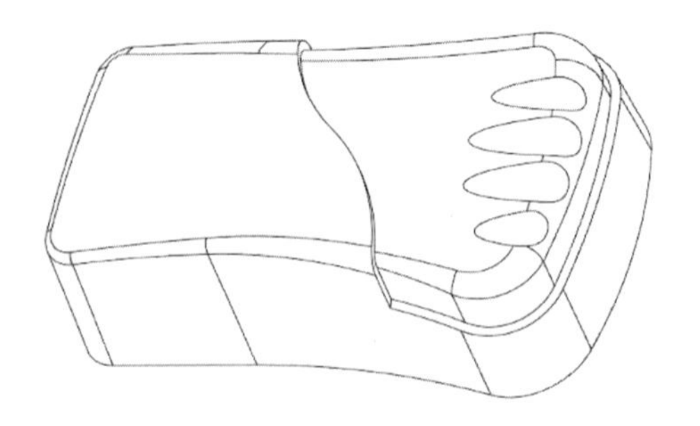
图12-40　所选曲面被替换

Step 17 单击“抽壳”按钮，选择零件底面为可移除面，抽壳厚度为3mm。

12.2.9 创建唇特征

Step 01 单击“唇”按钮，再在菜单管理器中选“链”，按住Ctrl键，选择零件口部的内边沿线，如图12-41粗线所示。

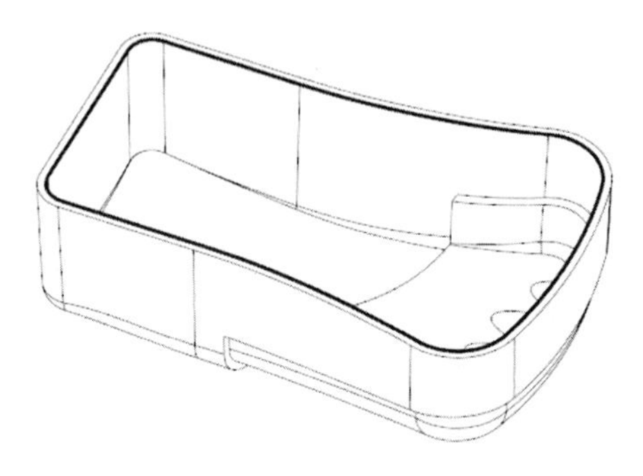

图12-41 选择零件口部的内边沿线

Step 02 单击“确定”按钮，再单击“完成”按钮。

Step 03 选择零件底面的平面为“要偏移的曲面”，如图12-42阴影曲面所示。

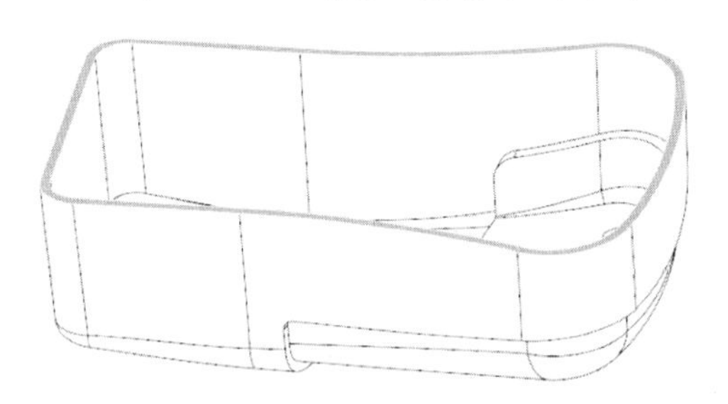

图12-42 选零件的底面（阴影所示）

Step 04 输入“偏移值”为1.5mm（该偏移值一般为抽壳厚度的一半），输入“从边到拔模曲面的距离”为2.5mm。

Step 05 选择图12-42所示的阴影曲面为“拔模参考曲面”。

Step 06 输入拔模角度为3°。

Step 07 单击“确定”按钮，创建唇特征，如图12-43所示。

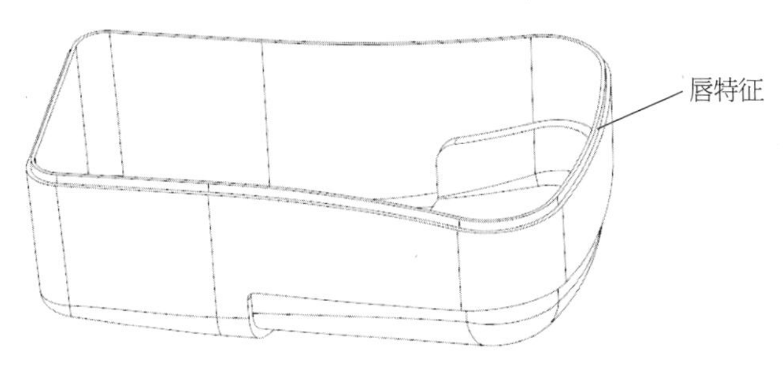

图12-43 创建唇特征

12.2.10 创建带锥度的圆柱

Step 01 单击“拉伸”按钮，以TOP为草绘平面，绘制两个圆（ϕ20mm），如图12-44所示。

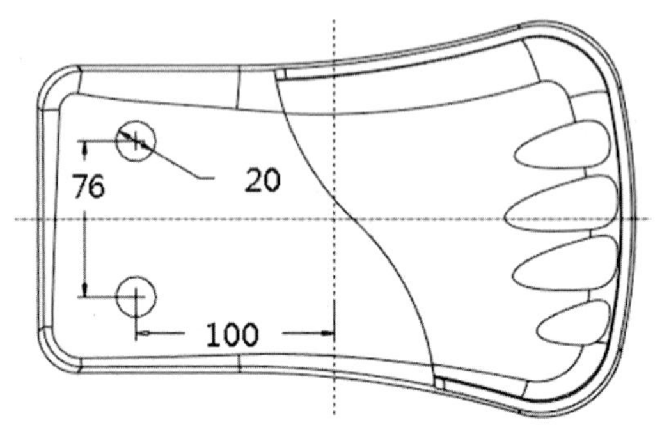

图12-44 绘制两个圆

Step 02 在“草绘”操控板中单击“确定”按钮，在“拉伸”操控板中选“拉伸到选定的”按钮。

Step 03 选择零件抽壳特征上的一个曲面，如图12-45阴影曲面所示。

Step 04 在“拉伸”操控板中选“选项”按钮 选项 ，在“选项”滑板中选中“✓添加锥度”复选框，角度为−2°。

Step 05 单击“确定”按钮，创建两个带斜度的拉伸特征，如图12-46所示。

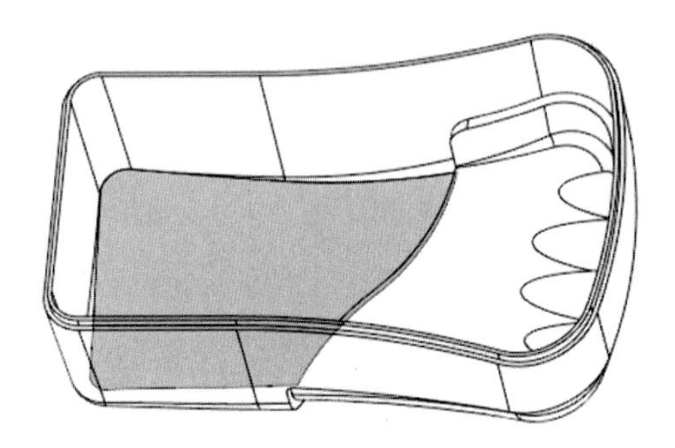

图12-45 选阴影曲面

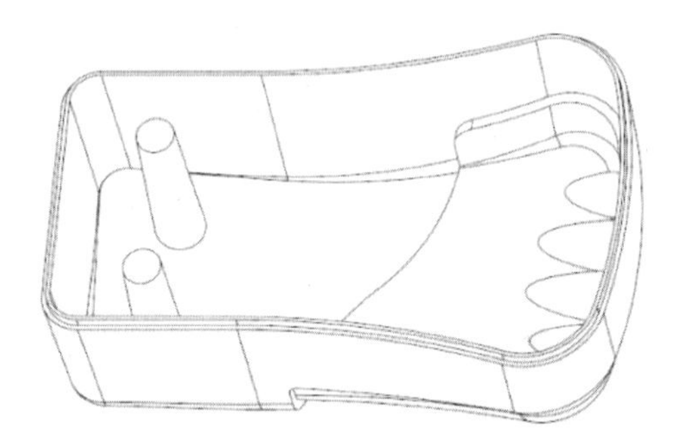

图12-46 创建带斜度的拉伸特征

Step 06 单击“拉伸”按钮，以圆柱的表面为草绘平面，单击“圆”旁边的三角形，选择“同心”按钮，选择圆柱的边线，绘制两个圆（ϕ15mm），如图12-47所示。

Step 07 单击“确定”按钮，在“拉伸”操控板中拉伸类型选“拉伸到选定的”按钮和“切除材料”按钮，在零件上选择图12-45阴影曲面所示。

Step 08 单击“确定”按钮，在圆柱上创建两个孔特征，如图12-48所示。

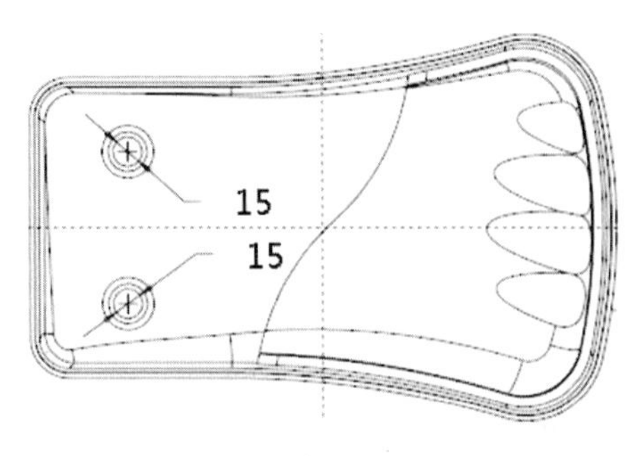

图12-47　绘制两个同心圆（ϕ15mm）

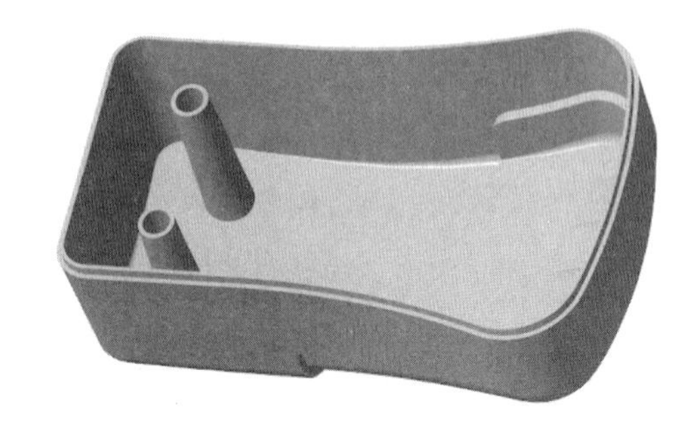

图12-48　创建两个孔

12.2.11　创建扣位

Step 01 单击“拉伸”按钮，以TOP为草绘平面，绘制一个矩形（20mm×50mm），其中两条水平线关于X轴对称，如图12-49粗线所示。

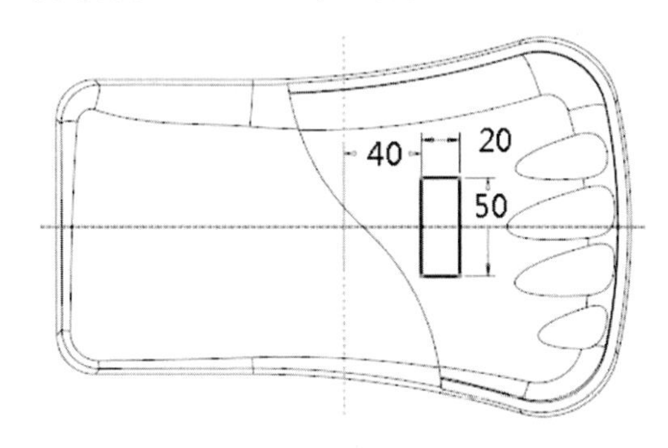

图12-49　绘制矩形截面

Step 02 在“草绘”操控板中单击“确定”按钮，在“拉伸”操控板中选“穿透”按钮，按下“移除材料”按钮。

Step 03 在“拉伸”操控板中单击“确定”按钮，创建1个方孔，如图12-50所示。

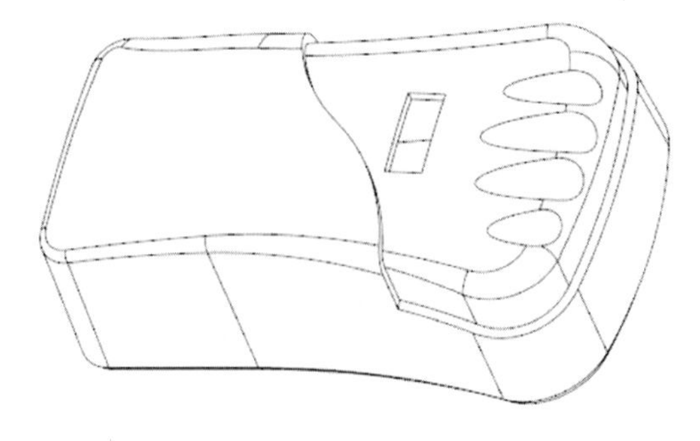

图12-50　创建1个方孔

Step 04 单击“拉伸”按钮，在“拉伸”操控板中单击“放置”按钮 放置 ，再在“草绘”滑板中单击“定义”按钮定义...，在操控板中单击“基准”下方的“三角形”按钮，如图12-51所示。

图12-51 单击“三角形”按钮

Step 05 在“基准”滑板中选择“基准平面”按钮，在工作区中选择TOP基准面为参考平面，距离为60mm，方向向上，如图12-52所示，单击“确定”按钮。

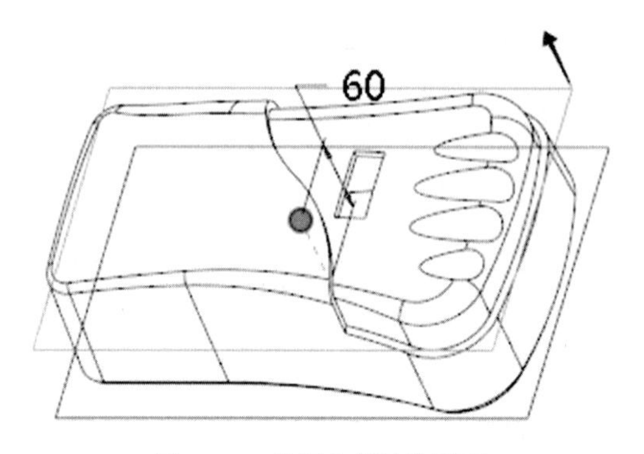

图12-52 绘制内部基准平面

> **说明：** 用这种方法创建的基准面称为内部基准面，它与其父特征一一对应，不在工作区中显示，这样可以保持零件的整洁，以避免基准平面太多的情况下无法分清，请大家以后在绘图过程中，尽量用这样方法创建内部基准面，也可以用这种方法创建内部基准轴。

Step 06 选择RIGHT基准面为参考平面，方向向右，单击“草绘”按钮草绘。

Step 07 单击“草绘视图”按钮，单击“矩形”按钮，绘制一个矩形（3mm×25mm），其中两条水平线关于X轴对称，左边的竖直线与方孔的边线重合，如图12-53粗线所示。

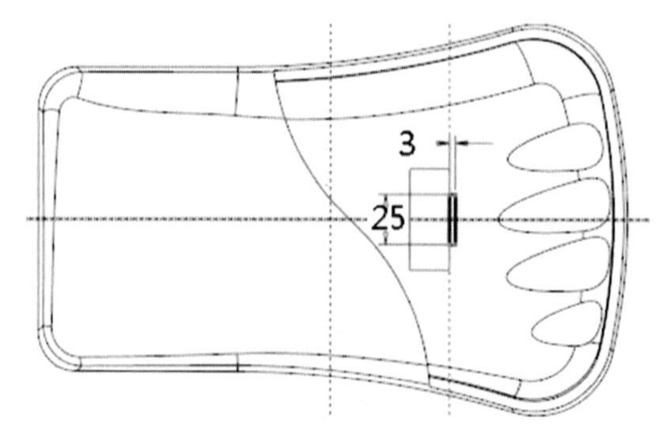

图12-53 绘制矩形截面

Step 08 在“草绘”操控板中单击“确定”按钮☑，在“拉伸”操控板中选择“拉伸至选定的面”选项▤，选项零件内部的一个曲面，如图12-54阴影曲面所示。

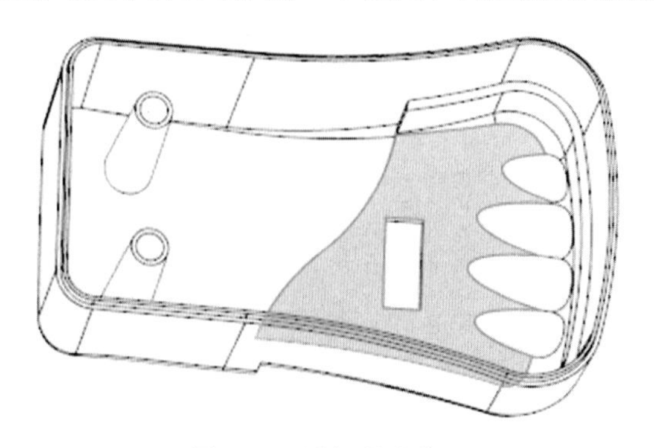

图12-54　选择阴影曲面

Step 09 在“拉伸”操控板中单击“确定”按钮☑，创建拉伸特征，如图12-55所示。

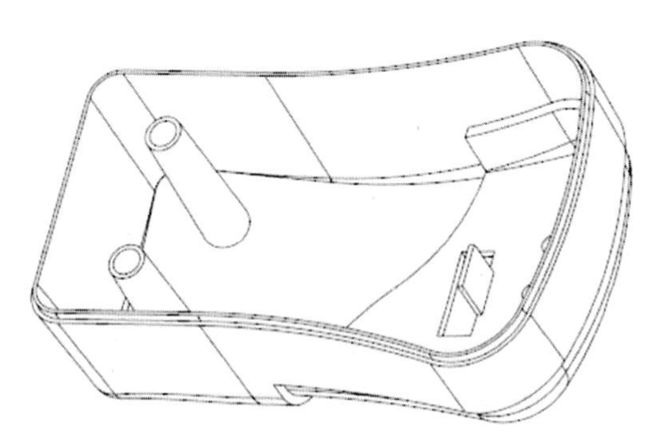

图12-55　创建拉伸特征

Step 10 单击“拉伸”按钮，以FRONT为草绘平面，紧扣图12-55所创建的拉伸特征绘制一个三角形截面，如图12-56粗线所示。

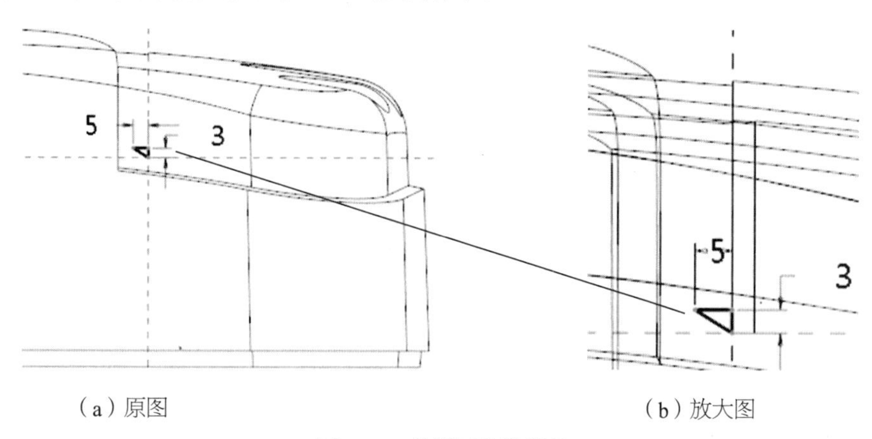

（a）原图　　（b）放大图

图12-56　绘制三角形截面

Step 11 在“草绘”操控板中单击“确定”按钮☑，在“拉伸”操控板中选择“对称”选项⊟，“拉伸深度”为25mm。

Step 12 在“拉伸”操控板中单击“确定”按钮☑，创建拉伸特征，如图12-57所示。

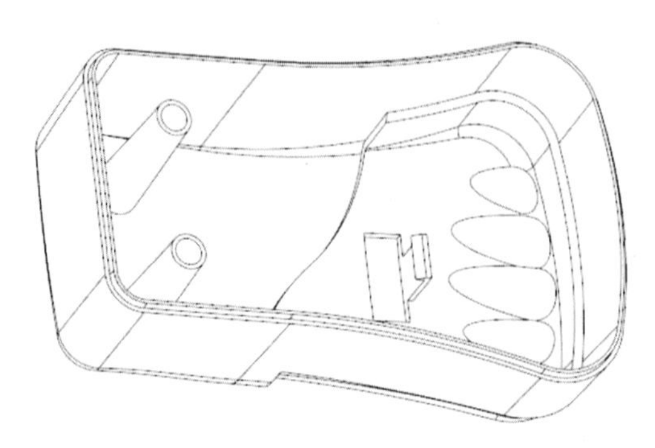

图12-57 创建拉伸特征

Step 13 单击“保存”按钮▣，保存文档。

12.3 模具设计

12.3.1 进入模具设计环境

Step 01 按照前面章节的方法，创建新的模具型腔文件，文件名称为mfg12.asm，加载参考模型，零件的开口方向朝上，如图12-58所示，设定收缩率。

Step 02 创建工件，工件的名称为prt012，工件尺寸为400mm×250mm，如图12-59所示。

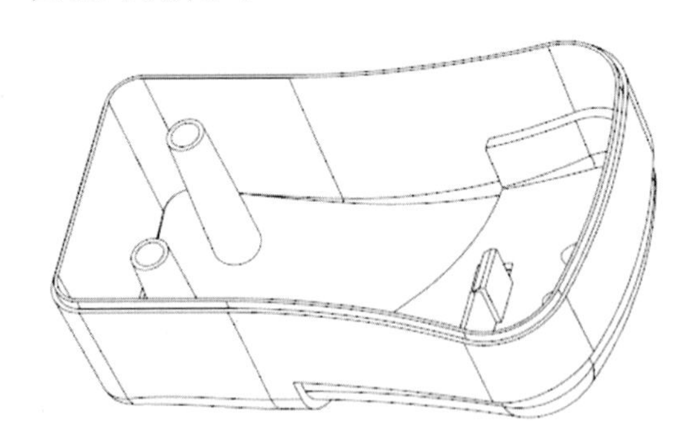

图12-58 参考模型的开口朝上

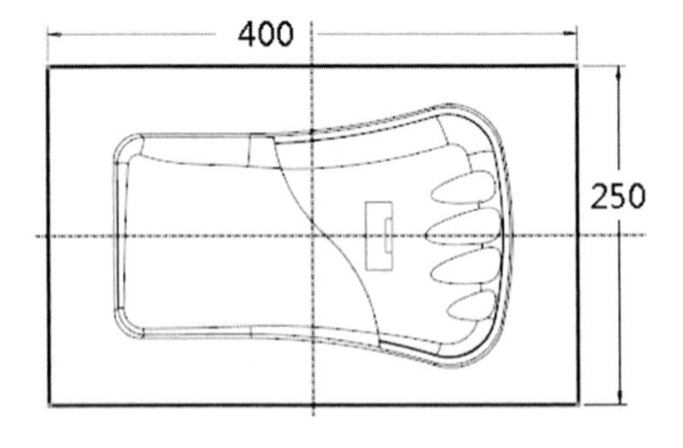

图12-59 工件尺寸为400mm×250mm

Step 03 在“草绘”操控板中单击“确定”按钮☑，在“拉伸”操控板的“侧1”下拉列表中选择“盲孔”选项⊔，设置“深度”为120mm，在“侧2”下拉列表中选择“盲孔”选项⊔，设置“深度”为30mm，工件如图12-60所示。

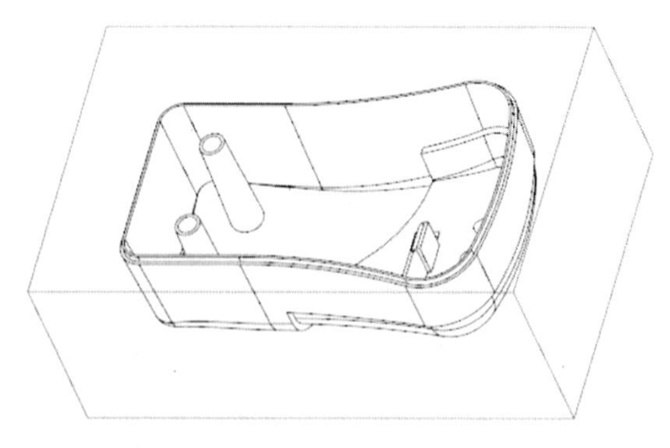

图12-60 创建工件

12.3.2 创建分型线

Step 01 单击“轮廓曲线”按钮，在参考模型的口部和扣位处产生若干条棕色的轮廓曲线。

Step 02 在“轮廓曲线”操控板中选中“环选择”选项，选中“环”按钮，在参考模型中选择扣位的轮廓曲线，“轮廓曲线”操控板中对应的环就会加强显示，选择“排除”选项，如图12-61所示。

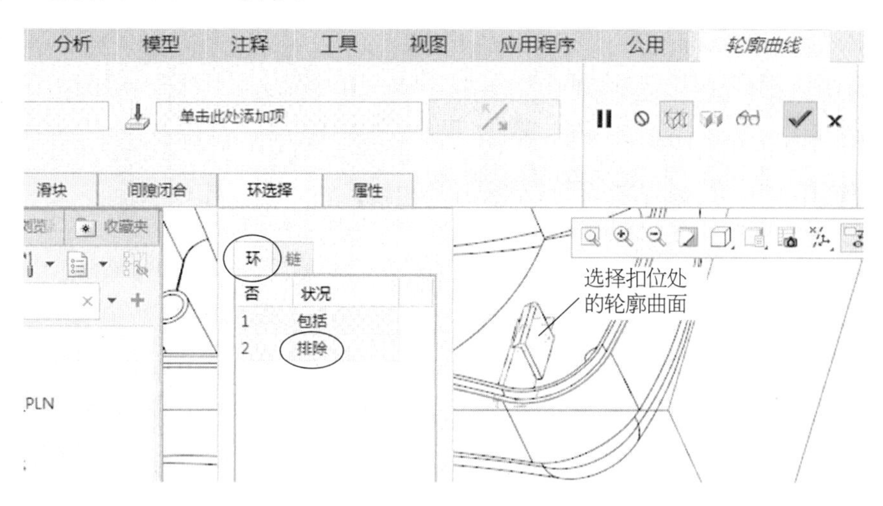

图12-61 选“排除”选项

Step 03 在“轮廓曲线”操控板中单击“确定”按钮，创建分型线。

12.3.3 创建主分型面

Step 01 单击“分型面”按钮，在“分型面”操控板中单击“属性”按钮，在“属性”窗口中输入分型面的名称为“主分型面”。

Step 02 再选择“裙边曲面”命令，在“模型树”中选择 SILH_CURVE_1，在“裙边曲面”操控板中单击“确定”按钮☑，创建参考模型口部的分型面。

Step 03 在“分型面”操控板中单击“确定”按钮☑，创建主分型面。

12.3.4 创建前模镶件分型面

Step 01 单击“分型面”按钮，在“分型面”操控板中单击“属性”按钮，在“属性”窗口中输入分型面的名称为“前模镶件分型面”。

Step 02 单击“拉伸”按钮，在“拉伸”操控板中单击“放置”按钮 放置 ，再在“草绘”滑板中单击“定义”按钮 定义... ，选择扣位的平面为草绘平面，如图12-62阴影平面所示。

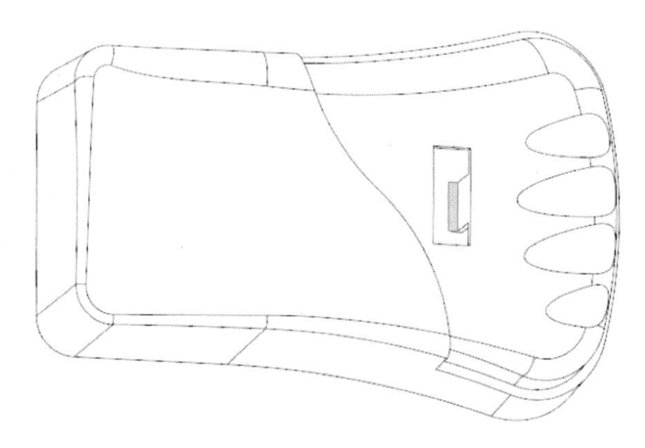

图12-62 选择扣位的平面为草绘平面

Step 03 单击“投影”按钮选择方孔的边线，如图12-63粗线所示。

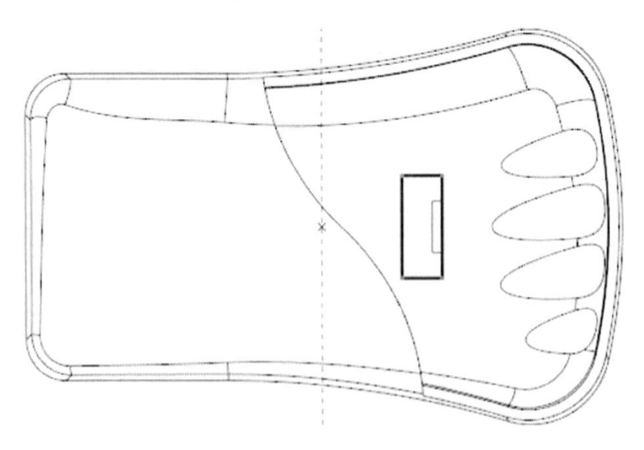

图12-63 创建方孔的边线

Step 04 在“草绘”操控板中单击“确定”按钮☑。

Step 05 在“拉伸”操控板中单击“选项” 选项 按钮，在“侧1”下拉列表中选择“拉伸到选定的曲面”按钮，选择工件的底面，在“侧2”下拉列表选择

“无”，选中“☑封闭端”，如图12-64所示。

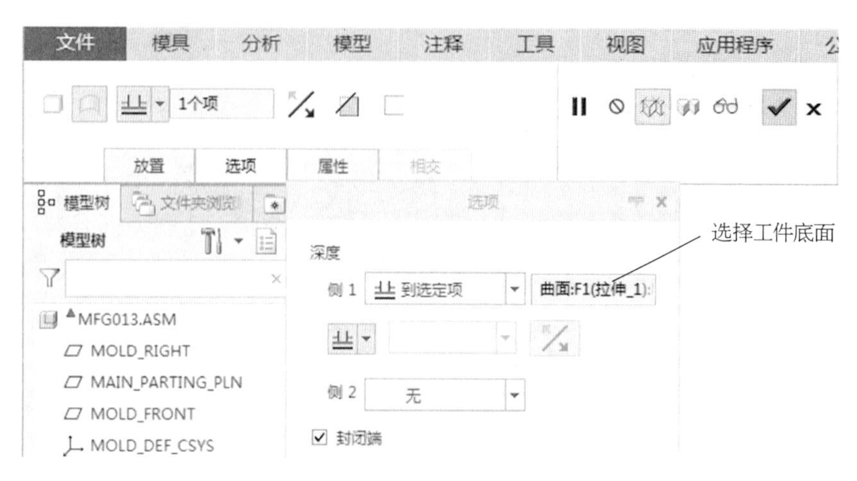

图12-64 设定拉伸选项

Step 06 在“拉伸”操控板中单击“确定”按钮☑，创建拉伸分型面，如图12-65所示。

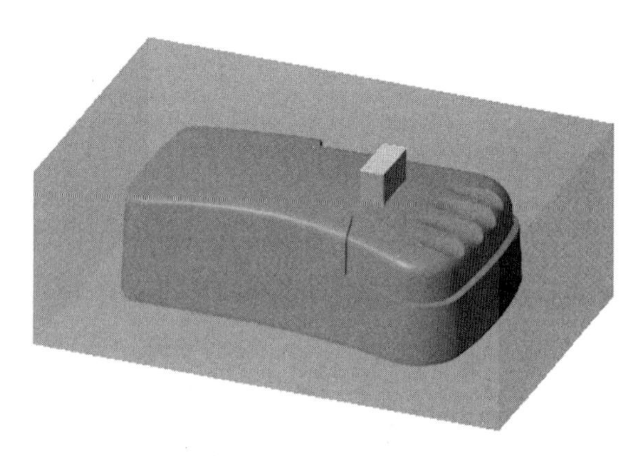

图12-65 创建拉伸分型面

Step 07 在“分型面”操控板中单击“确定”按钮☑，创建前模镶件分型面。

12.3.5 创建后模镶件分型面

Step 01 单击“分型面”按钮，在“分型面”操控板中单击“属性”按钮，在“属性”窗口中输入分型面的名称为“后模镶件分型面”。

Step 02 单击“拉伸”按钮，在“拉伸”操控板中单击“放置”按钮 放置 ，再在“草绘”滑板中单击“定义”按钮 定义... ，选择圆柱上表面为草绘平面，如图12-66阴影平面所示。

Step 03 单击“投影”按钮，选择圆柱上小孔的边线，如图12-67粗线所示。

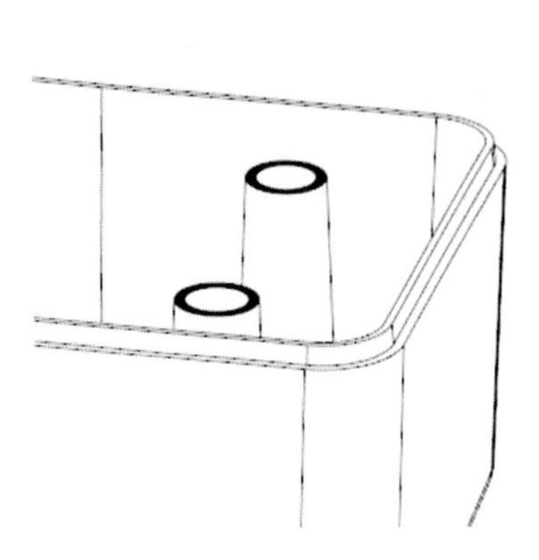

图12-66 选择圆柱上表面为草绘平面

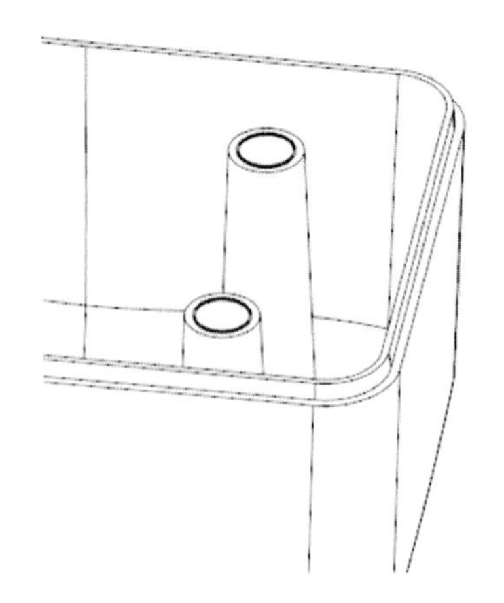

图12-67 选择圆柱上小孔的边线

Step 04 在“草绘”操控板中单击“确定”按钮☑。

Step 05 在“拉伸”操控板中单击“选项” 选项 按钮，在“侧1”下拉列表中选择“拉伸到选定的曲面”按钮，选择工件的上表面，在“侧2”下拉列表中选择“无”，取消“□封闭端”复选项的选中状态。

Step 06 在“拉伸”操控板中单击“确定”按钮☑，创建拉伸分型面，如图12-68所示。

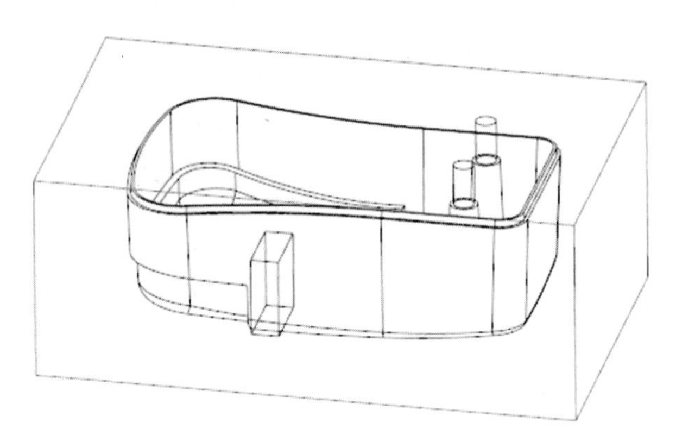

图12-68 创建后模镶件分型面

Step 07 在“分型面”操控板中单击“确定”按钮☑，创建后模镶件分型面。

12.3.6 拆分体积块

Step 01 单击“参考零件切除”按钮，先选择工件，再选择参考零件，单击“确定”按钮☑，切除参考零件。

Step 02 选择“体积块分割”按钮，选择工件为“要分割的模具体积块”，选择图12-65创建的前模拉伸曲面为“用于分割模具体积块的分型面”，在“体积块”窗口中将“体积块–2”改为“前模镶件”，如图12-69所示。

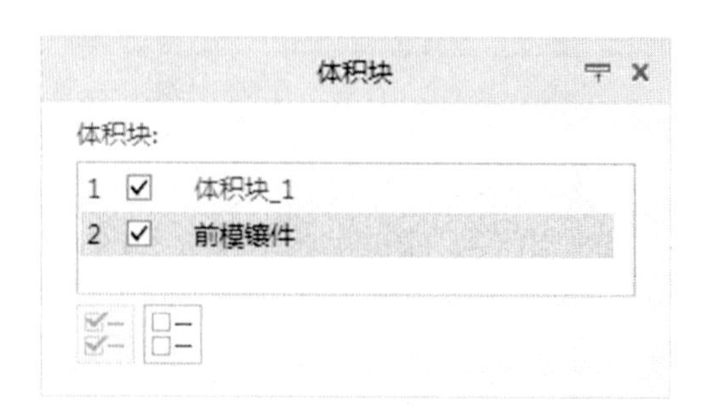

图12-69 将“体积块–2”改为“镶件”

Step 03 再次选择“体积块分割”按钮，选择“体积块–1”为“要分割的模具体积块”，选择图12-68创建的2个后模镶件分型面为“用于分割模具体积块的分型面”，在“体积块”窗口中将“体积块–3”改为“后模镶件–1”，将“体积块–4”改为“后模镶件–2”，如图12-70所示。

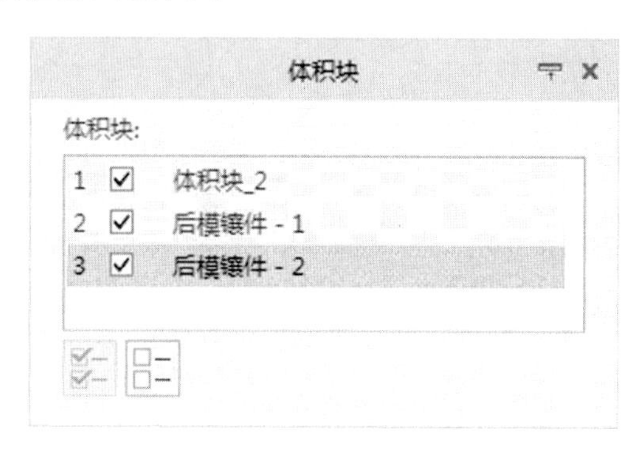

图12-70 将“体积块–3”改为“后模镶件–1”，“体积块–4”改为“后模镶件–2”

Step 04 再次选择“体积块分割”按钮，选择“体积块–2”为“要分割的模具体积块”，选择裙边曲面为“用于分割模具体积块的分型面”，在“体积块”窗口中将“体积块–3”改为“型芯”，将“体积块–4”改为“型腔”。

Step 05 单击“型腔镶块”按钮，在“创建模具元件”对话框中选择“选择所有体积块”按钮，再单击“确定”按钮，创建型腔、型芯、前模镶件、后模镶件–1、后模镶件–2。

Step 06 单击“保存”按钮，保存文件。

项目 13　汤匙设计

本节通过绘制一个简单的零件图，重点讲述了 creo 5.0 的草绘、投影曲线、造型曲面、加厚等命令的使用方法，产品图如图 13-1 所示。

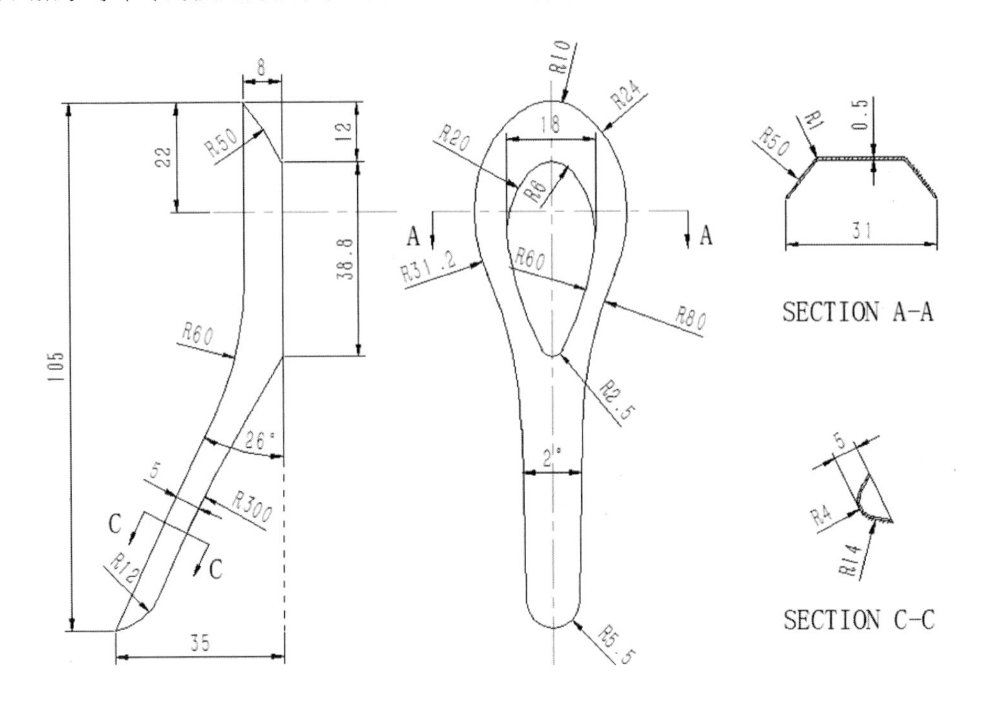

图13-1　汤匙尺寸图

13.1　产品设计

Step 01 启动Creo 5.0，单击“新建”按钮，在“新建”对话框的“类型”选项区中选中“◉ 零件”，选择“子类型”为“◉ 实体”，设置“名称”为“tangshi”，取消“□使用默认模板”复选框的选中状态，单击“确定”按钮 确定 ，在“新文件选项”窗口中选择“mmns_part_solid”选项。

Step 02 单击“草绘”按钮，选择TOP为草绘平面，RIGHT为参考平面，方向向右，绘制截面（1），如图13-2所示。

Step 03 单击“分割”按钮，将鼠标放在曲线与X轴或Y轴的相交处（即箭头所指处），出现一个黄色的小方框后，选中该方框，即可将曲线在该点处分割。

Step 04 为保持桌面整洁，将草绘（1）隐藏。

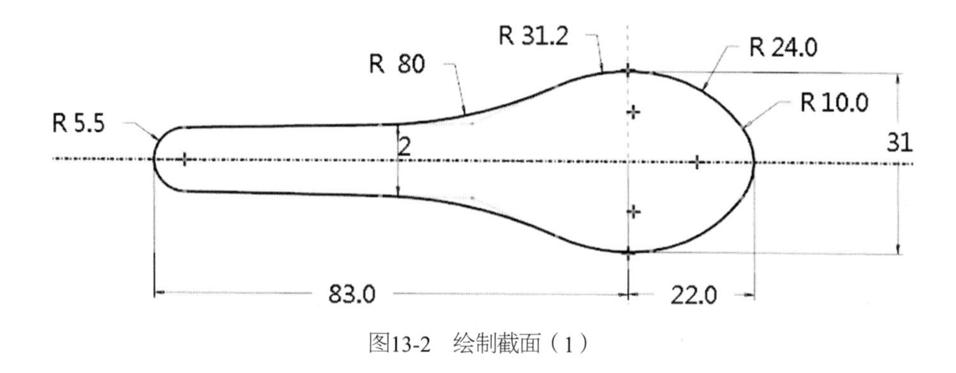

图13-2 绘制截面（1）

Step 05 单击“草绘”按钮，选择TOP为草绘平面，RIGHT为参考平面，方向向右，绘制截面（2），如图13-3所示。

Step 06 单击“分割”按钮，将鼠标放在曲线与X轴或Y轴的相交处（即箭头所指处），出现一个黄色的小方框后，选中该方框，即可将曲线在该点处分割。

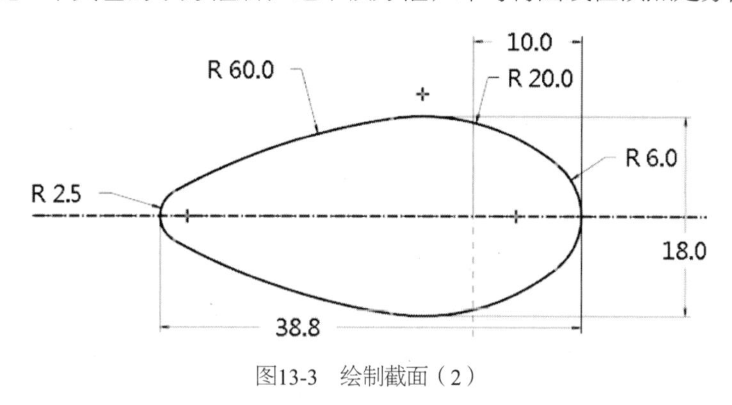

图13-3 绘制截面（2）

Step 07 单击“基准”区域的“点”按钮，先在靠近FRONT平面的位置选中组合投影曲线，再按住<Ctrl>键，选择FRONT平面，创建曲线与FRONT平面的交点，如图13-4所示。

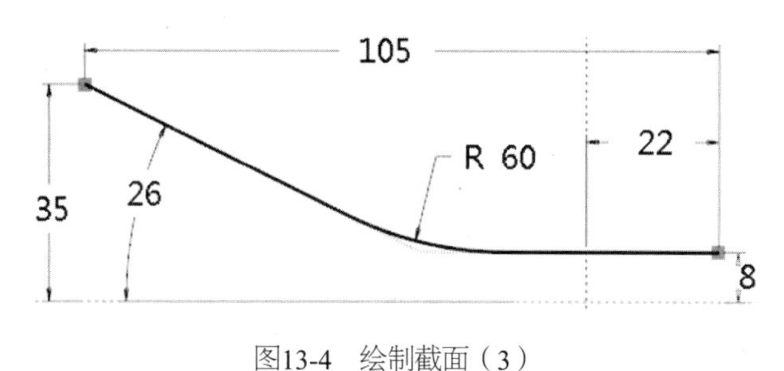

图13-4 绘制截面（3）

Step 08 采用相同的方法，创建曲线与FRONT和RIGHT基准面的交点，共有8个交点，如图13-5所示。

Step 09 单击“草绘”按钮，选择FRONT为草绘平面，RIGHT为参考平面，方向向右，绘制一条斜线，该斜线与截面（3）的斜线平行，距离为5mm，然后单击该线，在活动窗口中选择“构造”按钮，将该线转为构造线（构造线不参与建模），如图13-6所示。

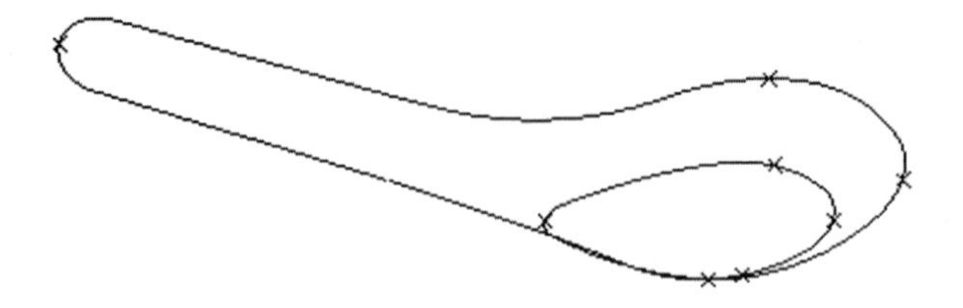

图13-5 创建投影曲线和8个交点

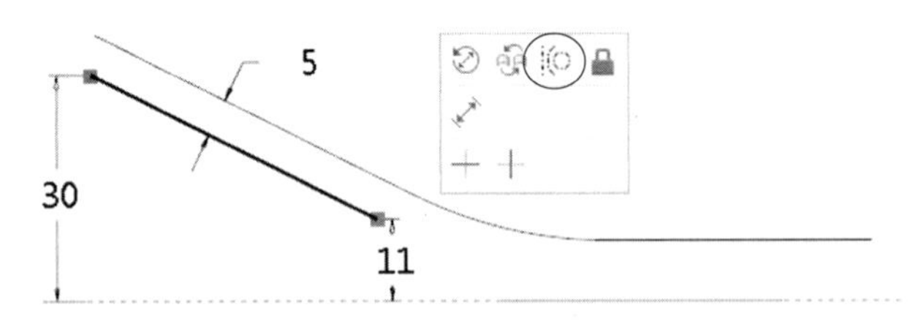

图13-6 绘制斜线，并选择“构造”按钮

Step 10 绘制两条圆弧，两条圆弧相切，其中R300mm的圆弧与构造线相切，一个端点与图13-3曲线重合，R12的一个端点与图13-4的端点重合，如图13-7所示。

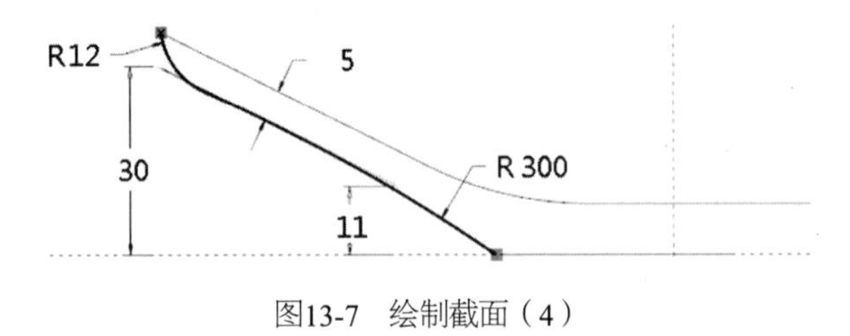

图13-7 绘制截面（4）

Step 11 单击“草绘”按钮，选择FRONT为草绘平面，RIGHT为参考平面，方向向右，绘制截面（5）（圆弧的两个端点与截面（2）及投影曲线的端点重合），如图13-8所示。

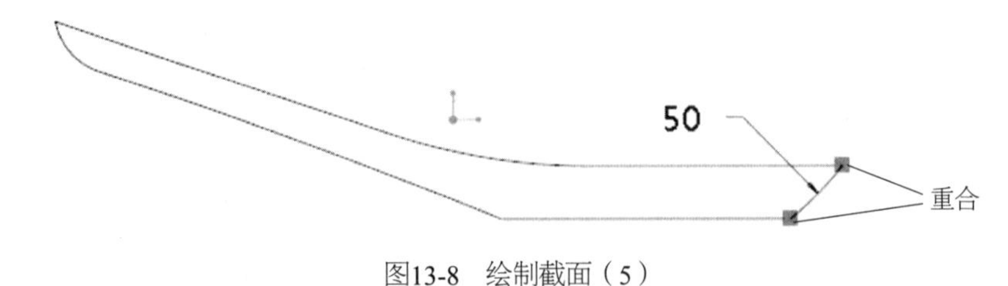

图13-8 绘制截面（5）

Step 12 单击“草绘”按钮，选择RIGHT为草绘平面，TOP为参考平面，方向向上，绘制截面（6）（圆弧的两个端点与截面（2）和投影曲线的端点重合），如图13-9所示。

Step 13 选中草绘（6），单击“镜像”按钮，选择FRONT为镜像平面，创建镜像曲线。

Step 14 单击“拉伸”按钮，以FRONT为草绘平面，RIGHT为参考平面，方向向右，绘制一条直线，该直线与截面（3）和截面（4）都垂直，如图13-10所示。

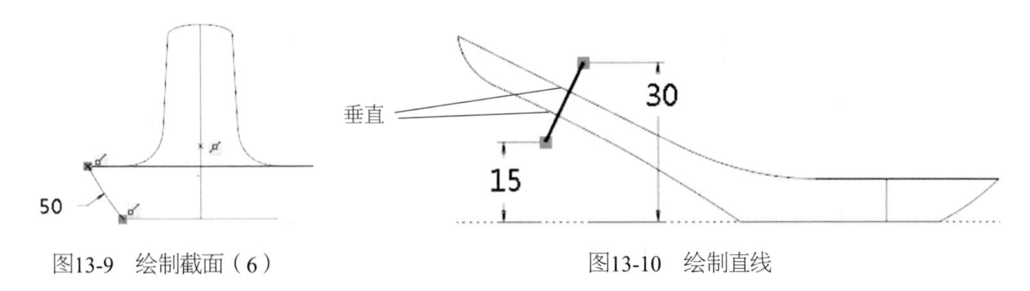

图13-9 绘制截面（6）

图13-10 绘制直线

Step 15 单击“确定”按钮，在“拉伸”操控板中单击“曲面”按钮，在“拉伸类型”选项区选择“对称”按钮，“距离”为15mm。

Step 16 单击“确定”按钮，创建拉伸曲面，如图13-11所示。

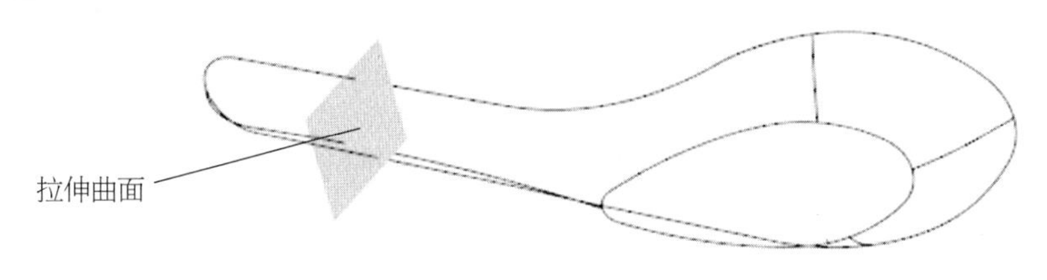

图13-11 创建拉伸曲面

Step 17 单击“绘制基准点”按钮，按住Ctrl键，选择刚才创建的拉伸曲面和截面曲线（4），创建一个基准点，如图13-12所示。

Step 18 采用相同的方法，创建拉伸曲面与曲线的另外两个基准点，如图13-12所示。

Step 19 单击“草绘”按钮，以拉伸曲面为草绘平面，经过三个基准点，绘制截面（7），如图13-13所示。

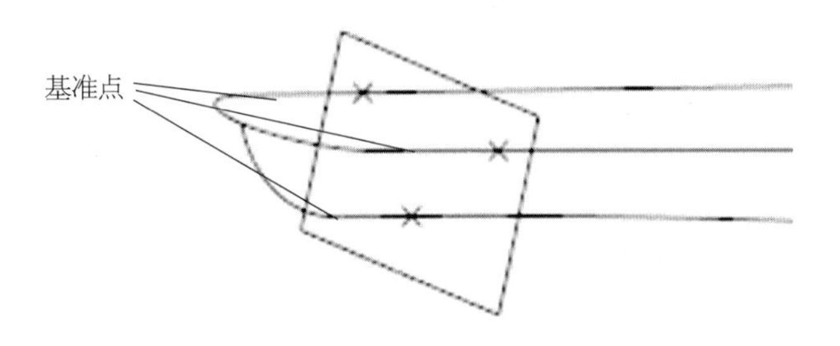

图13-12 创建3个基准点

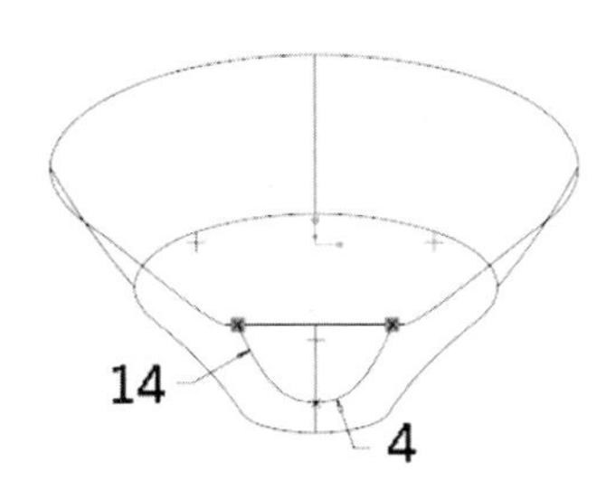

图13-13 绘制截面（7）

Step 20 为了操作方便，请先隐藏拉伸曲面。

Step 21 单击“样式”按钮，在“样式”操控板中单击“曲面”按钮，在

图13-14中按如下顺序选择曲线，创建造型曲面（1）。

1）先选择曲线①，再按住Shift键，依次选择曲线②、曲线③和曲线④。

2）松开Shift键，按住Ctrl键，选择曲线⑤，再松开Ctrl键，按住Shift键，依次选择曲线⑥和曲线⑦。（如果不能创建曲面，请检查各段曲线是否连续，如不连续，则不能创建曲面）

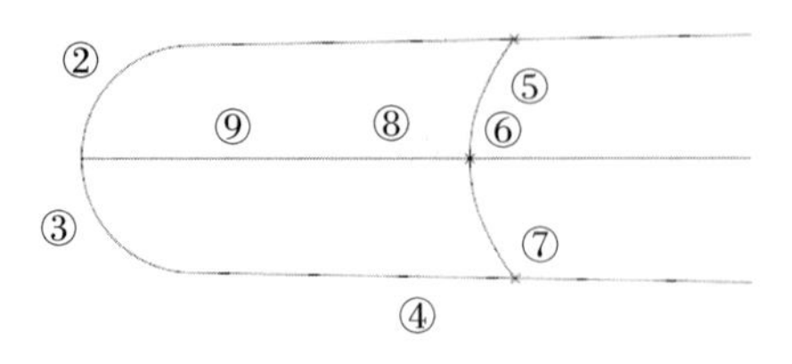

图13-14　选择曲线

3）在“曲面”操控板中单击第二个框中的单击此处添加项，如图13-15所示。

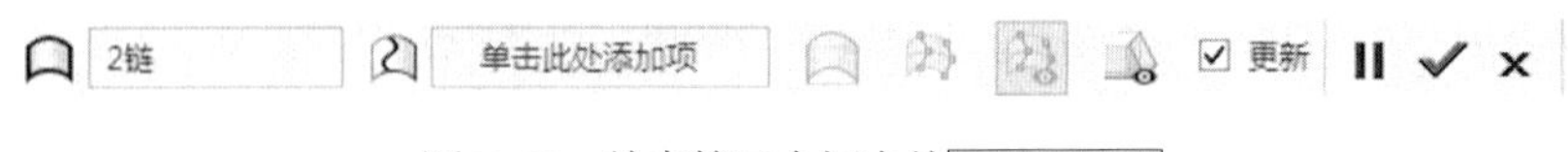

图13-15　单击第二个框中的单击此处添加项

4）再选择曲线⑧，然后按住Shit键，选择曲线⑨（曲线⑧与曲线⑨构成内部链，控制曲面的形状）。

5）在“造型：曲面”操控板中单击“确定”按钮☑，创建造型曲面（1），如图13-16所示，此时暂时不要在“样式”操控板中单击“确定”按钮☑。

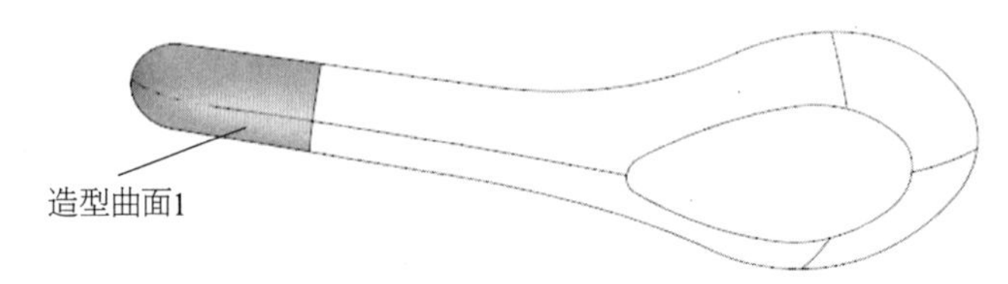

图13-16　创建造型曲面（1）

6）在“样式”操控板中单击“曲面”按钮，按照前面的方法，按顺序选择链（1）、链（2）、链（3）、链（4）、链（5）、链（6）、链（7）和内部曲线，如图13-17所示，创建造型曲面（2），如图13-18所示。（如果不能创建曲面，请检查各段曲线是否连续，如不连续，则不能创建曲面）

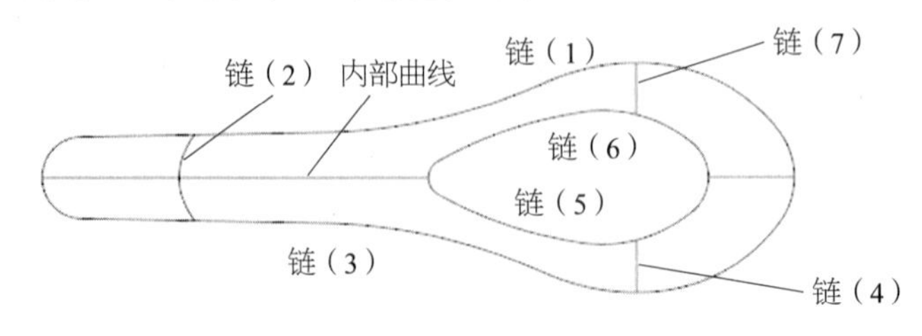

图13-17　选择链（1）、链（2）、链（3）、链（4）、链（5）、链（6）、链（7）和内部曲线

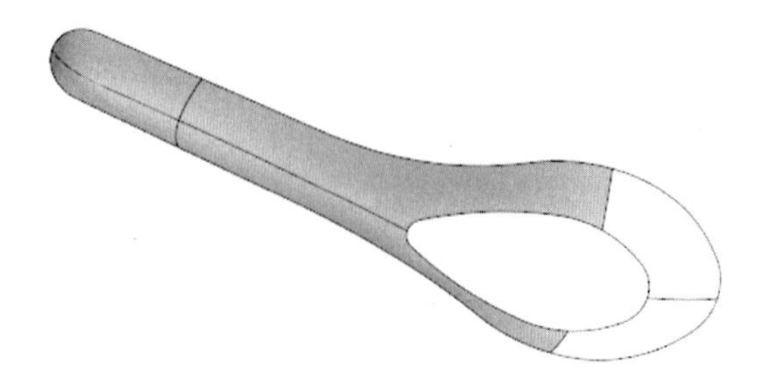

图13-18 创建造型曲面（2）

7）采用相同的方法，创建造型曲面（3），如图13-19所示。

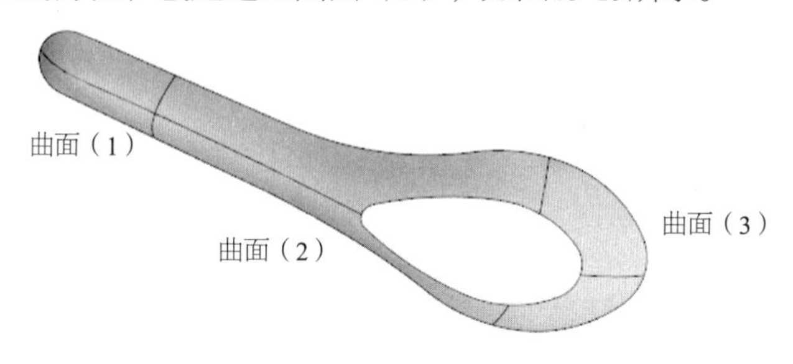

图13-19 造型曲面（1）、（2）、（3）

Step 22 三个曲面全部创建完成之后，再在“样式”操控板中单击“确定”按钮☑，退出“样式”操控板，所创建的三个曲面自动相切，且成一个整体。

Step 23 单击“填充”按钮▢，选择草绘（2）的曲线，创建填充曲面，如图13-20所示。

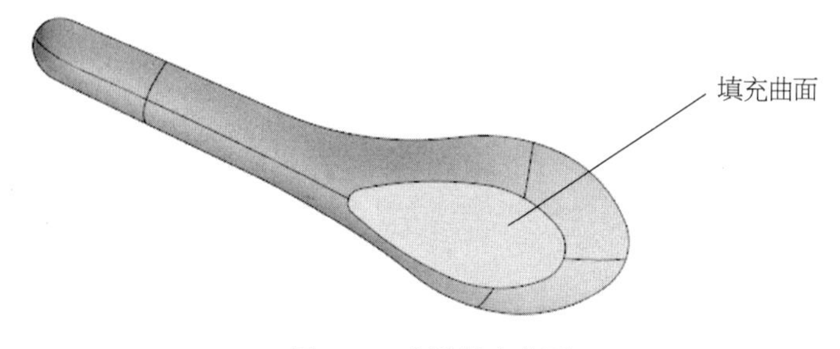

图13-20 创建填充曲面

Step 24 按住Ctrl键，选择造型曲面和填充曲面，单击“合并”按钮▢，两曲面合并。

Step 25 单击“倒圆角”按钮▢，选择造型曲面和填充曲面的交线，创建倒圆特征（R1mm）。

Step 26 选择一个曲面，再单击“加厚”按钮▢，在“加厚”操控板中输入“偏移厚度”为1mm。

Step 27 单击“确定”按钮☑，创建加厚特征，如图13-21所示。

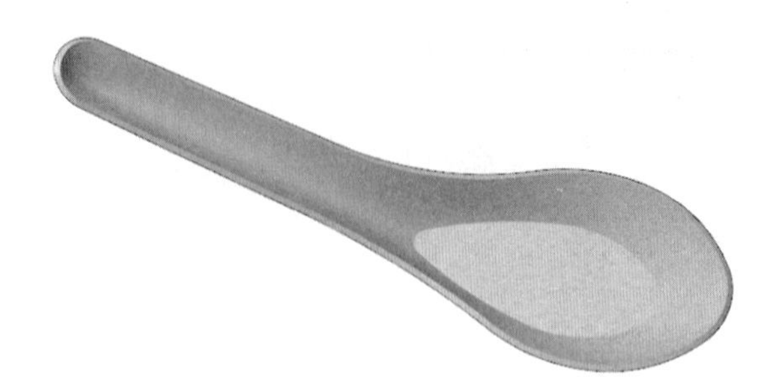

图13-21　创建加厚特征

Step 28 单击“保存”按钮，保存文档。

13.2　模具设计

13.2.1　进入模具设计环境

按照前面章节的方法，创建新的模具型腔文件，文件名称为 mfg13.asm。

13.2.2　加载参考模型

Step 01 单击“参考模型”按钮，再选“定位参考模型”。

Step 02 选择“tangshi.prt”，单击“打开”按钮，在“创建参考模型”对话框中选择“◉ 按参考合并”，单击“确定”按钮 确定 。

Step 03 在“布局”对话框中选择“◉ 单一”。

Step 04 单击“预览”按钮，产品的侧面为双箭头方向（即拖拉方向），如图13-22所示。

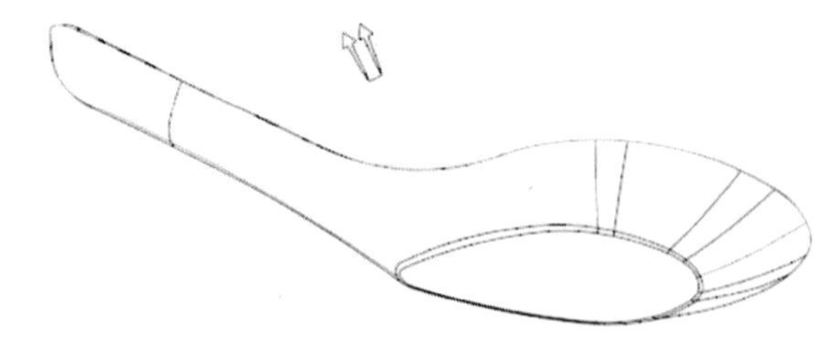

图13-22　产品侧向摆放

Step 05 在“布局”对话框中单击“参考模型起点与定向”按钮，弹出一个活动窗口，Y轴指向指向开口方向，如图13-23所示。

Step 06 然后在屏幕右下角的“菜单管理器”中选择“动态”。

Step 07 在“参考模型方向”对话框中选择“◉ 旋转”，将“轴”选为“X”，将“角度”设为90°。

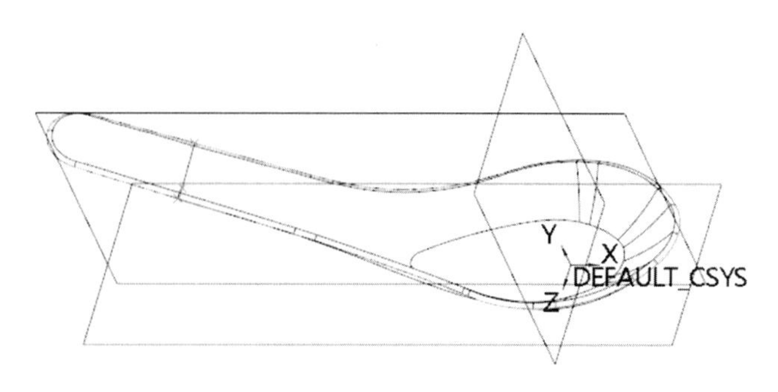

图13-23　Y轴指向开口方向

Step 08 在“参考模型方向”对话框中单击“确定”按钮，再在“布局”窗口中单击“预览”按钮，参考模型中的开口方向为双箭头方向，如图13-24所示。

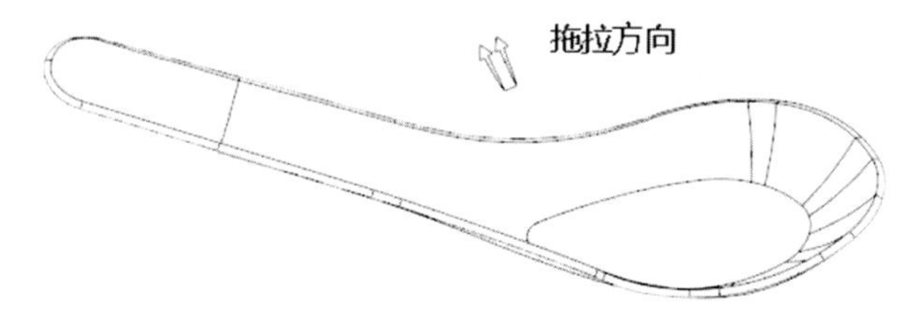

图13-24　参考模型中的开口方向为双箭头方向

Step 09 在“布局”窗口中，在“布局”选项区中选中“◉ 矩形”，将“方向”选为“◉ Y对称”，如图13-25所示。

Step 10 单击“确定”按钮，再在“菜单管理器”中单击“完成/返回”按钮，参考模型成2行排列，每列4个产品，如图13-26所示。

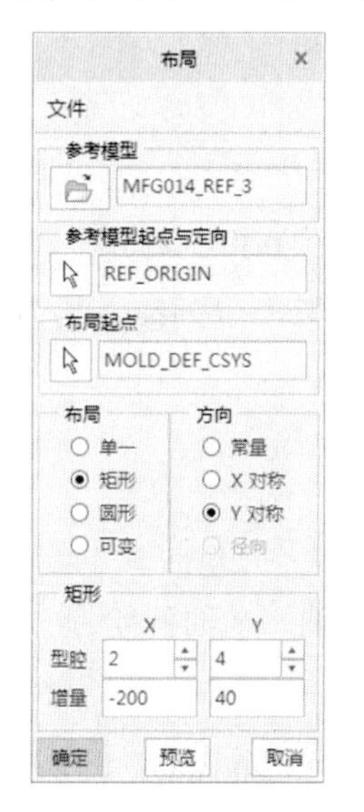

图13-25　“布局”选择“矩形”，“方向”选择“Y对称”

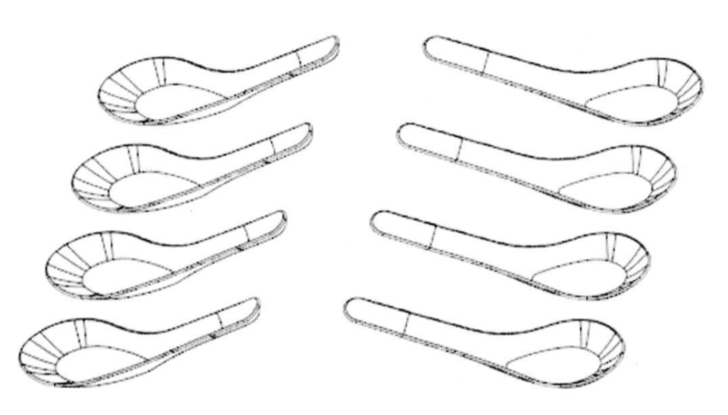

图13-26　参考模型的排列方式

13.2.3 设计收缩率

Step 01 单击“按比率收缩”按钮，在“按比率收缩”对话框中，选择“公式”为“1+S”，选中“☑各向同性”和“☑前参考”，将“收缩率”设为0.005。

Step 02 单击“坐标系”按钮，在工作区中选择其中一个参考零件的坐标系。

Step 03 单击“确定”按钮☑，参考模型以坐标系原点为基准点，所有的参考模型都按比例放大1.005倍。

Step 04 在横向菜单中选择“分析”选项卡，再选择“测量”，然后选择“直径”命令，如图1-27所示。

Step 05 逐个选择产品中图13-7的圆弧，半径值全为301.5mm，如图13-27所示。

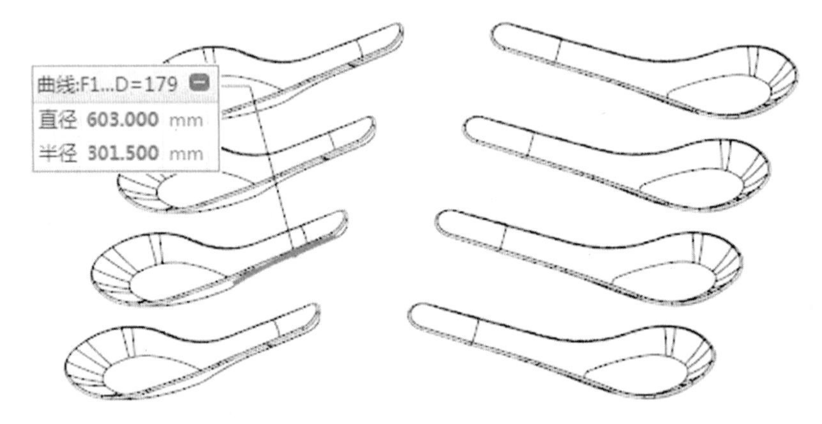

图13-27 分析产品的是否已放收缩率

13.2.4 创建工件

Step 01 单击“创建工件”按钮，在“创建元件”对话框中“类型”选项区选择“◉ 零件”，将“子类型”选为“◉ 实体”，设置“名称”为“ prt013.asm”。

Step 02 单击“确定” 确定(O) 按钮，在“创建选项”对话框中“创建方法”选择“◉ 创建特征”选项，单击“确定” 确定(O) 按钮。

Step 03 单击“拉伸”按钮，选择TOP基准面为草绘平面。

Step 04 单击“草绘视图”按钮，定向草绘平面与屏幕平行。

Step 05 单击“草绘”区域的“中心线”按钮，沿X轴、Y轴各绘制一条中心线。

Step 06 单击“矩形”按钮，以原点为中心，绘制一个矩形（300mm×300mm），如图13-28 所示。

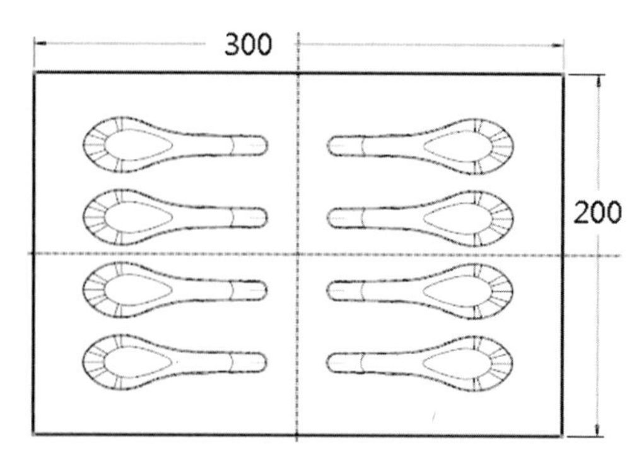

图13-28 工件尺寸

Step 07 在“草绘”操控板中单击“确定”按钮，在“拉伸”操控板的“侧1”下拉列表中选“盲孔”选项，设置“深度”为50mm，在“侧2”下拉列表选择“盲孔”选项，设置“深度”为50mm，工件如图13-29所示。

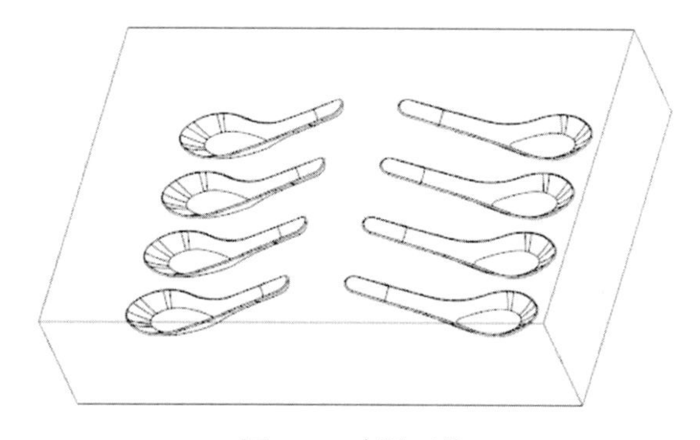

图13-29 创建工件

13.2.5 创建分型面

Step 01 单击“分型面”按钮，在“分型面”操控板中单击“属性”按钮，在“属性”窗口中输入分型面的名称为“分型面”。

Step 02 单击“拉伸”按钮，选择工件的前侧面为草绘平面，绘制一个截面（截面的绘制方法是：单击 “投影”按钮，选择参考零件的边线，创建投影线，再单击“线链”按钮，用直线将两个投影线连接起来），如图13-30粗线所示。

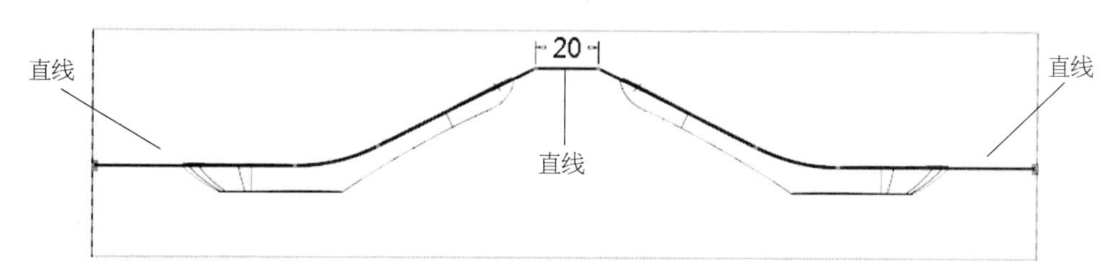

图13-30 绘制一个截面

Step 03 在“草绘”操控板中单击“确定”按钮☑，在“拉伸”操控板中选择“拉伸至选定的面”选项，选择工件的另一个侧面，创建一个拉伸曲面，如图13-31所示。

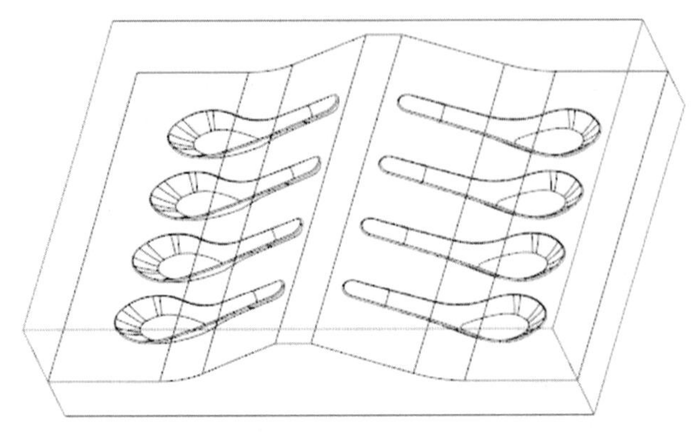

图13-31　创建分型面

13.2.6　拆分体积块

Step 01 单击“参考零件切除”按钮，先选择工件，再按住Ctrl键，选择8个参考零件，单击“确定”按钮☑，切除参考零件。

Step 02 选择“体积块分割”按钮，选择工件为“要分割的模具体积块”，选择图13-31创建的拉伸曲面为“用于分割模具体积块的分型面”，共将工件分成10个体积块。

Step 03 在“体积块分割”操控板中将“体积块-1”名称改为“型腔”，“体积块-2”名称改为“型芯”，其他体积块名称不变。

Step 04 在“体积块分割”操控板中单击“确定”按钮☑，退出“体积块分割”操控板。

Step 05 在快捷菜单中单击“连接”按钮，如图13-32所示。

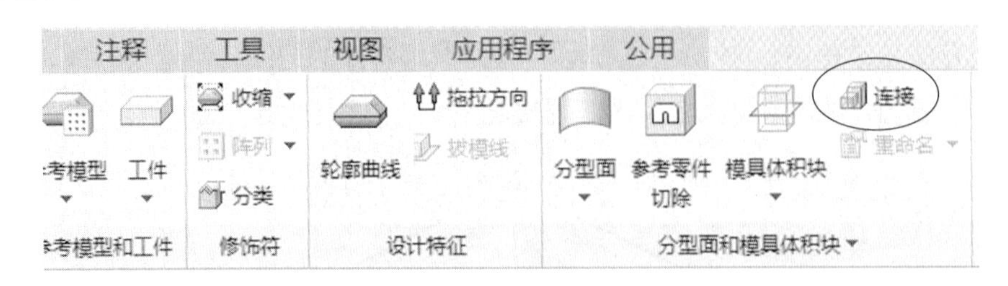

图13-32　单击“连接”按钮

Step 06 在“搜索工具：1”活动窗口中选择“型芯”，再单击»按钮，使“型芯”出现在右边的窗口中，然后单击“关闭”按钮，如图13-33所示。

图13-33 “搜索工具：1”活动窗口

Step 07 再在“搜索工具：1”活动窗口中选择“体积块-3”，单击 >> 按钮，使“体积块-3”出现在右边的窗口中，然后单击“关闭”按钮。

Step 08 重复上述步骤，一直到“搜索工具：1”活动窗口中只剩下“型腔”和“型芯”两个体积块为止，如图13-34所示。

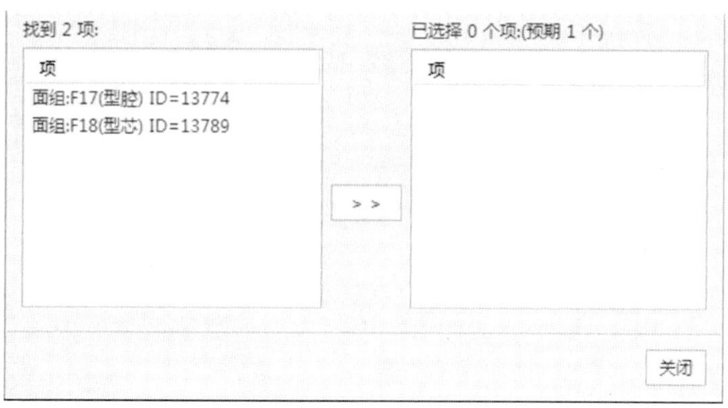

找到 2 项:
项
面组:F17(型腔) ID=13774
面组:F18(型芯) ID=13789
>>
已选择 0 个项:(预期 1 个)
项
关闭

图13-34 “搜索工具：1”活动窗口中只剩下“型腔”和“型芯”两个体积块为止

Step 09 单击“关闭”按钮，退出“搜索工具：1”活动窗口。

Step 10 单击“型腔镶块”按钮，在【创建模具元件】对话框中选择“选择所有体积块”按钮，再单击“确定”按钮，在“模型树”中添加了“型腔”和“型芯”两个体积块。

Step 11 单击“保存”按钮，保存文件。

Step 12 打开“型腔”结构图，如图13-35所示，打开“型芯”结构图，如图13-36所示。

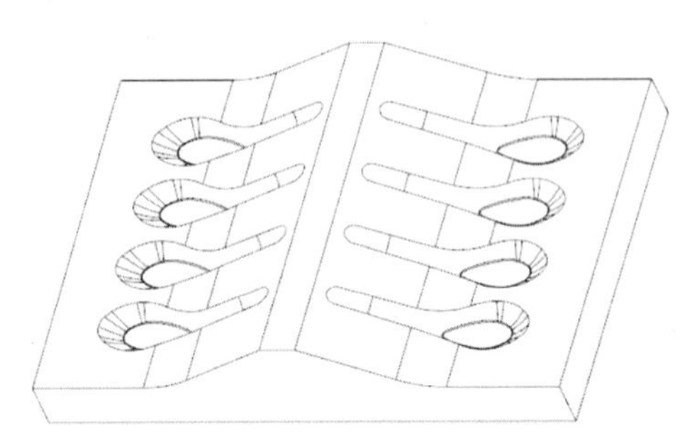

图13-35　型腔

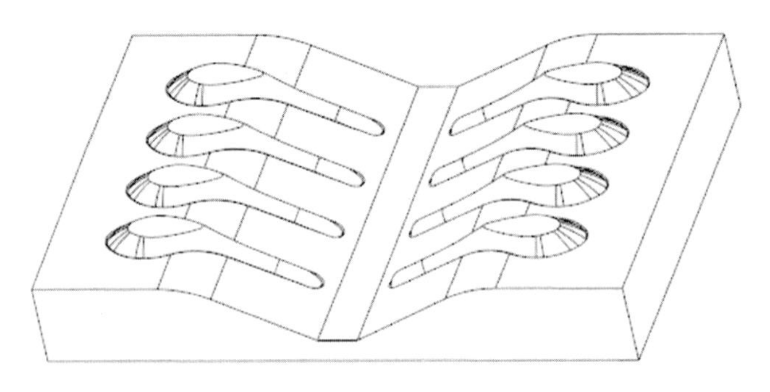

图13-36　型芯

项目 14　一模多腔的模具设计

本章通过 1 个简单的实例，详细介绍 Creo Parametric 5.0 一模多腔模具设计的一般过程，产品图如图 14-1 所示。

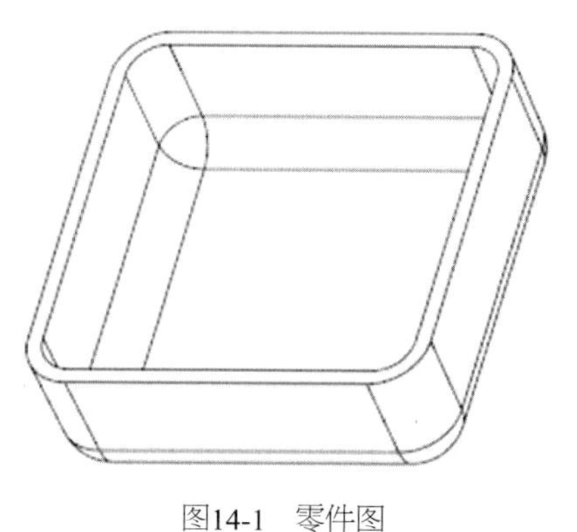

图14-1　零件图

14.1　产品设计

按项目 1 的方法，创建产品图，文件名为 fanghe14.prt，具体创建过程请参照项目 1。

14.2　模具设计

14.2.1　进入模具设计环境

按照前面章节的方法，创建新的模具型腔文件，文件名称为 mfg14. asm。

14.2.2　加载参考模型

Step 01 单击“参考模型”按钮，再选择“组装参考模型”，如图14-2所示。

图14-2　“参考模型”按钮，再选“组装参考模型”

Step 02 选择“fanghe14.prt”，单击“打开”按钮，按以下步骤进行装配。

1）先在工作区中选择参考模型的RIGHT基准面和模具坐标系的RIGHT基准面，再在“元件放置”操控板中“类型”选项区中选择“距离”选项，“设置约束偏移”为60mm，如图14-3所示，参考模型的RIGHT基准面和模具坐标系的RIGHT基准面距离调整为60mm，如图14-4所示。

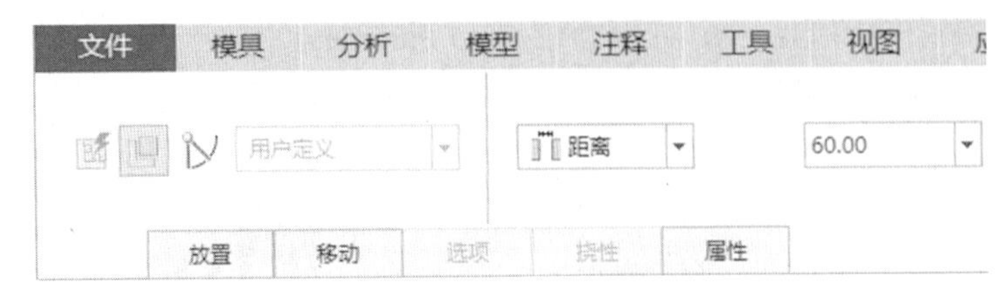

图14-3 “类型”下拉列表选择“距离”选项，“设置约束偏移”为60mm

2）采用相同的方法，选择参考模型的FRONT基准面和模具坐标系的FRONT基准面，两者的距离调整为60mm，如图14-4所示。

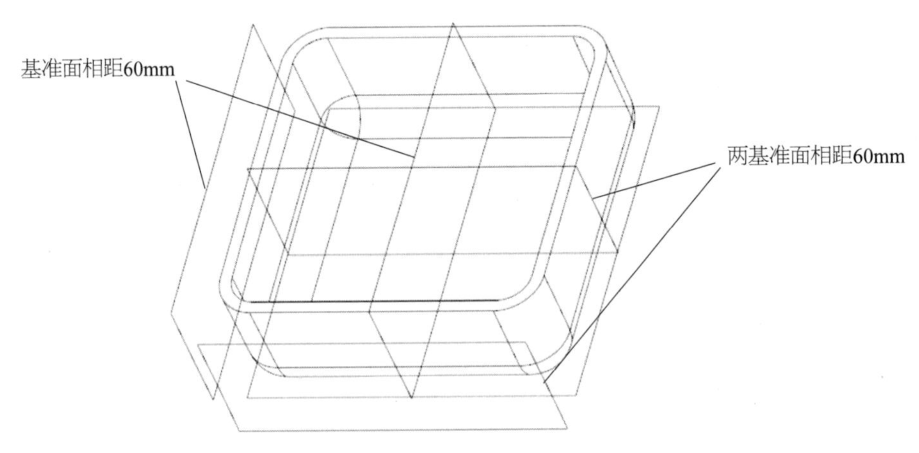

图14-4 参考模型的RIGHT基准面和模具坐标系的RIGHT基准面

3）先在工作区中选择参考模型的TOP基准面和模具坐标系的TOP基准面，再在“元件放置”操控板中的“类型”下拉列表选择“重合”选项，如图14-5所示。两者重合，如图14-6所示。

4）单击“确定”按钮，在“创建参考模型”窗口的“参考模型类型”选项区中选择“◉ 按参考合并”选项，如图14-7所示。

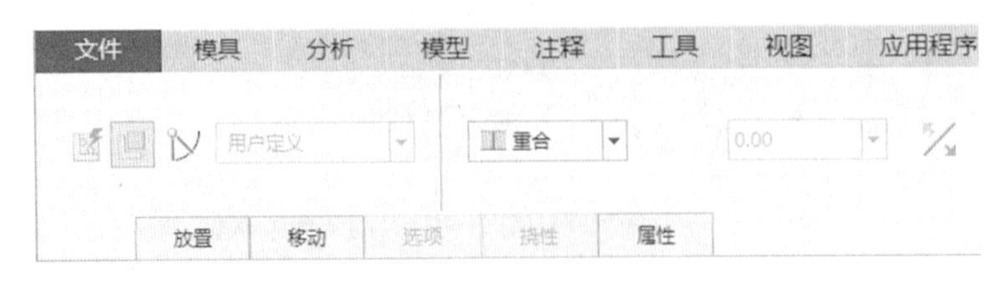

图14-5 “类型”选择“重合”选项

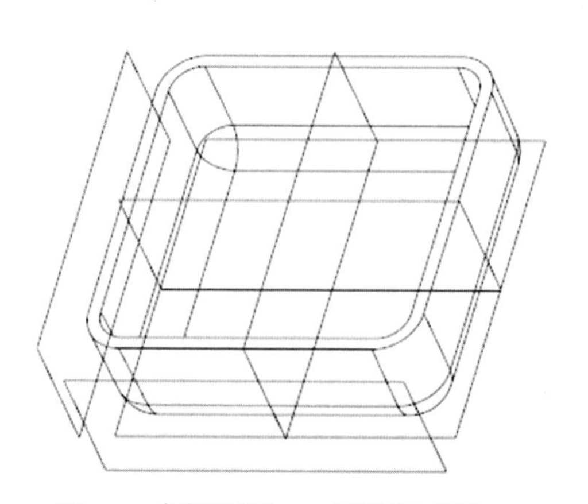

图14-6　参考模型的TOP基准面和模具坐标系的TOP基准面重合

图14-7　选择"◉ 按参考合并"选项

5）单击"确定"按钮，组装第一个参考零件。

Step 03 按照相同的方法，组装另外三个参考零件（注意，组装另外三个参考零件时，距离值可以为负值），如图14-8所示。

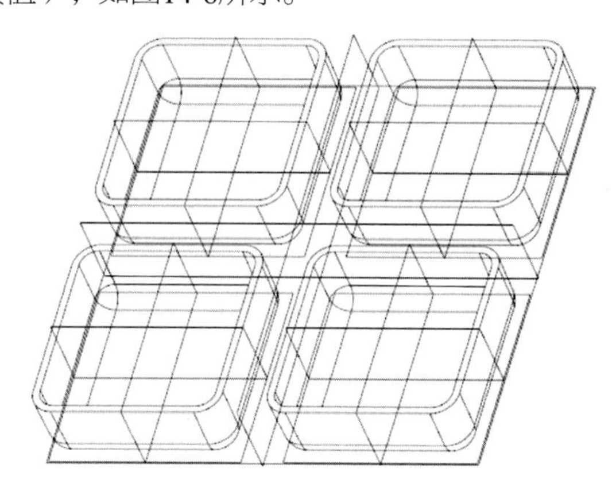

图14-8　加载4个参考模型

14.2.3　设定收缩率

Step 01 单击"按比率收缩"按钮。

Step 02 先选择右上角的参考模型，再选择右上角参考模型的坐标系，在"按比率收缩"对话框中，将"公式"选为"1+S"，选中"☑各向同性"和"☑前参考"，将"收缩率"设为0.005。

Step 03 单击"确定"按钮☑，参考模型以坐标系原点为基准点，按比例放大1.005倍。

Step 04 采用相同的方法，对其他3个参考模型放收缩率。

14.2.4 创建工件

Step 01 单击“创建工件”按钮，在“创建元件”对话框的“类型”选项区选择“◉ 零件”，将“子类型”选为“◉ 实体”，设置“名称”为“gongjian14.prt”。

Step 02 单击“确定” 确定(O) 按钮，在“创建选项”对话框的“创建方法”选项区中选择“◉ 创建特征”选项，单击“确定” 确定(O) 按钮。

Step 03 单击“拉伸”按钮，在“拉伸”操控板中单击“放置”按钮 放置 ，再在“放置”滑板中单击“定义”按钮 定义... 。

Step 04 选择TOP基准面为草绘平面，RIGHT基准面为参考平面，方向向右。

Step 05 单击“草绘”按钮 草绘 ，进入草绘模式。

Step 06 选择FRONT和RIGHT为参考平面。

Step 07 单击“草绘视图”按钮，定向草绘平面与屏幕平行。

Step 08 单击“草绘”区域的“中心线”按钮，沿X轴、Y轴各绘制一条中心线。

Step 09 单击“矩形”按钮，以原点为中心，绘制一个正方形（230mm×230mm），如图14-9所示。

Step 10 在“草绘”操控板中单击“确定”按钮☑。

Step 11 在“拉伸”操控板中选择“拉伸为实体”按钮，单击“选项” 选项 按钮，在“侧1”下拉列表中选择“盲孔”选项，设置“深度”为50mm，在“侧2”下拉列表中选择“盲孔”选项，设置“深度”为20mm，取消“☐添加锥度”复选框的选中状态。

Step 12 在“拉伸”操控板中单击“确定”按钮☑，创建工件实体，如图14-10所示。

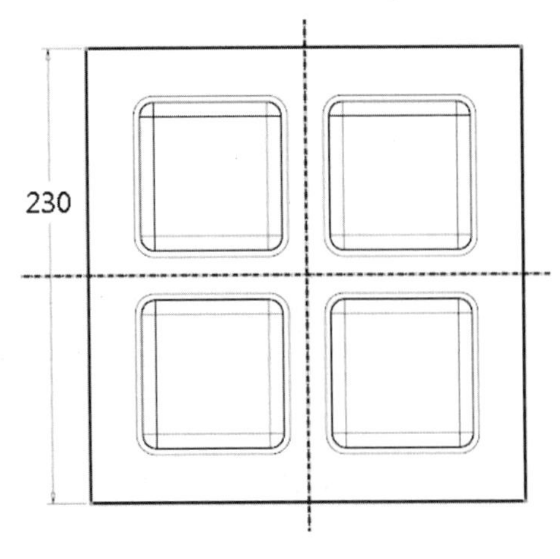

图14-9　绘制矩形

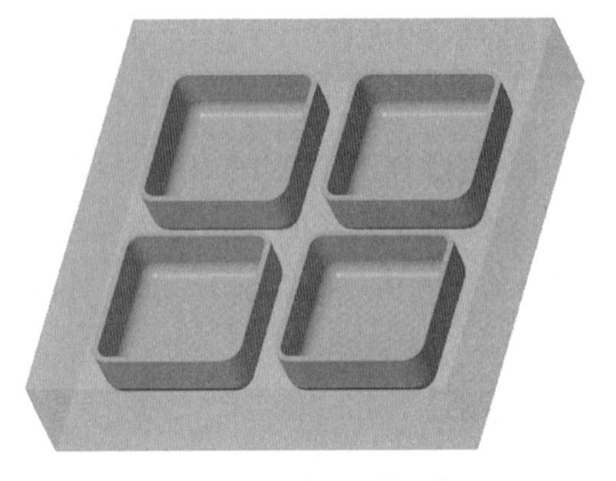

图14-10　创建工件实体

14.2.5 创建分型线

Step 01 在“模型树”中选中 MFG014.ASM，再在活动窗口中选中“激活”按钮。

Step 02 单击“轮廓曲线”按钮，把鼠标放在左上角的参考零件位置，稍做停顿，光标下方出现一行字符，如图14-11所示。

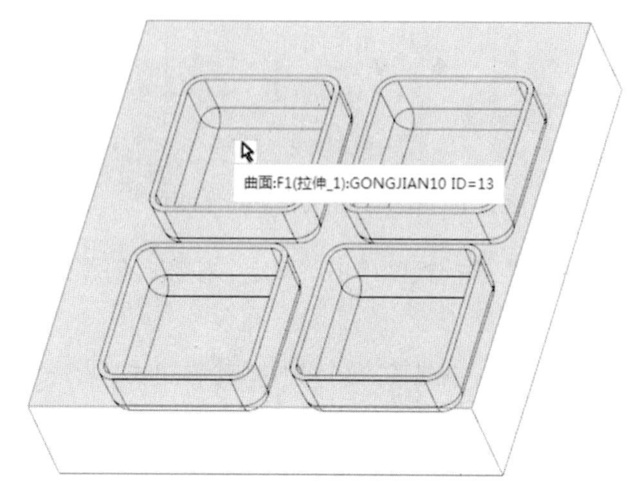

图14-11 把鼠标放在左上角的参考零件处

Step 03 长按鼠标右键，在下拉菜单中选择“从列表中拾取”命令，如图14-12所示。

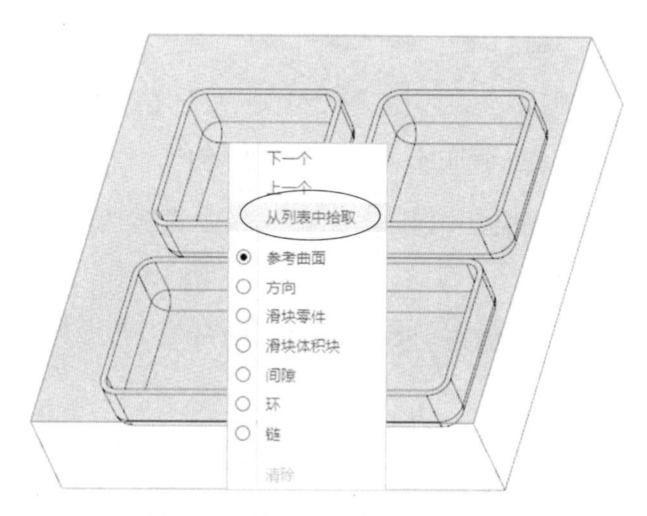

图14-12 选择“从列表中拾取”命令

Step 04 在“从列表中拾取”窗口中选择“MFG014_REF_1.PRT”后，再单击“确定”按钮 确定(O) ，如图14-13所示。

图14-13　选择“MFG014_REF_1.PRT”

Step 05 在“轮廓曲线”操控板中单击“确定”按钮，创建第1个参考零件的轮廓曲线。

Step 06 采用相同的方法，创建其他3个零件的轮廓曲线。

14.2.6　创建分型面

Step 01 单击“分型面”按钮，再选择“填充曲面”命令，如图14-14所示。

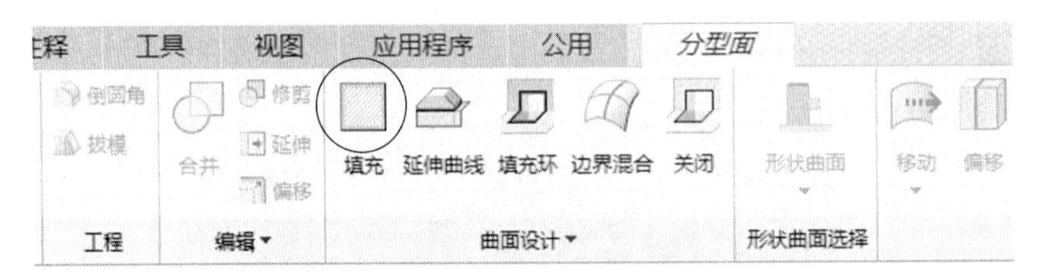

图14-14　选择“填充曲面”命令

Step 02 在“填充”操控板中选择“参考”按钮，再选“定义”按钮，如图14-15所示。

图14-15　选择“参考”，再选“定义”

Step 03 把鼠标放在参考零件的口部，稍做停顿，光标下方出现一行字符，再长按鼠标右键，在下拉菜单中选择“从列表中拾取”命令，选择参考零件口部的平面，如图 14-16 阴影所示。

Step 04 在“草绘”窗口中单击“草绘”按钮 草绘 。

Step 05 单击“投影”按钮，选择工件的边线，在参考零件口部平面上创建工件边线的投影曲线，如图 14-17 粗线所示。

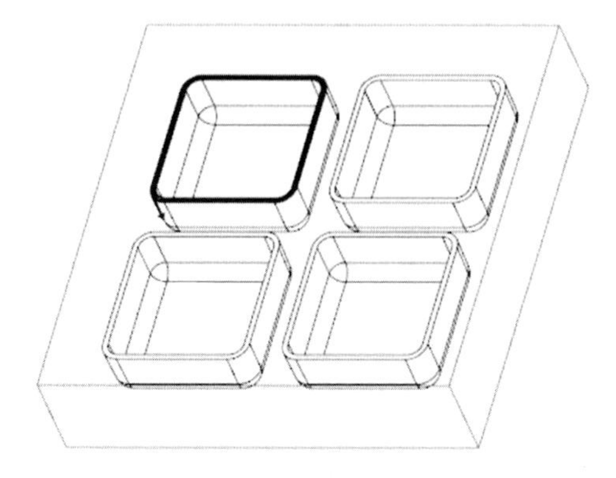

图14-16　选择阴影平面

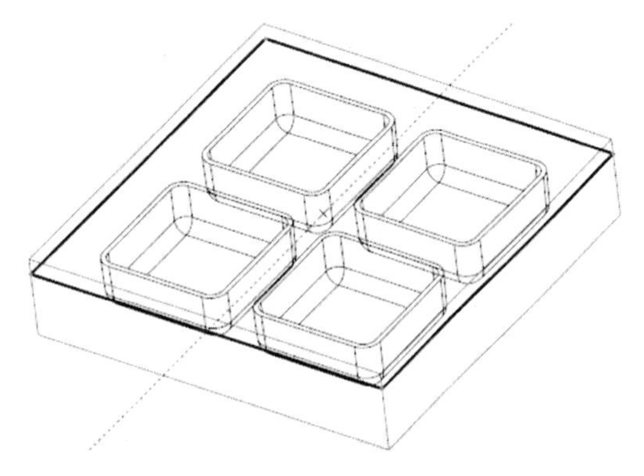

图14-17　创建工件边线的投影曲线

Step 06 在“类型”窗口中选择“◉ 环”，如图14-18所示。

Step 07 把鼠标放在参考零件的口部，稍做停顿，光标下方出现一行字符，再长按鼠标右键，在下拉菜单中选择“从列表中拾取”命令，在活动窗口中选择“轮廓曲线”，如图14-19所示。

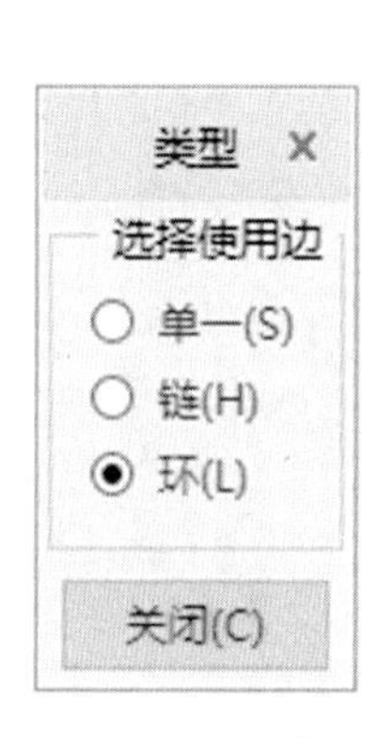

图14-18　选中“◉ 环”

图14-19　选择“轮廓曲线”

Step 08 采用相同的方法，选择其他3个参考零件的轮廓曲线，如图14-20粗线所示。

Step 09 在“草绘”操控板中单击“确定”按钮☑，创建阴影曲面，如图14-21所示。

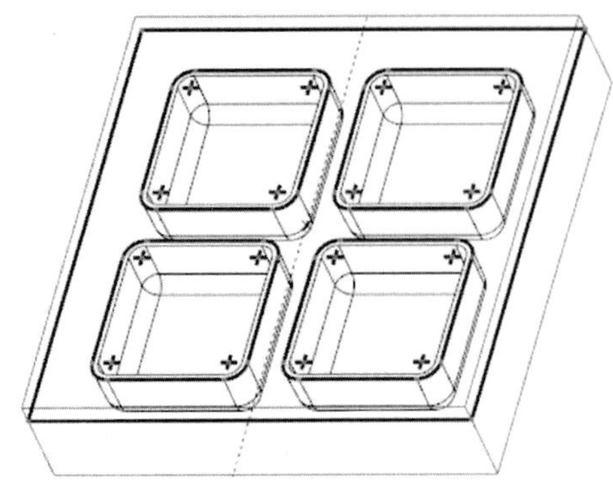

图14-20　选择轮廓曲线

图14-21　创建阴影曲面

Step 10 在“阴影曲面”操控板中单击“确定”按钮☑。

14.2.7　拆分体积块

Step 01 单击“参考零件切除”按钮，先选择工件，再按住Ctrl键，选择4个参考零件。

Step 02 单击“确定”按钮☑，切除参考零件。

Step 03 再按照前面章节的方法，拆分体积块和抽取体积块，过程完全相同。

Step 04 单击“保存”按钮，保存文件。

项目 15　两板模设计

15.1　注塑模具进料系统

注塑模具进料系统，是指模具中由注射机到型腔之间的进料通道。

注塑模具进料系统通常由注口、主流道、分流道、浇口及冷料井四部分组成。

（1）注口：亦称进料口，是连接注射机机筒喷嘴和注塑模的桥梁，是熔融物料进入模腔最先经过的地方。通常注口不直接开在定模上而是制成单独的注道套（亦称进料嘴、唧嘴）镶在定模固定板上。

（2）流道：自注口向浇口处顺序延伸，又分为主流道和分流道，是熔融物料自注口输至浇口，进入模腔的通路。常用的流道断面形状有圆形、半圆形、矩形和梯形四种，一般说来断面为圆形时，因其表面积与体积之比最小，是最佳流道，但实际由于机加工原因多采用断面为半圆、梯形或矩形的流道。

（3）浇口：是连接流道和型腔的部分，也是进料系统的最后部分，对它的要求是使流道来的熔融物料迅速通过浇口充满型腔，同时在型腔充满物料后浇口迅速冷却防止型腔内高压热料返回。浇口的类型很多，如宽浇口、窄浇口、扇形浇口、环形浇口、侧浇口、爪形浇口、点浇口、耳形浇口、潜伏式浇口、盘形浇口等。

（4）冷料井：其作用是集存冷料以防冷料堵塞流道或进入型腔造成制件上的冷疤或斑，一般设置在分型面的尽端或在流道的尽端。冷料产生的原因是最先进入注口和流道的熔融料温度较低，流动性较差。

15.2　两板模与三板模的区别

（1）模具结构的区别：三板模的前模由面板、A 板和脱料板三块板组成；两板模的前模由面板、A 板两块板组成，如图 15-1 所示。

（2）浇口形式的区别：三板模是点浇口（直接从产品上进胶），因浇口较小，通常叫细水口模具；两板模是大浇口，因浇口较大，通常叫大水口模具。

（3）流道位置的区别：三板模的流道在 A 板与脱料板之间，而两板模的流道位于 A 板与 B 板的分型面处。

（4）细水口模具又分为简化细水口模具和细水口模具两种。

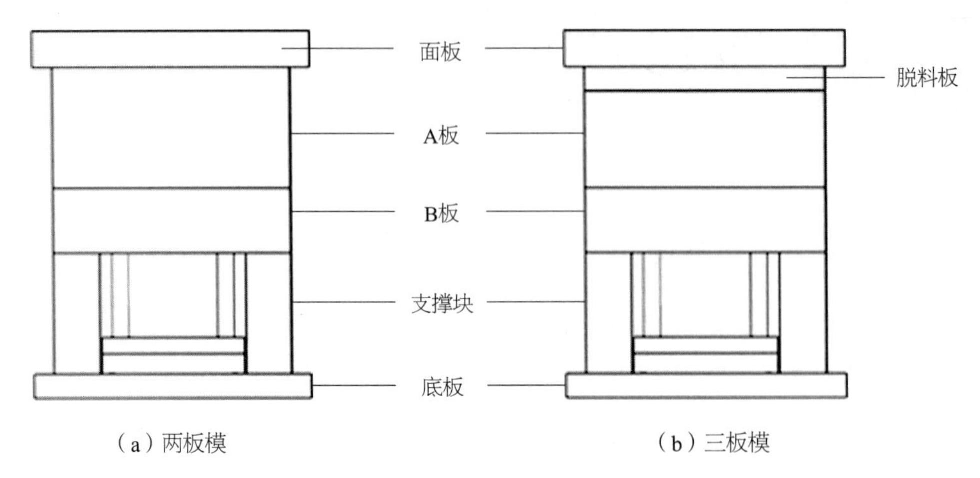

图15-1　两板模与三板模的区别

15.3　进料系统设计

Step 01 请先创建“项目15建模图”文件夹，并将项目14所生成的图形全部复制进来。

Step 02 启动Creo5.0，将“项目15建模图”文件夹设为工作目录，并打开mfg14.asm图。

Step 03 在模型树中选择工件的名称“gongjian14.prt”，在活动窗口中单击“激活”按钮，激活工件。

15.3.1　创建注口

Step 01 单击“拉伸”按钮，选择分型面为草绘平面，如图15-2阴影面所示。

Step 02 选择RIGHT和FRONT基准面为参考面，进入草绘模式。

Step 03 绘制一个圆（ϕ10mm），圆心与FRONT和RIGHT重合，如图15-3所示。

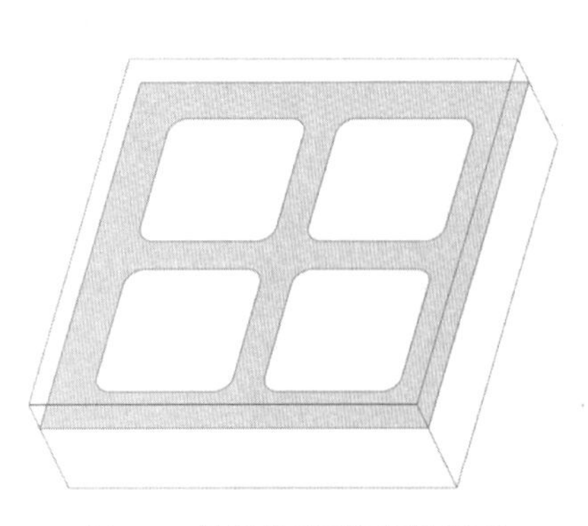

图15-2　选择分型面为草绘平面

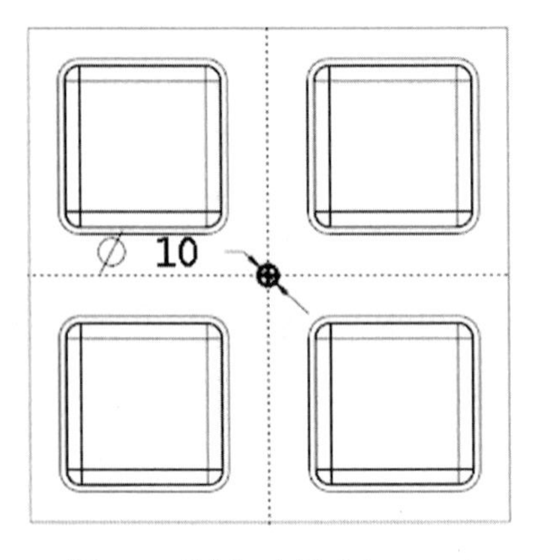

图15-3　绘制一个圆（ϕ12mm）

Step 04 在“草绘”操控板中单击“确定”按钮☑。

Step 05 在“拉伸”操控板中单击“移除材料”按钮◪，在“侧1”下拉列表中选择“拉伸至选定的面”选项⊥，选择工件底面，选中“☑添加锥度”选项，角度设为3°，如图15-4所示。

Step 06 在“拉伸”操控板中单击“确定”按钮☑，创建一个锥形注口，分型面处的注口直径大，工件底部的注口直径小，如图15-5阴影所示。

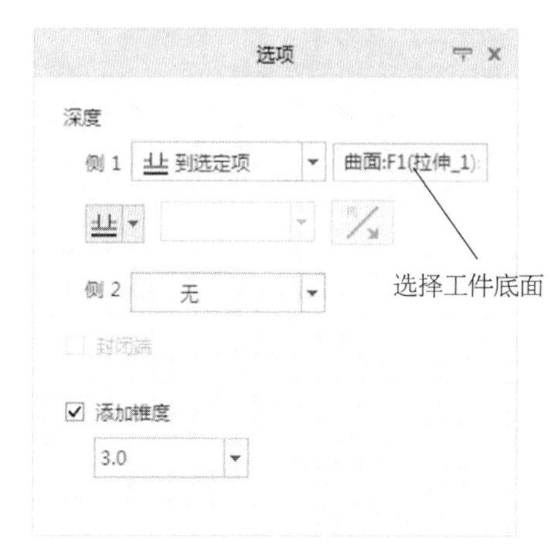

图15-4 设定“选项”

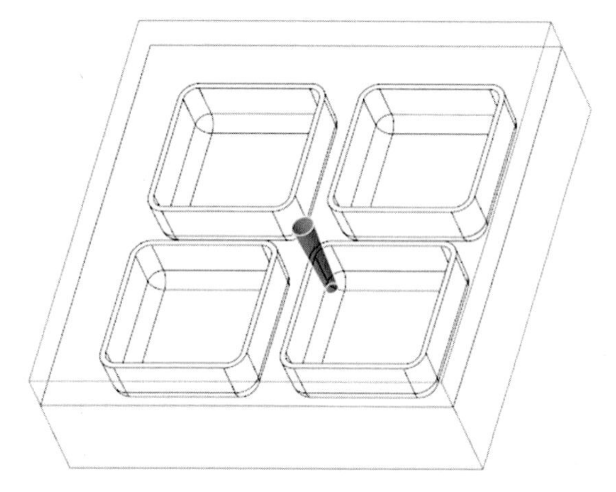

图15-5 创建注口

15.3.2 创建主流道

常见流道的截面形状有圆形、U 形、梯形、抛物线形、矩形等，在横截面积相等的情况下，圆的周长最小，熔融状的材料流过流道时所受的阻力最小，因此一般情况下，选用圆形流道，设计过程如下。

Step 01 单击“旋转”按钮⊕，选择分型面为草绘平面，选择RIGHT和FRONT基准面为参考面，进入草绘模式。

Step 02 为了保持桌面简洁，将分型面、4个参考零件全部隐藏。

Step 03 绘制一个截面，如图15-6所示。

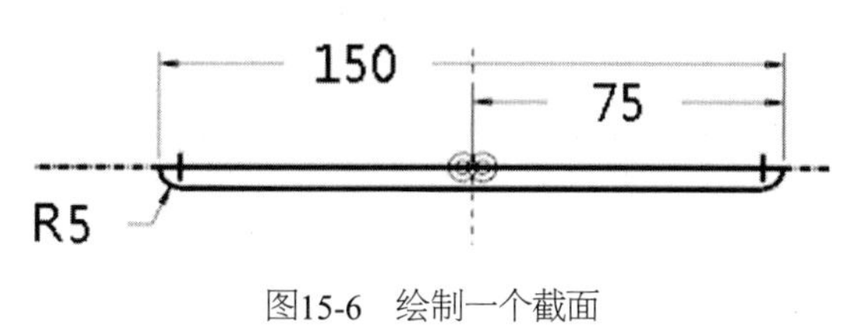

图15-6 绘制一个截面

Step 04 单击“基准”区域的“中心线”按钮⋮，任意绘制一条水平方向的中心线。

说明：快捷菜单中有两个“中心线”按钮，一条是基准区域的中心线按钮，一条是草绘区域的中心线按钮。

Step 05 单击“重合”按钮，使水平中心线与X轴重合。

Step 06 在“草绘”操控板中单击“确定”按钮。

Step 07 在“旋转”操控板中设置“旋转角度”为360°，按下“移除材料”按钮，如图15-7所示。

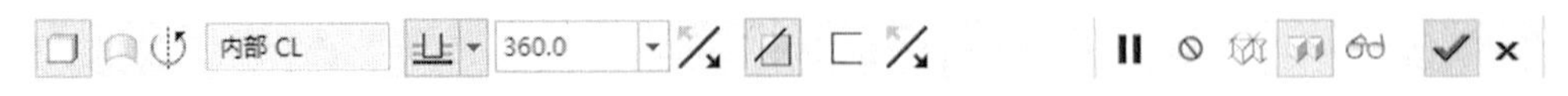

图15-7　设置“旋转”操控板中参数

Step 08 在“旋转”操控板中单击“确定”按钮，创建主流道，隐藏4个参考零件后如图15-8所示。

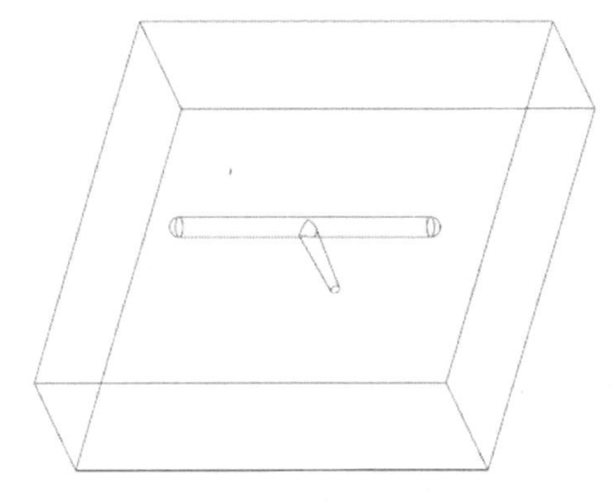

图15-8　创建主流道

15.3.3　创建分流道

Step 01 单击“旋转”按钮，选择分型面为草绘平面，选择RIGHT和FRONT基准面为参考面，进入草绘模式。

Step 02 绘制分流道的截面（分流道一般比主流道小）和一条竖直基准中心线，如图15-9所示。

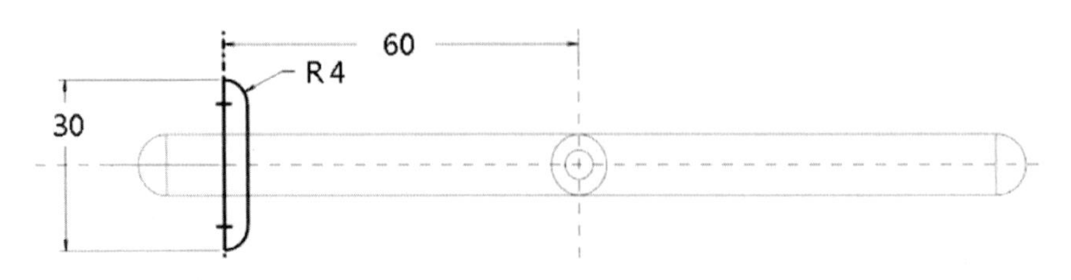

图15-9　绘制一个截面和一条竖直基准中心线

Step 03 在“草绘”操控板中单击“确定”按钮☑。

Step 04 在“旋转”操控板中设置“旋转角度”为360°，单击“移除材料”按钮◿，如图15-7所示。

Step 05 在“旋转”操控板中单击“确定”按钮☑，创建第1条分流道，如图15-10阴影所示。

Step 06 采用相同的方法，创建另一个分流道，如图15-10所示。

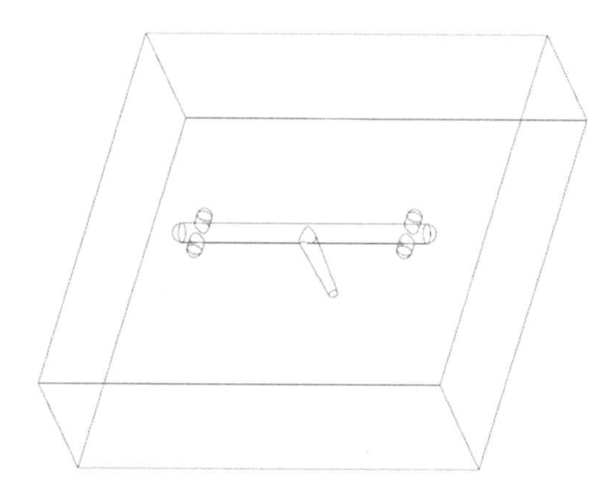

图15-10 创建分流道

15.3.4 创建浇口

浇口有很多种类型，这里讲述扇形浇口的创建方法。

Step 01 单击“拉伸”按钮，选择分型面为草绘平面，选择RIGHT和FRONT基准面为参考面，绘制一个等腰梯形（虚线是经过分流道中心轴的中心线），如图15-11粗线所示。

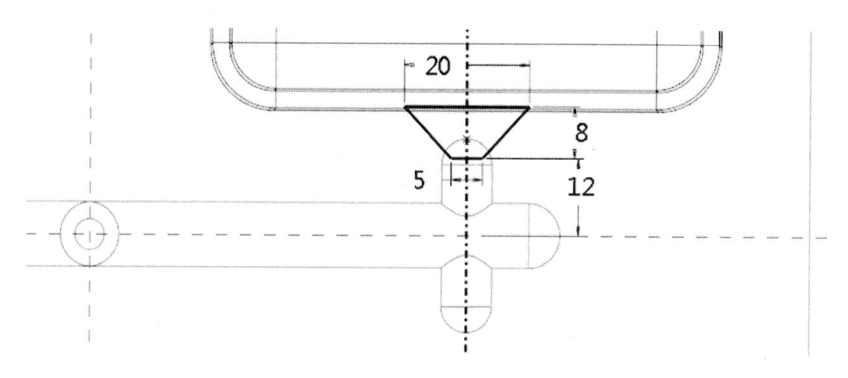

图15-11 绘制浇口的截面

Step 02 在“草绘”操控板中单击“确定”按钮☑。

Step 03 在“拉伸”操控板的“侧1”下拉列表中选择“对称”选项⊟，设置“深度”为1mm，单击“移除材料”按钮。

Step 04 在“拉伸”操控板中单击“确定”按钮，创建梯形浇口，如图15-12所示。

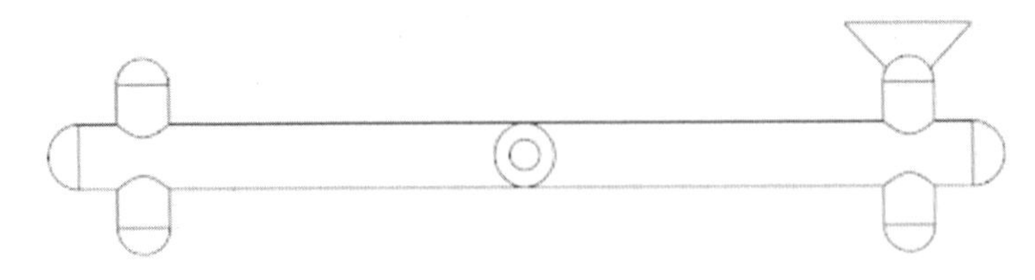

图15-12　创建梯形浇口

Step 05 单击“拔模”按钮，在“拔模”操控板中单击“参考”按钮 参考，按如下方式创建拔模特征。

1）选择拔模曲面：在“参考”滑板中单击“拔模曲面”框中的 单击此处添加项，然后按住Ctrl键，选择浇口的上、下两面，如图15-13阴影面所示。

2）选择拔模枢轴：在“参考”滑板中单击“拔模枢轴”框中的 单击此处添加项，然后选择实体的侧面，如图15-14所示。

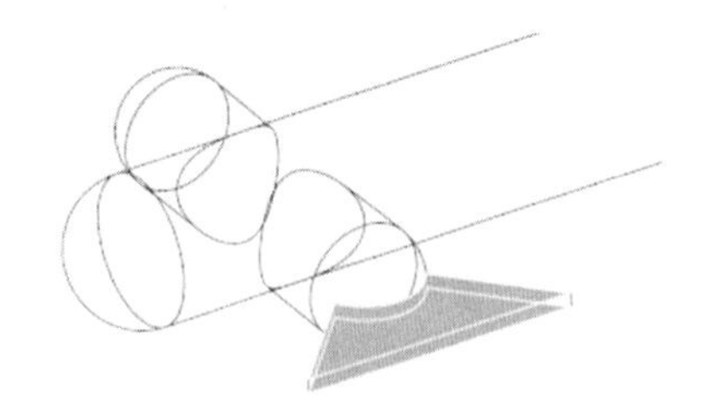

图15-13　选择浇口的上、下两面

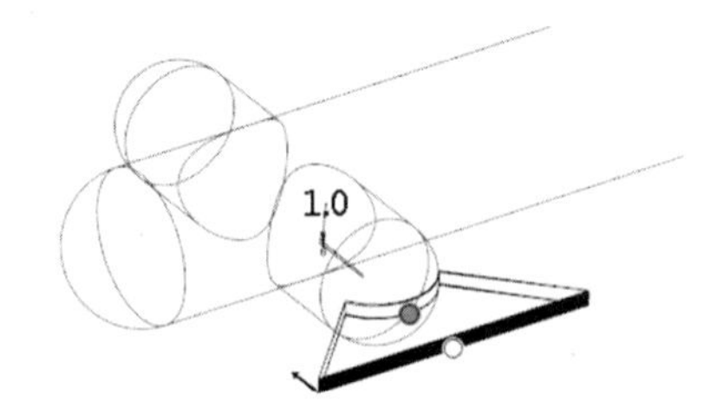

图15-14　选择实体的侧面

3）选择拖拉方向：在“参考”滑板中单击“拖拉方向”框中的 单击此处添加项，然后选择实体的侧面，如图15-14所示。

4）在“拔模”操控板中输入拔模角度为15°（如果不能创建拔模特征，请改为-15°），再单击“确定”按钮，创建拔模特征，如图15-15所示。

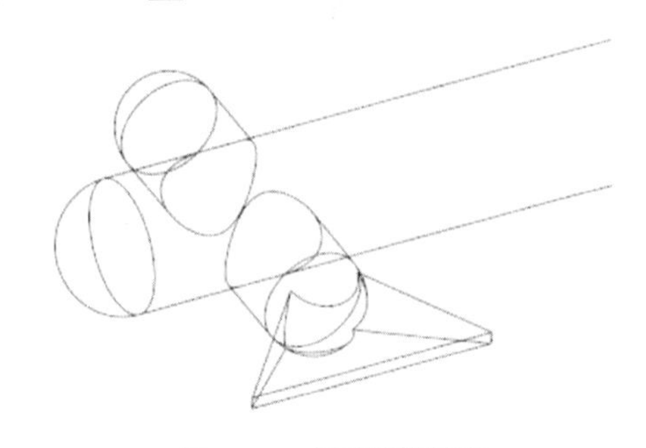

图15-15　创建拔模特征

Step 06 采用相同的方法，创建另外3个浇口，如图15-16所示。

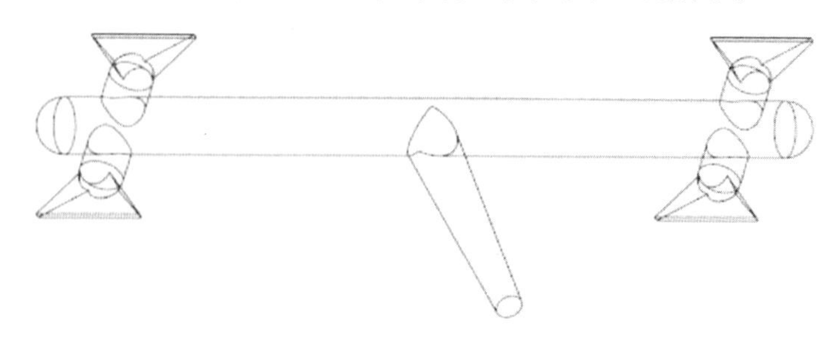

图15-16 创建4个浇口

15.3.5 创建冷料井

Step 01 单击“拉伸”按钮，选择分型面为草绘平面，如图15-2阴影面所示。

Step 02 选择RIGHT和FRONT基准面为参考面，进入草绘模式。

Step 03 绘制一个圆（ϕ10mm），圆心与FRONT和RIGHT重合。

Step 04 在“草绘”操控板中单击“确定”按钮。

Step 05 在“拉伸”操控板中单击“移除材料”按钮，在“侧1”下拉列表选择“穿透”选项。

Step 06 在“拉伸”操控板中单击“确定”按钮，创建冷料进，如图15-17阴影所示。

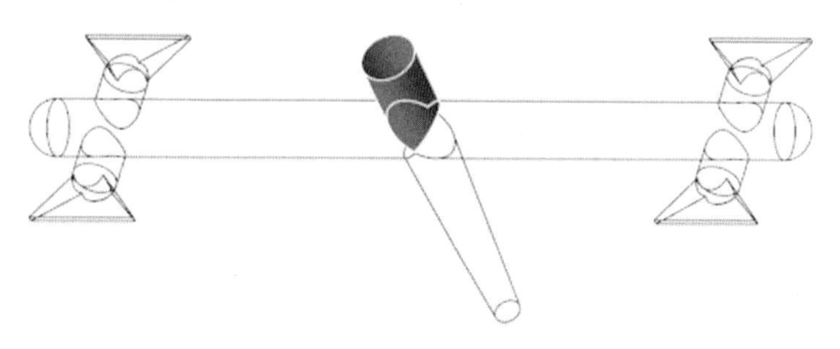

图15-17 创建冷料井

Step 07 在模型树中选择“体积分割块1[型腔−模具体积块]”，再在屏幕最上方单击“重新生成”按钮，如图15-18所示

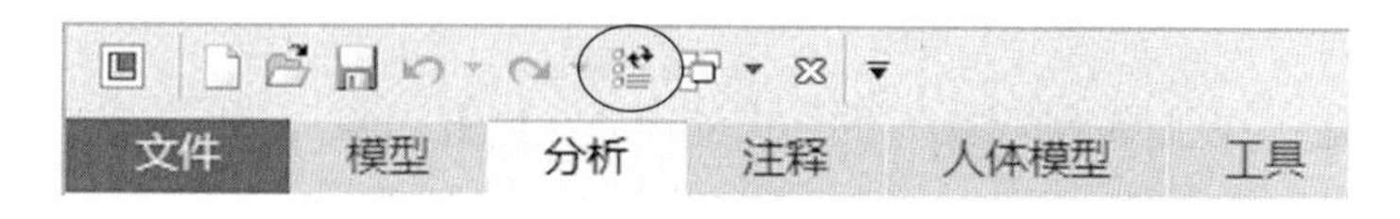

图15-18 单击“重新生成特征”按钮

Step 08 重新相同的方法，重新生成“体积分割块2[型芯−模具体积块]”“型腔.PRT”“型芯.PRT”。

Step 09 在模型树上选择 MFG014.ASM，在活动窗口中单击“激活”按钮，再单击“保存”按钮。

Step 10 分别打开型腔和型芯实体，型腔和型芯实体上都有主流道、分流道和浇口，型腔上还有注口，如图15-19所示。

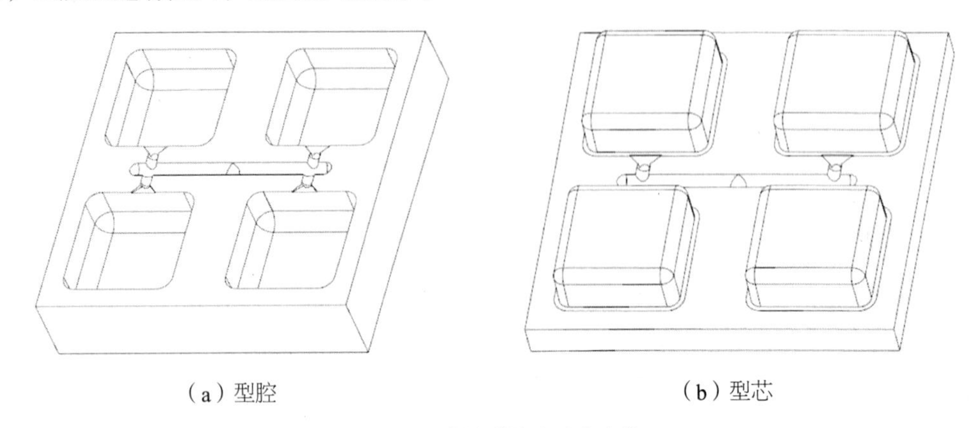

（a）型腔　　（b）型芯

图15-19　带流道的型腔和型芯

15.4　加载两板模模架

Creo 有一个专用的模架库 EMX（Expert Moldbase Extension 的简称），是 Creo（PRO/E）软件的模架设计外挂文件，是 PTC 公司合作伙伴 BUW 公司的产品。EMX 可以使设计师直接调用公司的模架，节省模具设计开发周期，节约成本，减少工作量。

在本节开始前，应先按要求安装 EMX11.0（“11.0”指的是版本号，适用于 Creo5.0），如果在 EMX11.0 在运行过程中，出现“无法启动应用程序‘MON’，因为启动 Creo Platform Agent 失败”的提示，如图 15-20 所示，可能是 Agent 出现故障。

图15-20　“启动Creo Platform Agent失败”的提示

解决办法是：找到原始安装包下面的 \install\addon 目录，在这个文件夹里有一个 creosvcs_64.exe 程序，双击这个文件，上面有三个选项：Repair、Uninstall、Close，先选择“Uninstall”按钮，卸载已安装的 Agent，卸载完成后，再次双击 creosvcs_64.exe，选择“Install”，安装完成之后，重新启动 Creo，“启动 Creo Platform Agent 失败”的问题将会解决。

15.4.1 进入 EMX 设计环境

Step 01 启动Creo Parametric 5.0，在Creo Parametric 5.0的起始界面下单击“选择工作目录”按钮，选择“E：\项目15”为工作目录。

Step 02 选择“EMX”选项卡，再单击“新建”按钮，在“项目”对话框中输入“项目名称”为“fanghe15”，“前缀”为“fh”（该项目文件在保存后，所有文件名前都会自动添加“fh”字符），将“单位”选为“◉ 毫米”，如图15-21所示。

项目

数据

项目名称 fanghe15

前缀 fh

后缀 456

用户名 Administrator

日期 27.02.2019

注解

选项

单位 ◉ 毫米 ○ 英寸

图15-21 设定【项目】对话框中参数

Step 03 单击“确定”按钮 确定 ，系统生成一个组件文件，显示坐标系，基准轴、3个基准平面等，如图15-22所示。

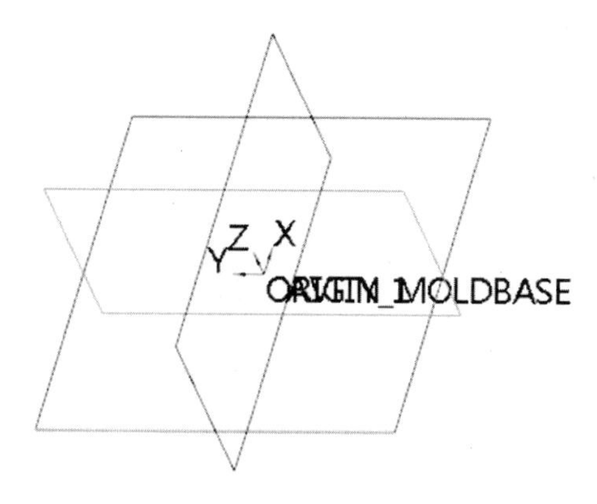

图15-22 显示坐标系

15.4.2 加载型腔组件

Step 01 选中“模型”选项卡，单击“组装”按钮，选择mfg014.asm。

Step 02 单击“打开”按钮，选择图15-22的FRONT基准面与mfg014.asm的FRONT基准面，如图15-23所示。

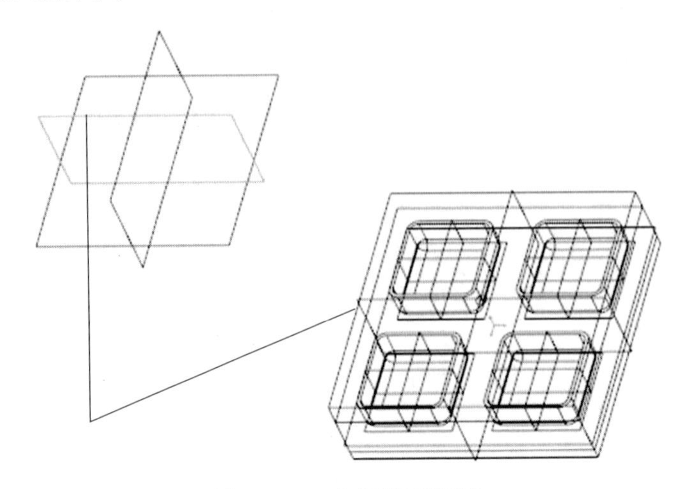

图15-23　三个基准面两重合

Step 03 在“元件放置”操控板中选中“重合”选项，使如图15-24所示。

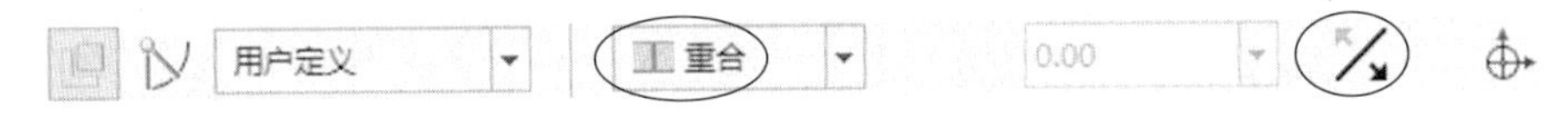

图15-24　选中“重合”选项

Step 04 在图15-24中单击“反向”按钮，使参考零件的开口朝下，如图15-25所示。

Step 05 采用相同的方法，使mfg014的RIGHT和mfg014.asm的RIGHT基准面重合，mfg014的FRONT和mfg014.asm的FRONT基准面重合，装配后如图15-25所示。

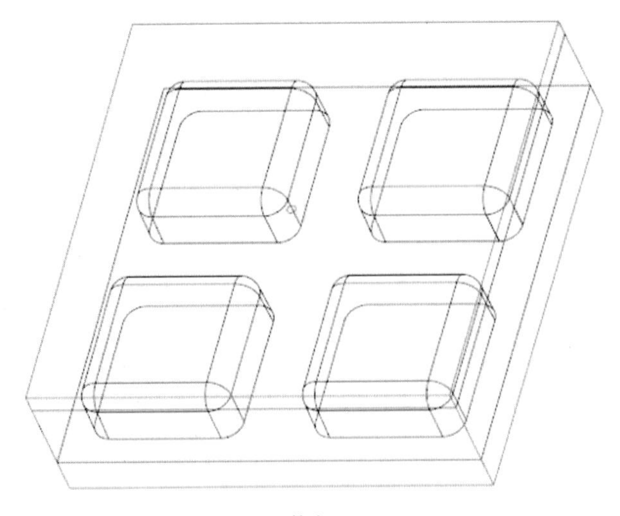

图15-25　装配mfg010.asm

15.4.3 对型腔组件进行分类

Step 01 选择“EMX装配”选项卡，再单击“分类”按钮，如图15-26所示。

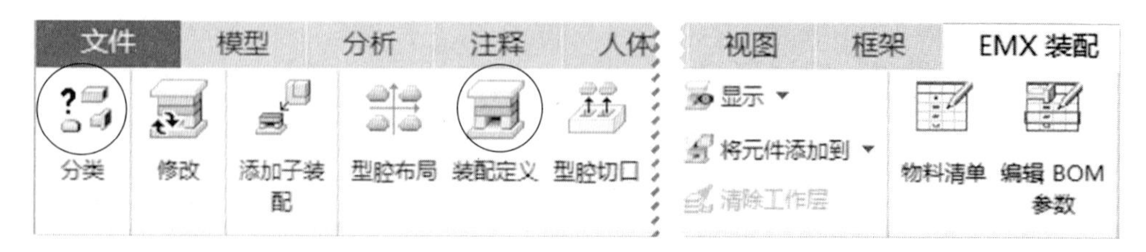

图15-26 单击“分类”按钮

Step 02 在“分类”窗口中将型芯设为镶件动模，将型腔设为镶件定模，如图15-27所示。

图15-27 对零件进行分类

15.4.4 加载模架

Step 01 选择“EMX装配”选项卡，再单击“装配定义”按钮，如图15-26所示。

Step 02 在“模架定义”对话框中的“供应商”下拉列表选择“futaba_s”，在“尺寸”下拉列表中选择“400×400”选项，单击“从文件载入装配定义”按钮，如图15-28所示。

Step 03 在“载入EMX装配”对话框的“保存的装配”选项中选择“SC_Type”，再单击“从文件载入装配定义”按钮，再单击“确定”按钮，如图15-29所示。

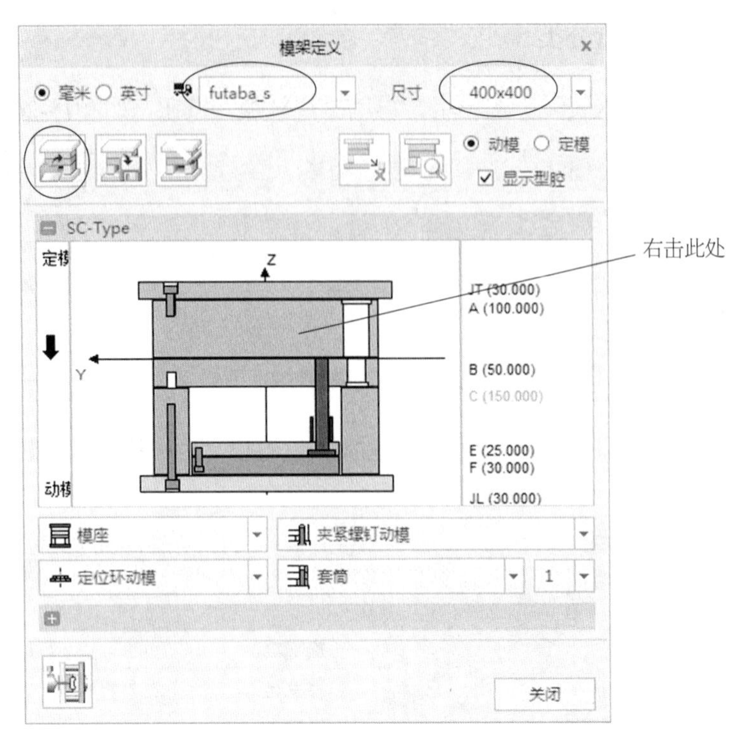

图15-28　设置【模架定义】对话框

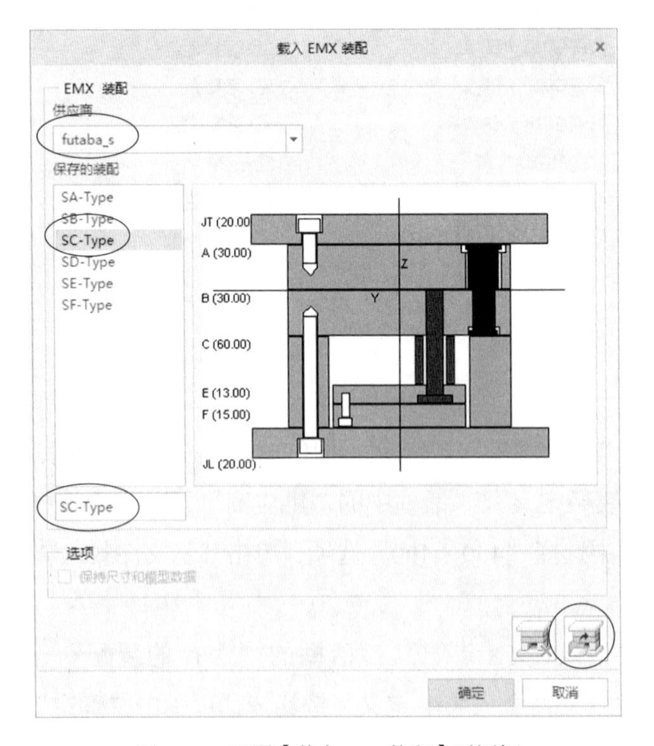

图15-29　设置【载入EMX装配】对话框

15.4.5 更改模板厚度

Step 01 把鼠标放在图15-28【模架定义】对话框中定模板上，单击鼠标右键，在【板】对话框中将“厚度（T）”设为100mm，如图15-30所示。

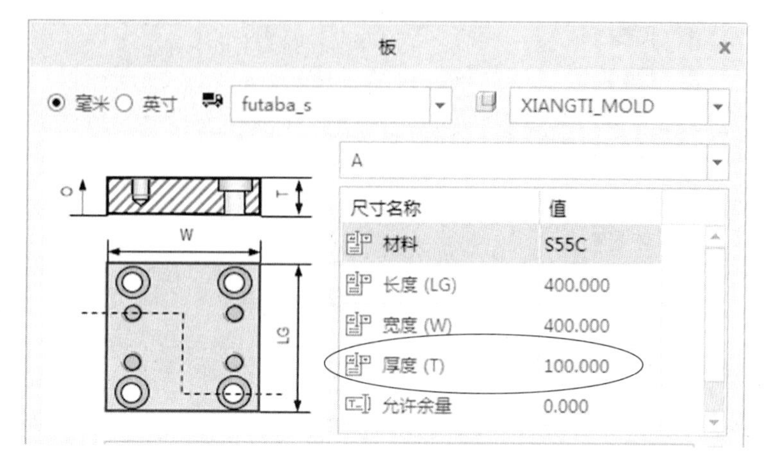

图15-30 将“厚度（T）”设为100mm

Step 02 单击“确定”按钮 确定 ，将定模板的厚度改为100mm。

Step 03 采用相同的方法，将动模板厚度改为60mm，将方铁（支撑块）厚度改为150mm，复位弹簧的长度改为100mm。

Step 04 单击“确定”按钮，加载的两板模模架如图15-31所示。

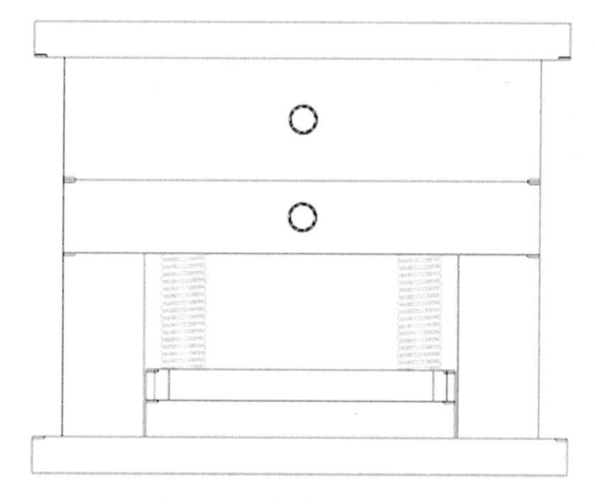

图15-31 加载两板模模架

15.4.6 加截主流道衬套

Step 01 选中“EMX元件”选项卡，在“元件▼”区域中选择“主流道衬套”命令，如图15-32所示。

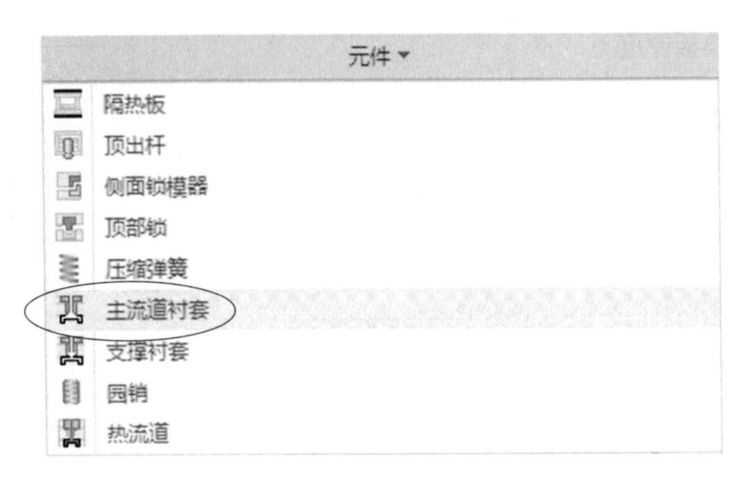

图15-32 选择“主流道衬套”命令

Step 02 在【主流道衬套】对话框选择“单位”为“◉ 毫米”，在“供应商”下拉列表中选择“hasco”，选择“型号”为“Z511r”，设置“直径”为18mm，“长度”选择116mm，设置“OFFSET_偏移”为0mm，如图15-33所示。

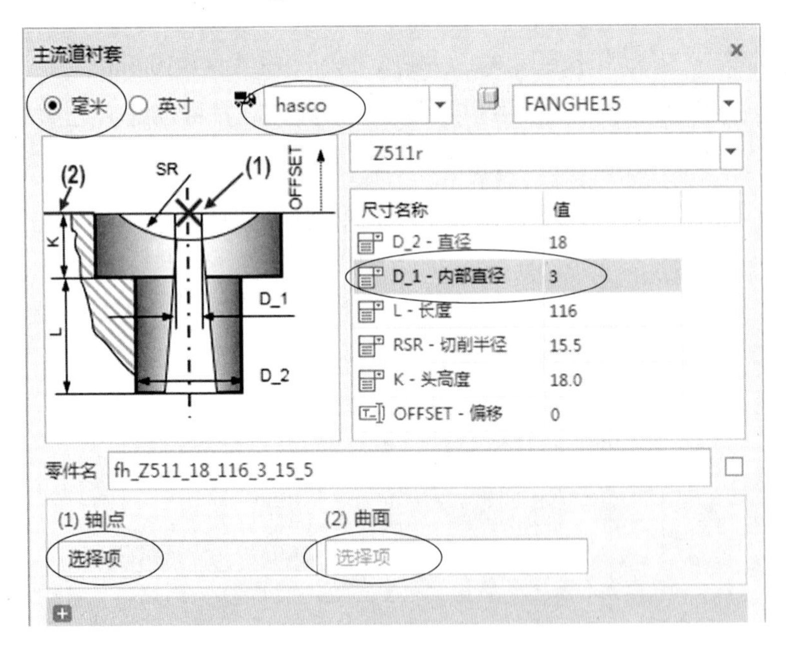

图15-33 设定【主流道衬套】对话框参数

Step 03 单击“轴|点”所对应的“选择项”按钮，再在快捷菜单中单击“基准轴”按钮，然后按住Ctrl键，选择FRONT和RIGHT基准面（自动创建FRONT和RIGHT基准面的交线，作为主流道衬套的中心线，以这种方式创建的轴线称为内部轴线，不在桌面显示）。

Step 04 单击“曲面”所对应的“选择项”，选择模架的上表面作为衬套放置面。

Step 05 单击“确定”按钮，创建主流道衬套，如图15-34所示。

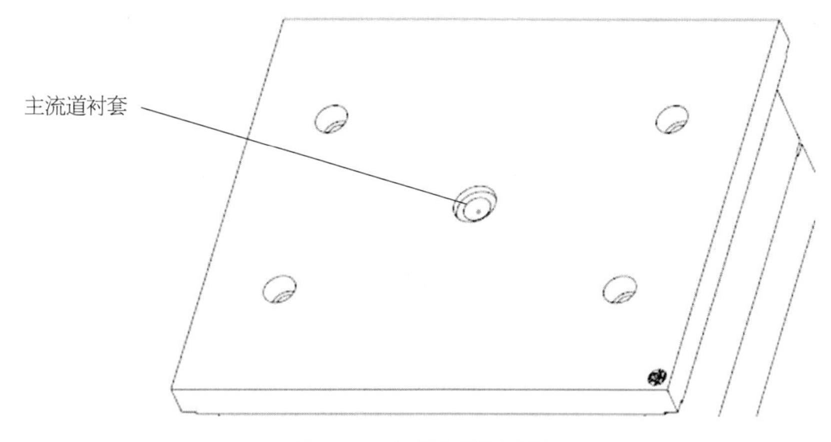

图15-34 加载主流道衬套

15.4.7 将衬套修剪至 A、B 的配合面

Step 01 在模型树中选择衬套的图形，在弹出的活动窗口中选择“激活”按钮。

Step 02 单击“拉伸”按钮，选择FRONT面为草绘平面，并绘制一个矩形，矩形的一条水平边与A、B板相接触的线重合，如图15-35所示。

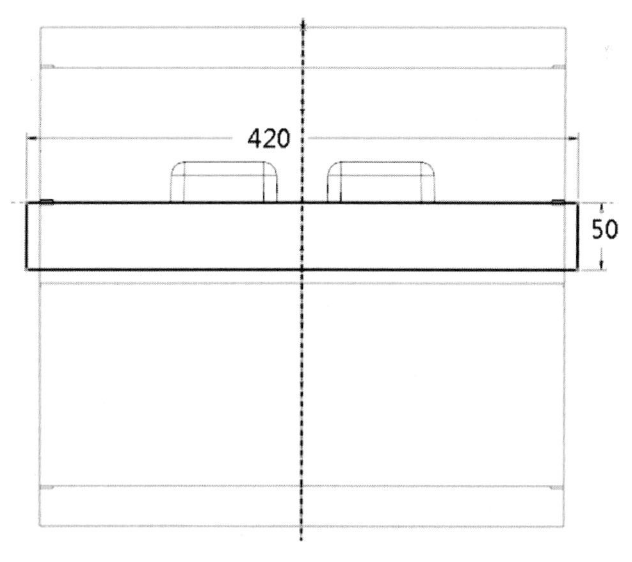

图15-35 绘制一个矩形截面

Step 03 在“草绘”操控板中单击“确定”按钮。

Step 04 在“拉伸”操控板中单击“移除材料”按钮，在“侧1”下拉列表中选择“穿透”选项，在“侧2”下拉列表选择“穿透”选项。

Step 05 在“拉伸”操控板中单击“确定”按钮，将两板模的衬套修剪至A、B板的配合面，如图15-36所示。

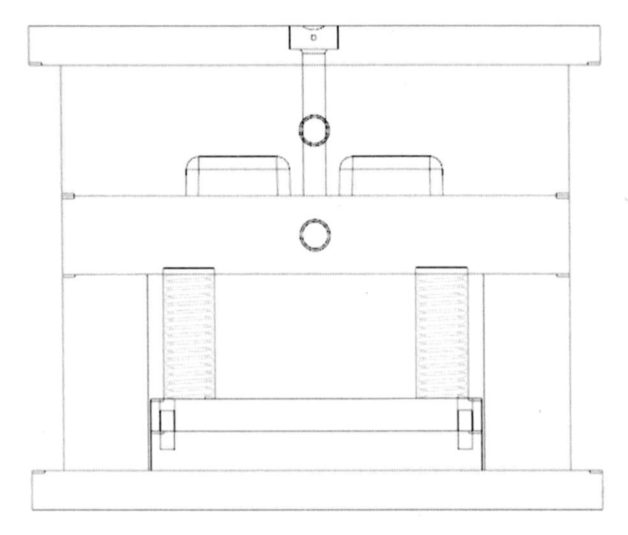

图15-36 两板模的衬套修剪至A、B板的配合面

15.4.8 加载定位环

Step 01 在“元件▼”区域中选择“定位环”命令，如图15-37所示。

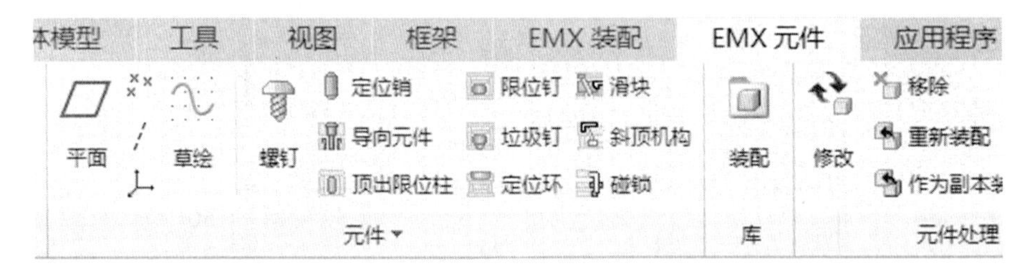

图15-37 选择“定位环”命令

Step 02 在【定位环】对话框中将“单位”选为“◉ 毫米”，在“供应商”下拉列表中选择“strack”，将“型号”选为“Z10|定位环”，设置“直径”为80mm，“OFFSET_偏移”为-4mm，如图15-38所示。

Step 03 单击“轴|点”所对应的“选择项”，再在快捷菜单中单击“基准轴”按钮，然后按住Ctrl键，选择FRONT和RIGHT基准面，创建FRONT和RIGHT基准面相交的轴线，作为定位环的中心线位置。

Step 04 单击“曲面”所对应的“选择项”，选择模架的上表面作为定位环放置面。

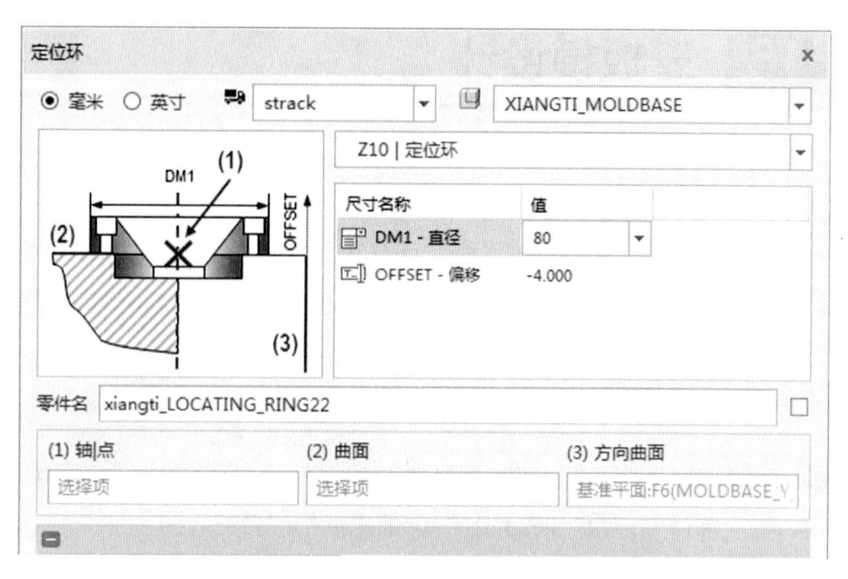

图15-38　设定【定位环】对话框参数

Step 05 单击“确定”按钮，创建定位环，如图15-39所示。

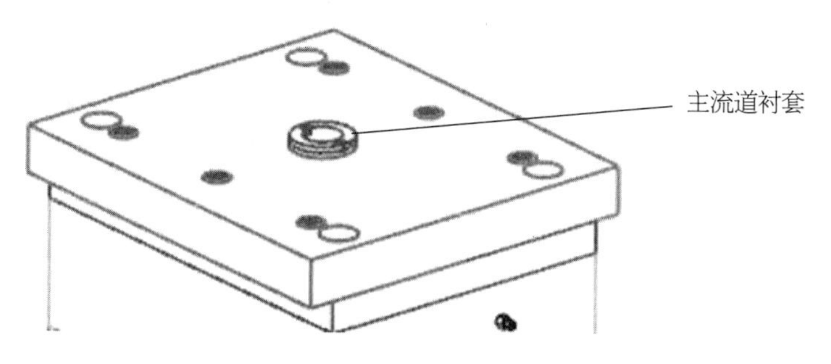

图15-39　加载定位环

项目 16 三板模设计

为了便于理解三板模与两板模的区别，现在用三板模设计项目 14 的产品模具，请先创建一个文件夹，名称为“项目 16 建模图”，并将项目 14 所生成的图形全部复制进来。

16.1 加载三板模模架

Step 01 按照项目15的方法，进入EMX设计环境，将型腔设为镶件定模，型芯设为镶件动模，输入项目名称为“fanghe16”，前缀选用“123”。

Step 02 加载三板模模架，在“供应商”下拉列表中选择“futaba_de”，将“类型”选择为“DC-Type”，将“尺寸”选为“450×450”，设置“脱料板”厚度为40mm，定模板厚度为100mm，动模板厚度为60mm，支撑块厚度为150mm，弹簧长度为100mm，其他数据与两板模的尺寸相同，三板模的A板与面板之间有一个脱料板，如图16-1所示。

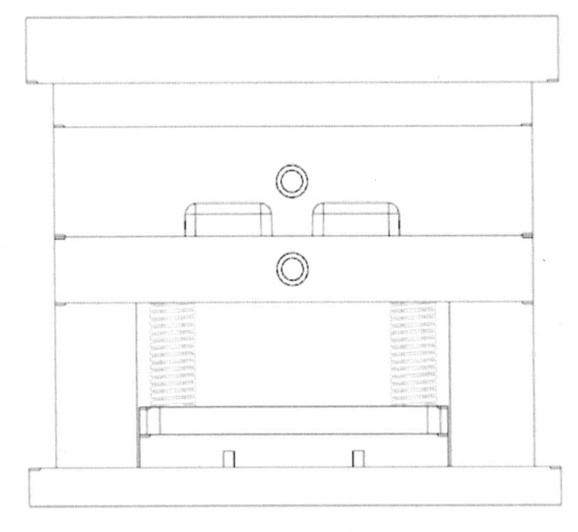

图16-1 加载三板模模架

16.2 在前模板上创建流道

Step 01 在模型树中选择定模板123_CAV_PLATE_FH001.PRT，在活动窗口中单击“打开”按钮，打开前模板的实体图，如图16-2所示。

Step 02 单击“基准平面”按钮，按住键盘的Ctrl键，选择左边的侧面，再选择右边的侧面，在两个侧面的中间位置创建一个基准平面，如图16-3所示。

Step 03 采用相同的方法，在前、后侧面的中间位置创建一个基准平面，如图16-3所示。

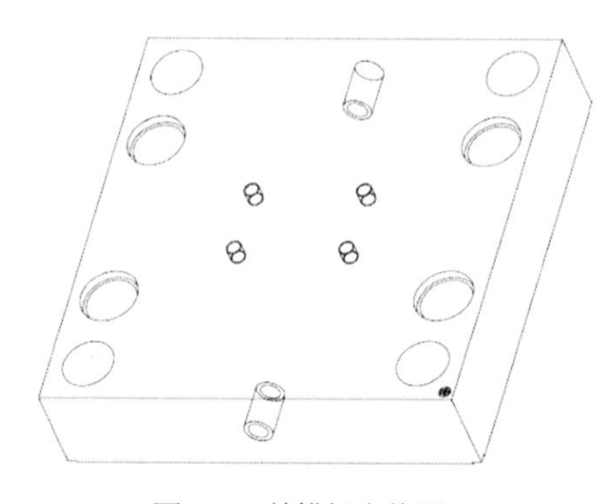

图16-2 前模板实体图

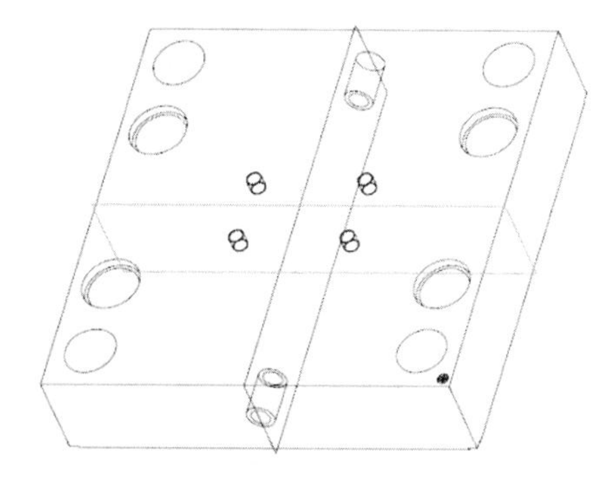

图16-3 创建两个基准平面

Step 04 单击“旋转”按钮，选择前模板与脱料板相接触的表面为草绘平面，选择RIGHT和FRONT基准面为参考面，绘制一个截面和一条基准中心线，如图16-4所示。

Step 05 在“草绘”操控板中单击“确定”按钮。

Step 06 在“旋转”操控板中设置“旋转角度”为360°，单击“移除材料”按钮，再单击“确定”按钮，创建主流道，如图16-5所示。

Step 07 采用相同的方法，在创建另一条主流道，如图16-5所示。

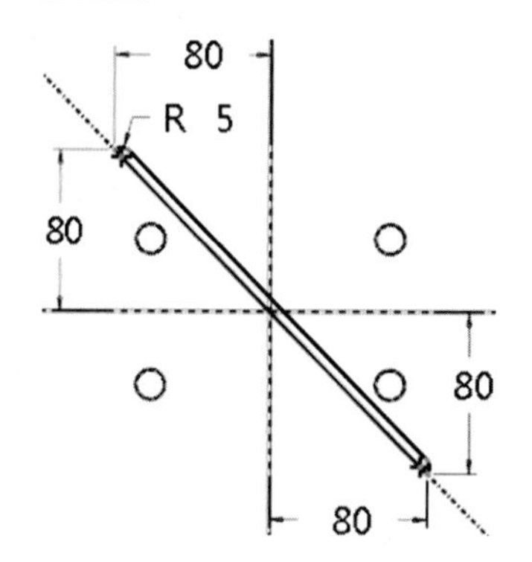

图16-4 绘制一个截面和一条基准中心线

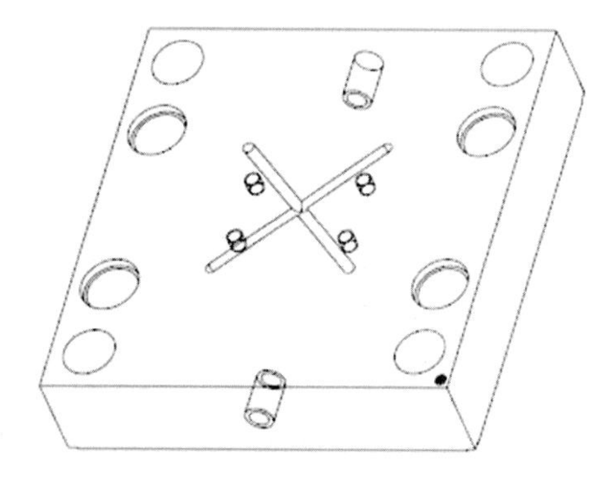

图16-5 在脱料板上创建两条主流道

Step 08 单击“保存”按钮，保存文件。

16.3 在型腔上创建点浇口

Step 01 打开型芯实体，并在实体的中心绘制两个基准平面，如图16-6所示。

Step 02 单击“拉伸”按钮，选择型腔的底面为草绘平面，如图16-7阴影面所示。

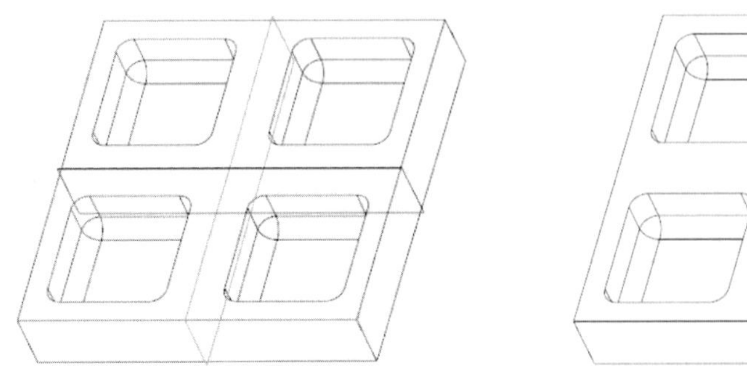

图16-6 创建两个基准平面　　图16-7 选择草绘平面

Step 03 选择图16-6创建的基准面为参考面，绘制一个圆（ϕ1mm），如图16-8所示。

Step 04 在“草绘”操控板中单击“确定”按钮。

Step 05 在“拉伸”操控板中单击“移除材料”按钮，在“侧1”下拉列表中选择“穿透”选项，选择工件上表面，选中“添加锥度”选项，将“角度”设为−5°。

Step 06 在“拉伸”操控板中单击“确定”按钮，创建一个锥形点浇口，如图16-9阴影所示（如果不能生成特征，请将角度值改为5°）。

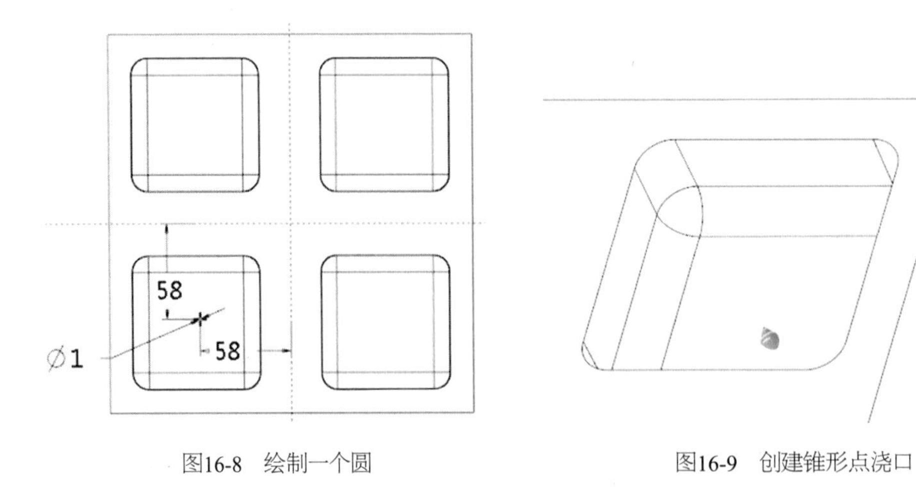

图16-8 绘制一个圆　　图16-9 创建锥形点浇口

Step 07 采用相同的方法，在其他三个型腔处创建点浇口。

16.4 在 A 板上创建浇口

Step 01 打开模具总装图，再在模型树中选择定模板123_CAV_PLATE_FH001.PRT，在弹出的活动窗口中选择“激活”按钮。

Step 02 单击“拉伸”按钮，选择如图16-7所示的阴影面为草绘平面，并绘制图16-8所示的圆。

Step 03 在“草绘”操控板中单击“确定”按钮。

Step 04 在“拉伸”操控板中按下“移除材料”按钮，在“侧1”下拉列表选择“穿透”选项，选择工件上表面，选中“添加锥度”选项，将“角度”设为−5°。

Step 05 在“拉伸”操控板中单击“确定”按钮，创建一个锥形浇口。

Step 06 采用相同的方法，在A板的其他三个型腔上创建的形浇口，如图16-10所示。

Step 07 单击“保存”按钮，保存文件。

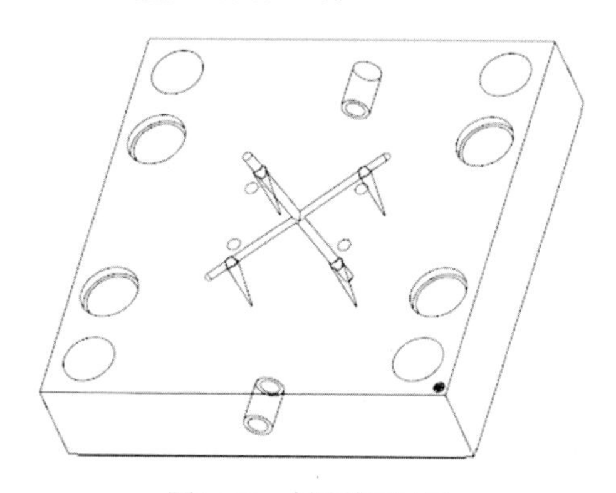

图16-10　创建锥形注口

16.5　加载定位圈和主流道衬套

加载方式与两板模完全相同，但主流道衬套的延伸至 A 板与脱料板的接触面，如图 16-11 所示。

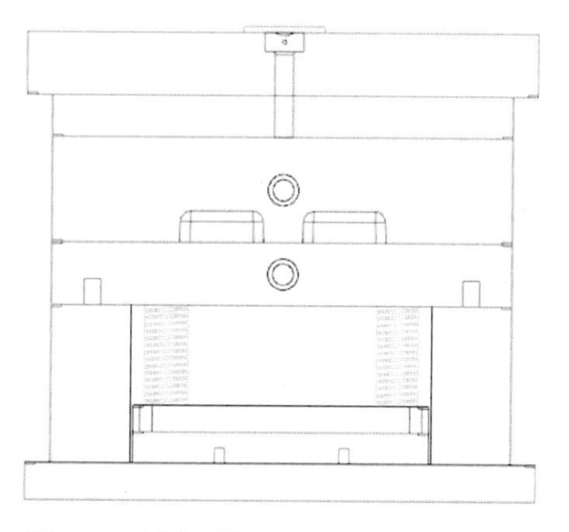

图16-11　衬套延伸至A板与脱料板的接触面

项目 17 EMX 模架设计

17.1 进入EMX设计环境

Step 01 本章在项目11的设计基础上加载模架，本课程开始前，请先创建一个文件夹“E：\项目17”，并将项目11所生成的全部图形复制到“E：\项目17”文件夹中。

Step 02 启动Creo Parametric 5.0，在Creo Parametric 5.0的起始界面下单击“选择工作目录”按钮，选择“E：\项目17”为工作目录。

Step 03 单击“新建”按钮，在【项目】对话框中“项目名称”为“xiangti_mold”，“前缀”为“xiangti”，“单位”选择“◉毫米”。

Step 04 单击“确定”按钮 确定 ，系统生成一个“xiangti_mold”的组件文件，显示坐标系，基准轴、3个基准平面等。

17.2 加载型腔组件

Step 01 选中“型模”选项卡，单击“组装”按钮，选择mfg011.asm。

Step 02 单击“打开”按钮，选择xiangti_mold的TOP基准面，再选择mfg011.asm的裙边分型面，如图17-1阴影面所示。

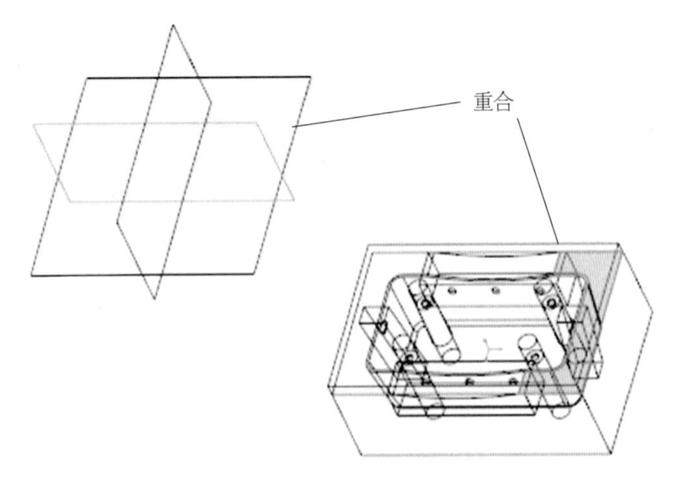

图17-1 选择xiangti_mold的TOP基准面和mfg011.asm的裙边分型面

Step 03 在“元件放置”操控板中选中“重合”选项，并单击“反向”按钮。

Step 04 采用相同的方法，使xiangti_mold的RIGHT和mfg011.asm的FRONT基准面重合，xiangti_mold的FRONT和mfg011.asm的Right基准面重合，装配后如图17-2所示。

 **说明：** 这套模具的滑块应放置在水平的位置，以避开模架的复位杆（后面讲述）。

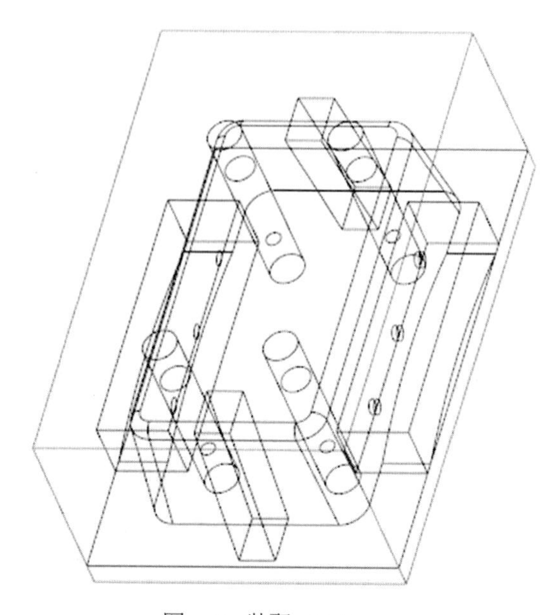

图17-2 装配mfg011.asm

Step 05 选择“EMX装配”选项卡，再单击“分类”按钮。

Step 06 在“分类”窗口中将型芯、2个斜顶、2个滑块设为镶件动模，将型腔、4个镶件设为镶件定模。

17.3 加载模架

Step 01 选择“EMX装配”选项卡，再单击“装配定义”按钮，在【模架定义】对话框中选择“◉ 毫米”，在“供应商”下拉列表选择“futaba_s”，将“尺寸”设为“400×400”选项，单击“从文件载入装配定义”按钮。

Step 02 在【载入EMX装配】对话框中“保存的装配”选项区中选择“SC_Type”，单击“从文件载入装配定义”按钮，再单击“确定”按钮。

Step 03 将定模板的厚度设为100mm，动模板厚度改为50mm，方铁（支撑块）厚度改为150mm，复位弹簧的长度改为100mm。

（以上步骤可以参考《项目15 两板模设计》）

17.4　添加标准元件

标准元件一般包括螺栓、导柱、导套、顶杆、定位销、螺钉及止动系统等，在EMX模块中可以通过命令来完成标准元件的添加。

Step 01 单击“EMX元件”选项卡，再在“模架”区域中选择“元件状况”按钮，如图17-3所示。

图17-3　选择“元件状况”按钮

Step 02 在【元件状况】对话框中单击“选择所有元件类型”按钮。

Step 03 单击“确定”按钮 确定 ，加载所选择的标准件。

Step 04 按项目15添加定位环和主流道衬套，并将主流道衬套修剪至A、B板配合面处。

17.5　顶出机构

17.5.1　添加顶杆

顶杆是指开模后，将塑件从模具中脱出的机构，下面介绍顶杆的一般添加方法。

Step 01 显示动模：选择“EMX装配”选项卡，在“视图”控制区域中单击“显示”按钮，在弹出的快捷菜单中选择“动模”，如图17-4所示。

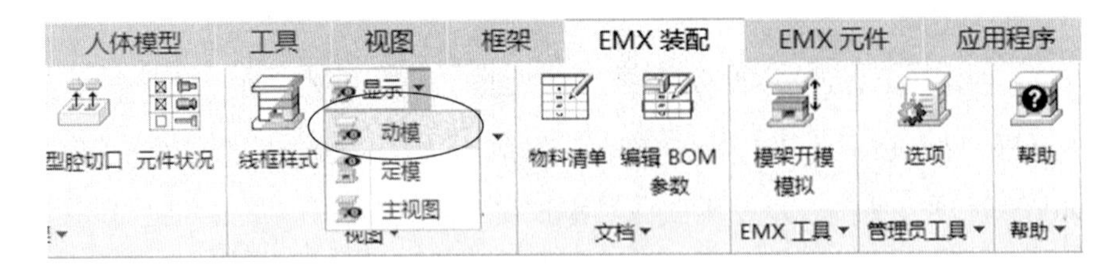

图17-4　选择“动模”

Step 02 创建基准平面

1）单击“模型”选项卡“基准”区域中的“平面”按钮，以动模的上表面为偏移参考平面，如图17-5阴影面所示，偏移方向朝上，偏移距离值为60mm。

2）单击“确定”按钮 确定 ，创建基准平面。

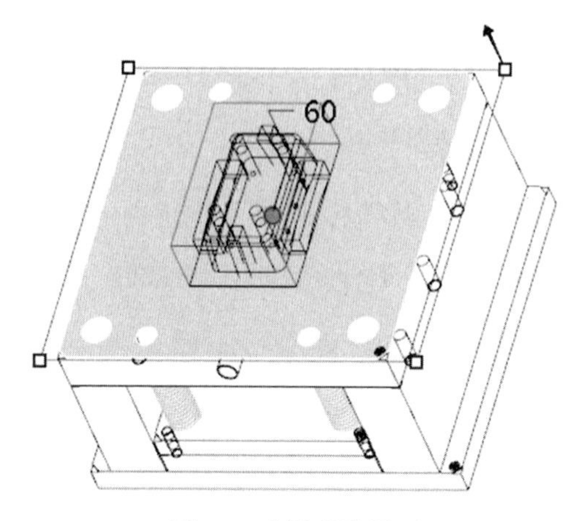

图17-5 创建基准平面

Step 03 创建顶杆参考点

1）单击“模型”选项卡“基准”区域中的“草绘”按钮，选择图17-5创建的基准平面为草绘平面，RIGHT面为参考平面，单击“基准”区域的“点”按钮（提示：快捷菜单中有两个“点”按钮，一个在“基准”区域，另一个在“草绘”区域），如图17-6所示。绘制4个点，效果如图17-7所示。

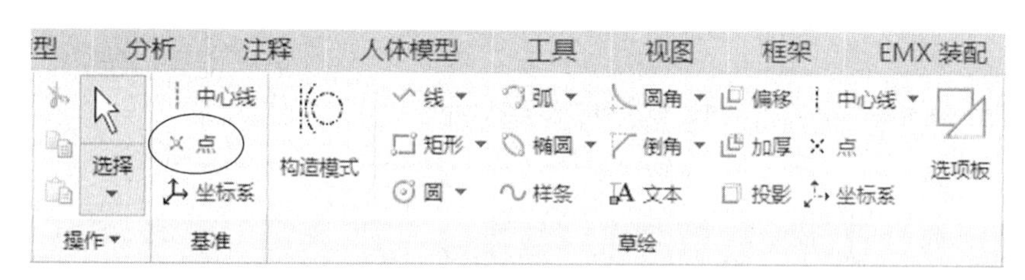

图17-6 选择点按钮

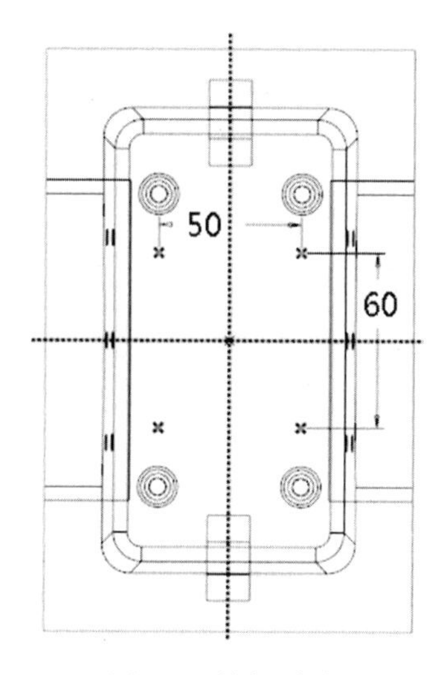

图17-7 绘制4个点

2）单击“草绘”操控板中的“确定”按钮☑，退出“草绘”模式。

Step 04 创建顶杆修剪面

1）在屏幕右下角的“智能”选择栏中选择“几何”选项，再把鼠标放在MFG012.ASM实体的上表面，稍作停顿，鼠标下方出现一行字符后，长按鼠标右键，从下拉菜单中选择“从列表中拾取”按钮，如图17-8所示。

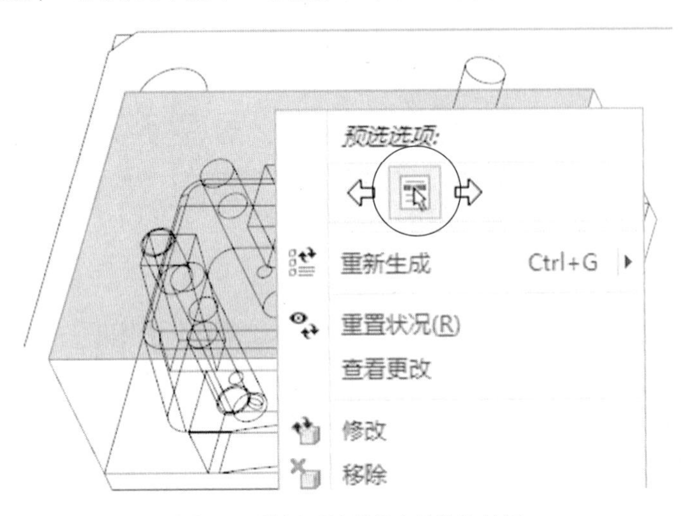

图17-8　选择“从列表中拾取”按钮

2）选择参考零件的内表面，如图17-9阴影面所示。

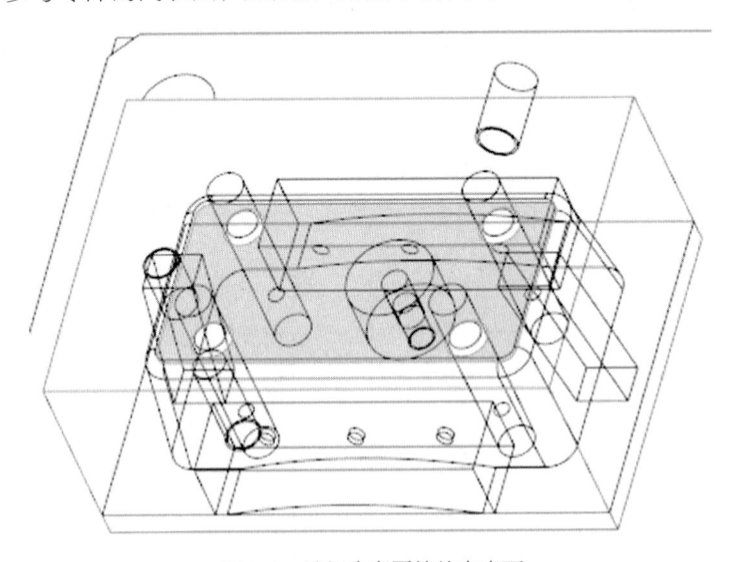
图17-9　选择参考零件的内表面

3）选择“模型”选项卡，再单击“操作”区域的“复制”按钮，然后单击“操作”区域的“粘贴”按钮。

4）单击“曲面：复制”操控板中的“确定”按钮☑，复制所选中的曲面。

5）单击“EMX装配”选项卡“准备”区域中的三角形按钮▼，在下拉菜单中选择“识别修剪面”命令，如图17-10所示。

图17-10　选择“识别修剪面”命令

6）在【修剪面】对话框中单击“添加”按钮⊞，选择刚才复制的曲面为顶杆修剪面。

7）单击【选择】对话框中的“确定”按钮确定，单击“关闭”按钮。

Step 05 定义顶杆

1）选择“EMX元件”选项卡，单击“顶杆”区域的“顶杆”按钮，如图17-11所示。

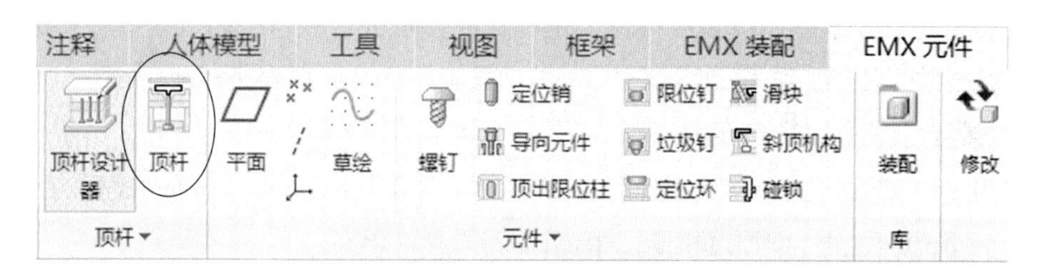

图17-11　单击“顶杆”按钮

2）在【顶杆】对话框中选择“单位”为“◉ 毫米”，在“供应商”下拉列表中选择“hasco”，在“类型”下拉列表中选择“Z40|柱头顶杆”，设置顶杆“直径”为6mm，“长度”为250mm，取消“自动长度”复选框的选中状态，选中“☑按面组/参考模型修剪”复选框，如图17-12所示。

3）单击【顶杆】对话框中的“点”所对应的“选择项”，弹出【选择】对话框，选择图17-7所创建的4个点中的任意1个点。

4）单击“确定”按钮，创建出4根顶杆（说明：因为图17-7所创建的4个点具有关联性，所以将一次性创建4根顶杆）。

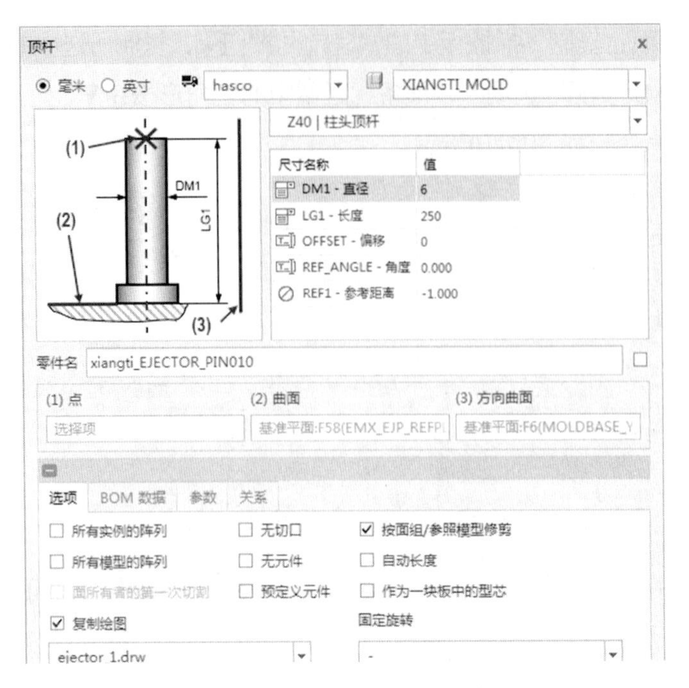

图17-12　设置【顶杆】对话框参数

17.5.2　添加复位杆

复位杆：是指模具在闭合的过程中，使顶出机构恢复到原来位置的零件。设计复位杆时，要将它的顶端设计到动模板与定模板的接触面，在合模时，定模板接触到复位杆后，将顶杆及顶出装置顶回到顶出前的位置，下面介绍复位杆的一般添加过程。

Step 01 创建复位杆参考点

1）单击“模型”选项卡“基准”区域中的“草绘”按钮，选择动模板的上表面为草绘平面，如图17-13阴影面所示，RIGHT面为参考平面。

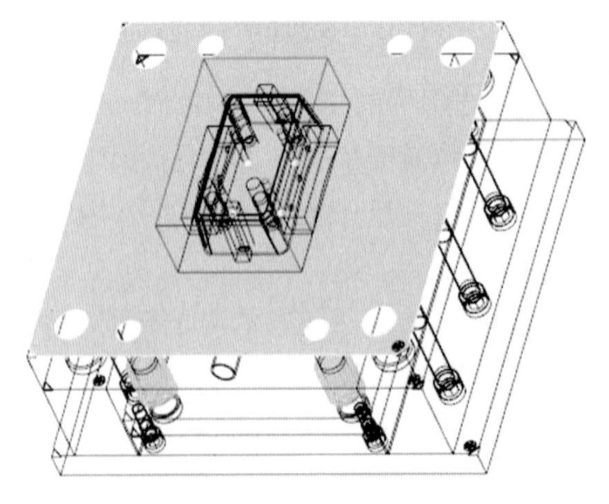

图17-13　选择草绘平面

2）单击“基准”区域的“点”按钮，绘制2个点，距离为230mm，如图17-14所示。

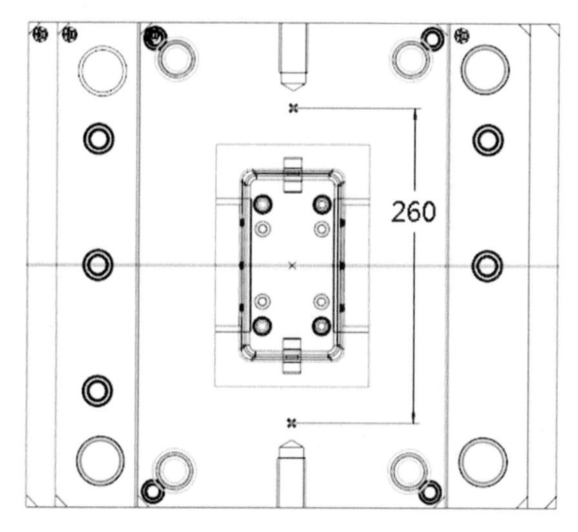

图17-14　绘制2个点

3）单击“草绘”操控板上的“确定”按钮，创建2个复位杆的位置点。

Step 02 创建复位杆修剪面

1）选择动模板的上表面，如图17-13所示。

2）选择“模型”选项卡，再单击“操作”区域的“复制”按钮，然后单击“操作”区域的“粘贴”按钮。

3）单击“曲面：复制”操控板中的“确定”按钮，复制所选中的曲面。

4）单击“EMX装配”选项卡“准备”区域中的三角形按钮▼，在下拉菜单中选择“识别修剪面”命令，如图17-10所示。

5）在【修剪面】对话框中选择原来已选择的曲面，再单击“移除”按钮，将默认的曲面从已选定的修剪面中移除。

6）再在【修剪面】对话框中单击“添加”按钮，选择刚才复制的曲面为复位杆修剪面。

7）单击【选择】对话框中的“确定”按钮 确定 ，单击“关闭”按钮。

Step 03 定义复位杆

1）选择“EMX元件”选项卡，单击“顶杆”区域的“顶杆”按钮。

2）在【顶杆】对话框中将“单位”选为“◉毫米”，“供应商”选为“hasco”，“类型”选择“Z40|柱头顶杆”，设置“直径”为φ25mm，“长度”为160mm，取消“☐自动长度”复选框的选中状态，选中“☑按面组/参考模型修剪”复选框。

3）单击对话框中的“点”所对应的“选择项”，弹出【选择】对话框，选择图17-14所创建的2个点中的任意1个点。

4）单击“确定”按钮，同时创建出2根复位杆，复位杆的上端面与动模板表面对齐，如图17-15阴影所示。

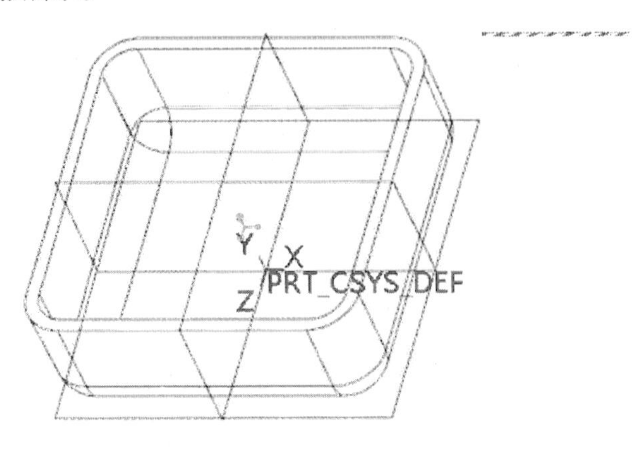

图17-15　创建出2根复位杆

17.5.3　添加拉料杆

模具在开模时，将浇注系统中的废料拉到动模一侧，再通过顶出机构将废料和注塑件一起顶出，从而保证在下次注塑时不会因废料堵塞流道而影响到注塑，下面介绍拉料杆的一般添加过程（说明：创建拉料杆与顶杆使用的命令相同）。

Step 01 创建拉料杆参考点

1）单击“模型”选项卡“基准”区域中的“草绘”按钮，选择图17-5创建的基准平面为草绘平面，RIGHT面为参考平面。

2）单击“基准”区域的“点”按钮，在原点处绘制1个点，如图17-16所示。

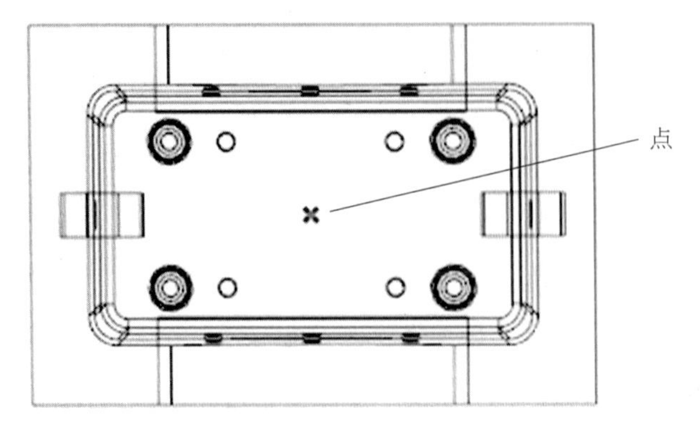

图17-16　在原点处绘制1个点

3）在“草绘”操控板中单击“确定”☑按钮，创建拉伸杆的位置点。

Step 02 创建拉料杆修剪面

1）单击“拉伸”按钮，选择FRONT基准面为草绘平面，绘制一条直线，如图17-17所示。

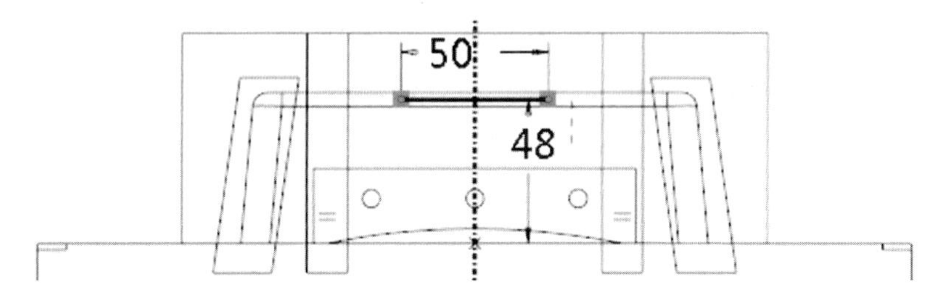

图17-17 绘制一条直线

2）在“草绘”操控板中单击“确定”☑按钮。

3）在“拉伸”操控板中选择“拉伸为曲面”按钮，选择“对称拉伸”按钮，设置“深度”为50mm。

4）在“拉伸”操控板中单击“确定”☑按钮，创建一个曲面。

5）单击“EMX装配”选项卡“准备”区域中的三角形按钮▼，在下拉菜单中选择“识别修剪面”命令，如图17-10所示。

6）在【修剪面】对话框中选择原来已选择的曲面，再单击“移除”按钮，移除默认的曲面为修剪面。

7）再在【修剪面】对话框中单击“添加”按钮，选择刚才创建的拉伸曲面为拉料杆修剪面。

8）单击【选择】对话框中的“确定”按钮 确定，单击“关闭”按钮。

Step 03 定义拉料杆

1）选择“EMX元件”选项卡，单击“顶杆”区域的“顶杆”按钮。

2）在【顶杆】对话框中将“单位”选为“◉毫米”，“供应商”选为“hasco”，“类型”选为“Z40|柱头顶杆”，设置“直径”为10mm，“长度”为250mm，取消选中“自动长度”复选框的选中状态，选中“☑按面组/参考模型修剪”复选框。

3）单击对话框中的“点”所对应的“选择项”，弹出【选择】对话框，选择图17-16所创建点。

4）单击“确定”按钮，创建拉料杆。

Step 04 编辑拉料杆

1）在绘图区中选中刚才创建的拉料杆，单击鼠标右键，单击“打开”命令按钮，转到拉料杆的零件模式下。

2）单击“拉伸”按钮，选择FRONT基准面为草绘平面，绘制一个封闭的曲线，如图17-18所示。

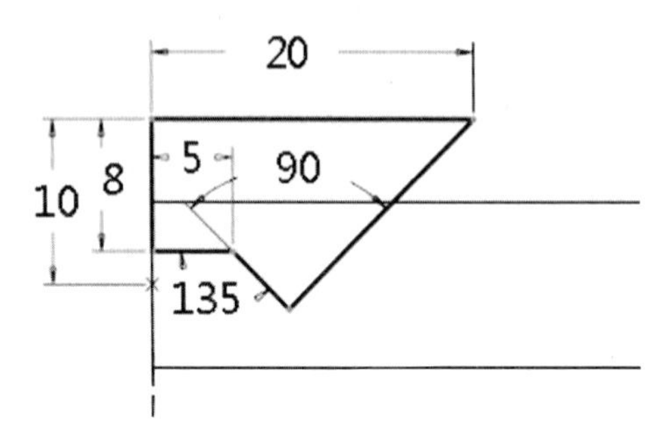

图17-18 绘制一个封闭的曲线

3）在“草绘”操控板中单击“确定”按钮。

4）在“拉伸”操控板中选择“拉伸为实体”按钮，选择“对称拉伸”按钮，在“侧1”下拉列表选择“穿透”按钮，在“侧2”下拉列表选择“穿透”按钮，按下“移除材料”按钮。

5）在“拉伸”操控板中单击“确定”按钮，在拉料杆上创建一个缺口，如图17-19所示。

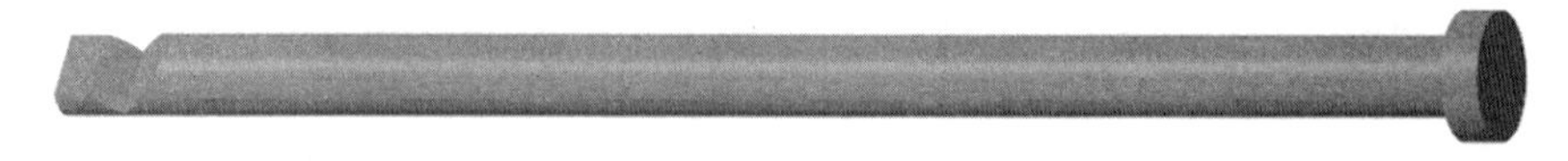
图17-19 编辑拉料杆

6）单击“保存”按钮，保存文档。

17.6 编辑模板

在模架上添加模板后，需要对模具元件和模板进行编辑，即在定模板和动模板中挖出凹坑来放置型腔，用于镶嵌模具的型腔零件和型芯零件。

17.6.1 编辑动模板

Step 01 在模型树中选择动模板 XIANGTI_CAV_PLATE_MH001.PRT，并单击鼠标左键，在弹出的活动窗口中选择“激活”按钮，如图17-20所示。

Step 02 单击“拉伸”按钮，选择动模板的上表面为草绘平面，如图17-13所示。

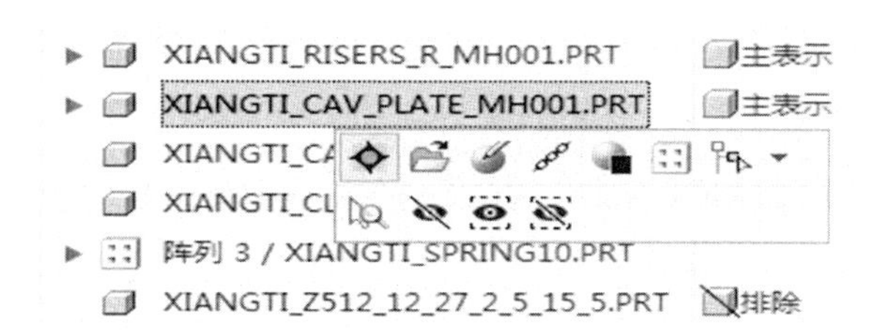

图17-20　激活动模板

Step 03 单击“投影”按钮，选择工件的4条边线，绘制一个矩形截面，如图17-21粗线所示。

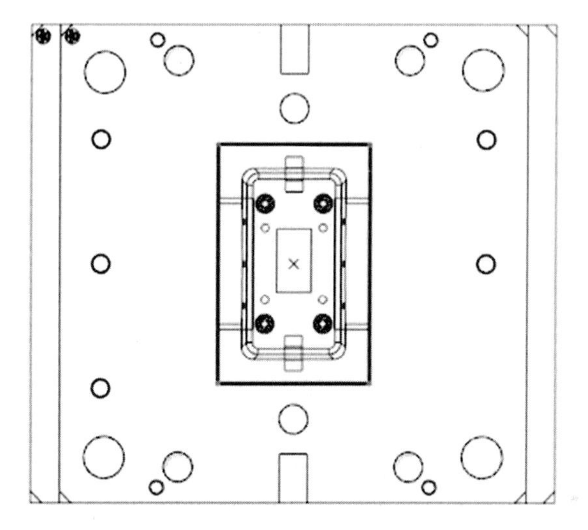

图17-21　绘制一个矩形截面

Step 04 在“草绘”操控板中单击“确定”按钮。

Step 05 在“拉伸”操控板中“深度类型”选项区选择“拉伸到选定项”按钮，单击“移除材料”按钮，选择工件的下底面的顶点，如图17-22所示。

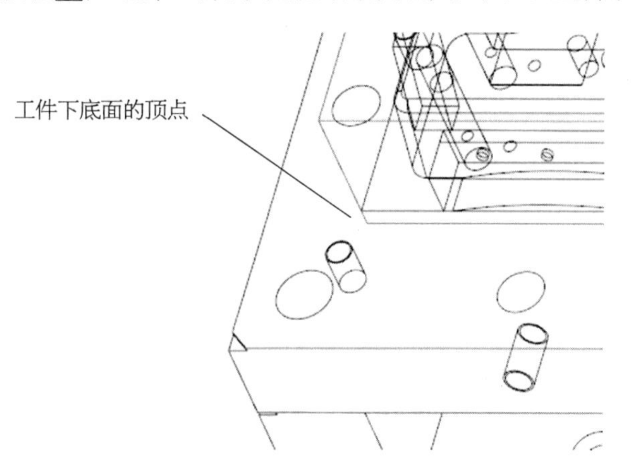

图17-22　选择工件下底面的顶点

Step 06 在“拉伸”操控板中单击“确定”☑按钮，在动模板上创建一个凹坑。

Step 07 在模型树中选择动模板 XIANGTI_CAV_PLATE_MH001.PRT，并单击鼠标左键，在弹出的活动窗口中选择“打开”按钮，动模板如图17-23所示。

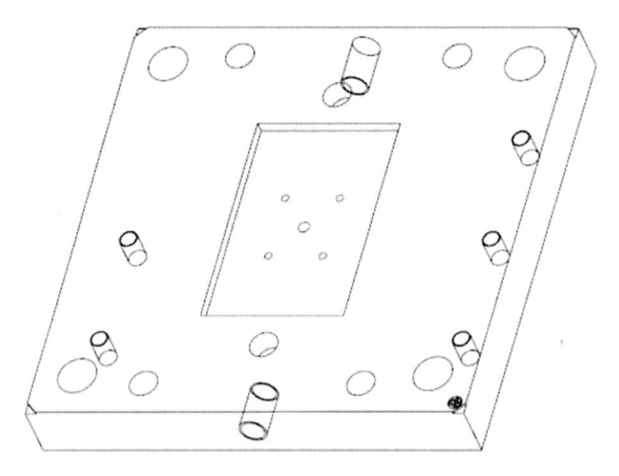

图17-23 在动模板上创建凹坑

17.6.2 编辑定模板

Step 01 显示定模：选择“EMX装配”选项卡，在“视图”控制区域中单击“显示”按钮，在弹出的快捷菜单中选择“定模”。

Step 02 在模型树中选择定模板 XIANGTI_CAV_PLATE_FH001.PRT，并单击鼠标左键，在弹出的活动窗口中选择“激活”按钮。

Step 03 按照编辑动模板的方法，在定模板创建一个凹坑，如图17-24所示。

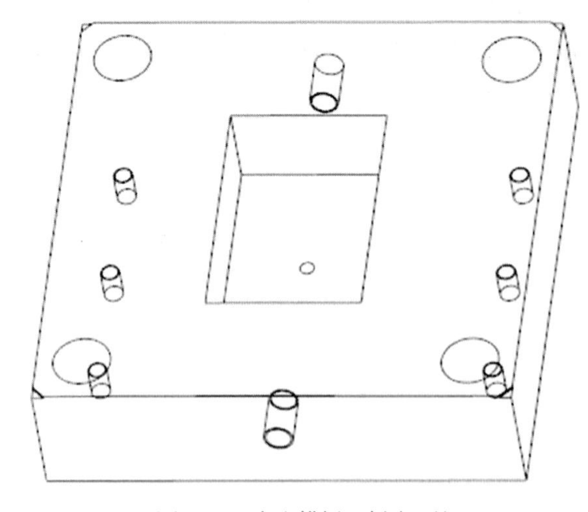

图17-24 在定模板上创建凹坑

17.7 创建滑块机构

17.7.1 创建滑块坐标系

Step 01 在模型树中展开 MFG012.ASM，选中“滑块−1”，单击鼠标右键，在活动窗口中选择“打开”按钮，如图17-25所示。

Step 02 在“基准”区域中单击“点”按钮，选择滑块的一条边线，如图17-26粗线所示。

图17-25 打开“滑块−1”

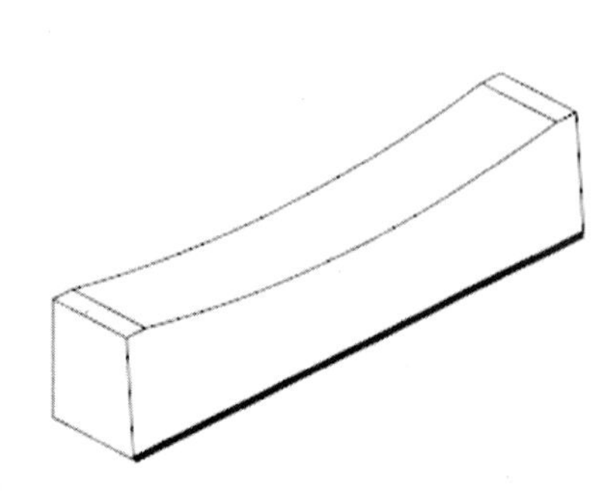

图17-26 选择滑块的一条边线

Step 03 在【基准点】对话框中“偏移”设为0.5，“偏移类型”选“比率”，如图17-27所示。

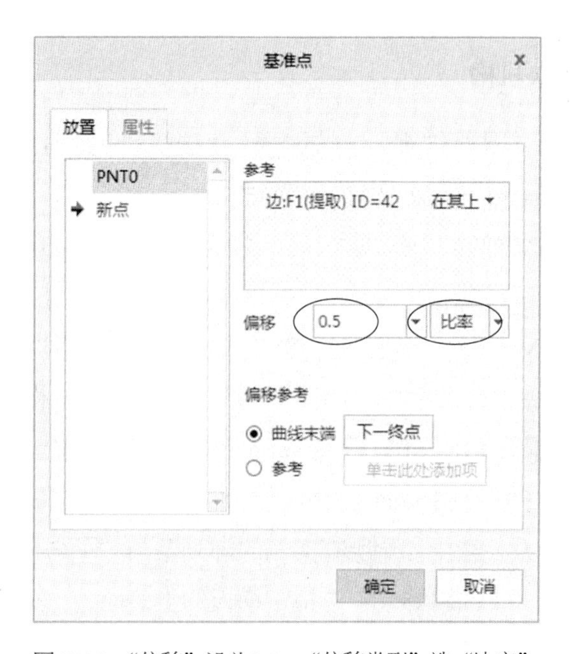

图17-27 “偏移”设为0.5，“偏移类型”选“比率”

Step 04 单击“确定”按钮，在所选边线的中点创建一个基准点。

Step 05 在“基准”区域中单击“坐标系”按钮，选择刚才创建的基准点，在“坐标系”对话框中选择“方向”选项卡，选择定模方向为Z轴正方向，滑块水平开模方向为X正方向，如图17-28所示。

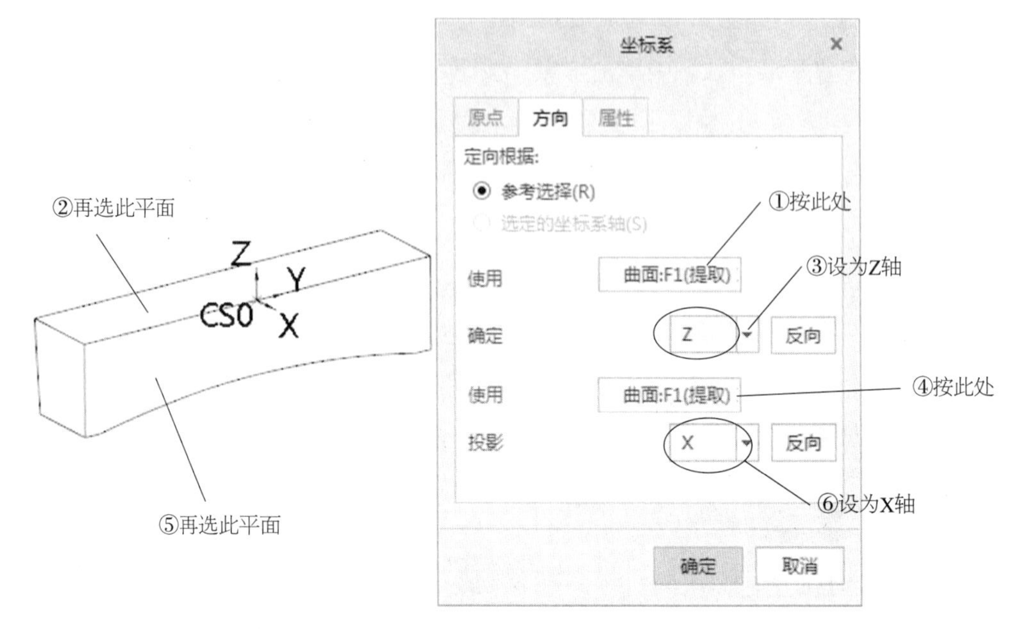

图17-28 设置坐标系

Step 06 单击“保存”按钮，保存文档。

17.7.2 初步创建滑块机构

Step 01 在屏幕上方选择“窗口”按钮，再选择“xiangti_mold.ASM”，参考如图1-51所示，打开“xiangti_mold.ASM”模具图。

Step 02 选择“EMX装配”选项卡，在“视图”控制区域中单击“显示”按钮。在弹出的快捷菜单中选择“动模”，如图17-4所示。

Step 03 选择“EMX元件”选项卡，单击“元件”区域的“滑块”按钮。

Step 04 在【滑块】对话框中，将“单位”选为“◉ 毫米”，“供应商”选为“hasco”，设置“偏移-PIN_offset”为5mm（即斜导柱偏移定模板上表面5mm），“偏移-BORE_OFFSET”为30mm（即斜导柱偏移坐标系30mm），“坐标系”选择图17-28所创建的坐标系，选中“☑所有实例的阵列”与“☑与坐标系父项合并”复选框，如图17-29所示。“平面斜导柱”选择定模板的上表面，“分割平面”选择定模板的下表面，如图17-30所示。

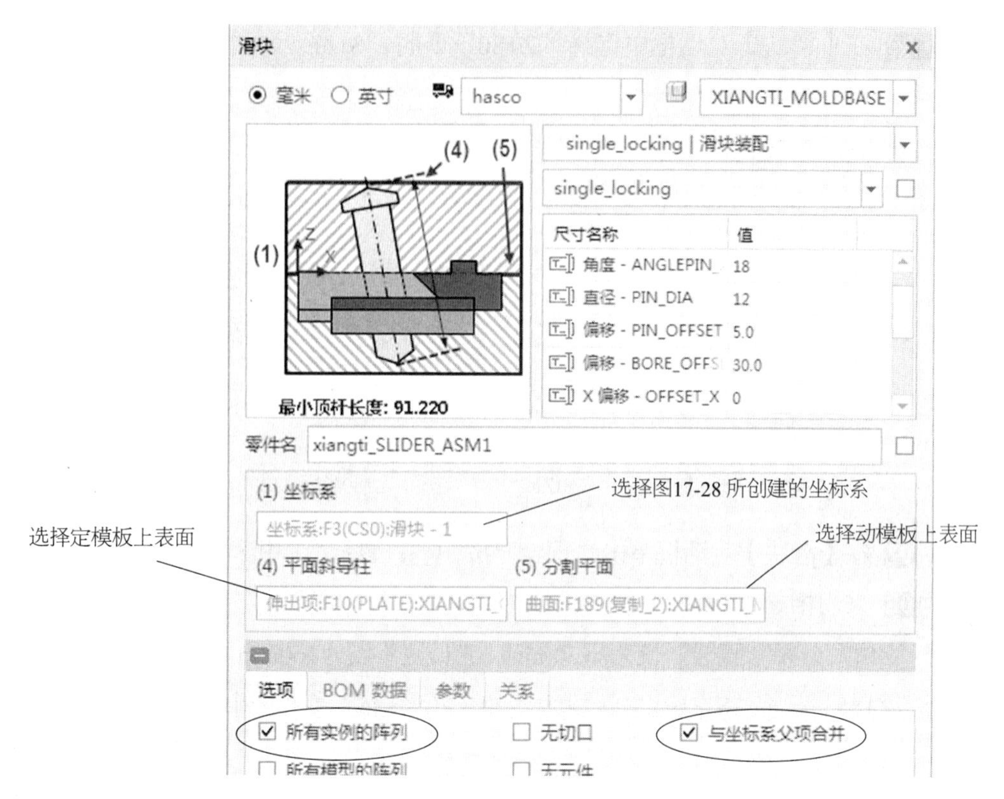

图17-29　设置【滑块】对话框参数

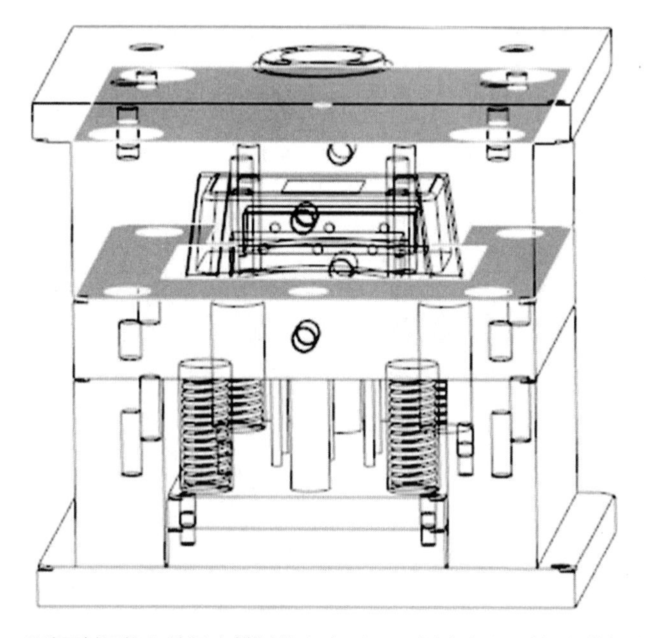
图17-30　“平面斜导柱”选择定模板的上表面，“分割平面”选择定模板的下表面

Step 05 在【滑块】对话框中单击“预览”按钮，显示滑块机构的图样结构。

Step 06 在【滑块】对话框中选择“Z180”，将“SIZE-尺寸”选为“Z180/63×112×125”，如图17-31所示。

图17-31 选择“Z180”，“SIZE-尺寸”选择“Z180/63×112×125”

Step 07 在【滑块】对话框单击“预览”按钮，显示滑块机构的变化情况。

Step 08 采用相同的方法，设定以下参数：

选择“Z01”，将“直径”设为ϕ20mm，“长度”设为160mm。

选择“Z185”，将“SIZE尺寸”设为“20×20×125”（有两个“Z185”，需分别设定）。

选择“Z186W”，将“宽度”设为63mm，“高度”设为6mm，“长度”设为125mm。

选择“Z182”，将“尺寸”选为“50×85”。

选择“Z1821”，将“尺寸”选为“50×6×85”。

Step 09 单击“确定”按钮，初步创建一个滑块机构，如图17-32所示。

图17-32 初步创建一个滑块机构

17.7.3 编辑滑块机构零件

初步创建的滑块机构还不完善，需要进一步进行修改，才能符合要求，这个机构下面有 7 个零件，逐一进行修改。

Step 01 编辑第一个零件。

1）展开 XIANGTI_SLIDER_ASM2.ASM，选择 XIANGTI_SLID_Z180_001.PRT，在活动窗口中选择“打开”按钮，进入零件建模状态。

2）在模型树中选中“伸出项” 伸出项 标识3183，单击鼠标右键，选择“编辑定义”按钮，在“拉伸”操控板中选择“放置”按钮，再在“放置”窗口中选择“编辑”按钮，将竖直尺寸“55”改为“35”，其他尺寸不变，如图17-33所示。

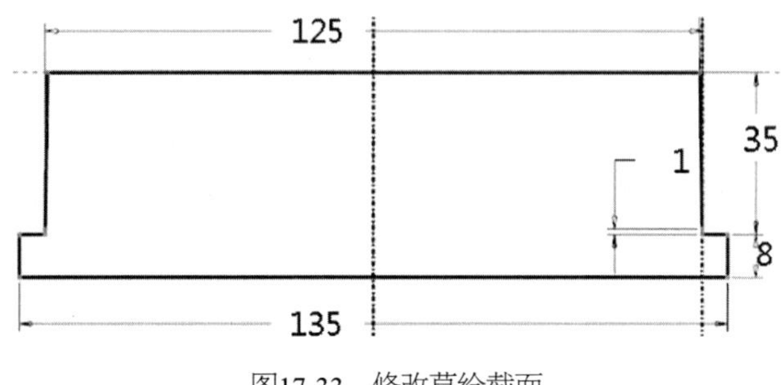

图17-33 修改草绘截面

3）在“草绘”操控板中单击“确定”按钮，在“拉伸”操控板中将“距离”由“112”改为“80”，如图17-34所示。

图17-34 “距离”改为80mm

4）在“拉伸”操控板中单击“确定”按钮，修改后的实体如图17-35所示。

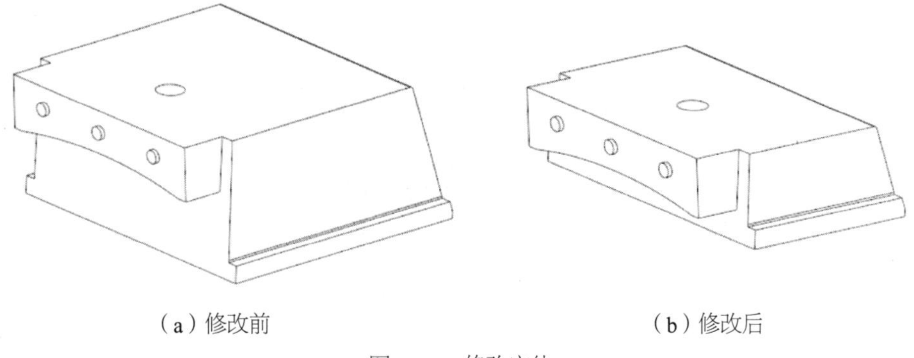

（a）修改前　　（b）修改后

图17-35 修改实体

5）单击“保存”按钮，保存文档。

6）在屏幕上方选择“窗口”按钮，再选择“xiangti_mold.ASM”，打开“xiangti_mold.ASM”模具图，原来与XIANGTI_SLID_Z180_001.PRT紧贴在一起的零件现在已分开。

7）单击“重新生成特征”按钮，如图17-36所示，重新生成后，两个实体才会紧贴在一起。

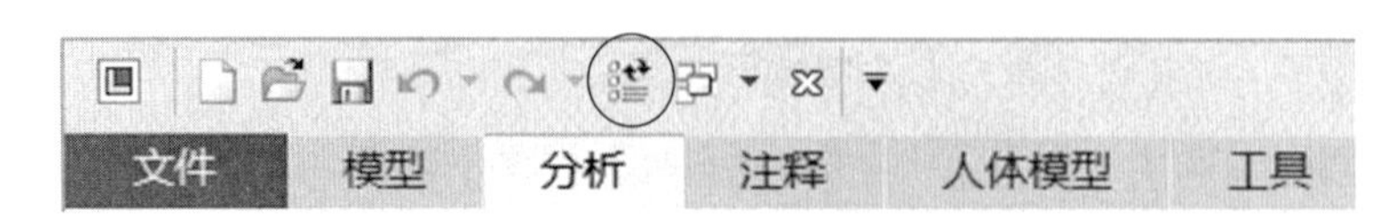

图17-36　单击“重新生成特征”按钮

Step 02 编辑第二个零件。

1）在横向菜单中选择“分析”选项卡，再选择“测量”，然后选择“距离”命令，参考如图1-27所示。

2）按住Ctrl键，选择两个零件的平面，测得两平面的距离为5mm，如图17-37阴影面所示。

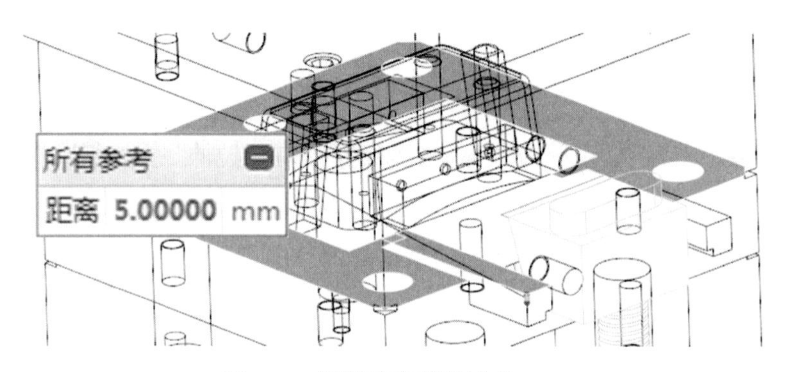

图17-37　测得两平面的距离为5mm

3）在模型树中选择 XIANGTI_SLID_Z185_L_001.PRT，在活动窗口中选择“打开”按钮，进入零件建模状态。

4）按照编辑第一个零件的方法，编辑这个零件的截面，如图17-38所示。

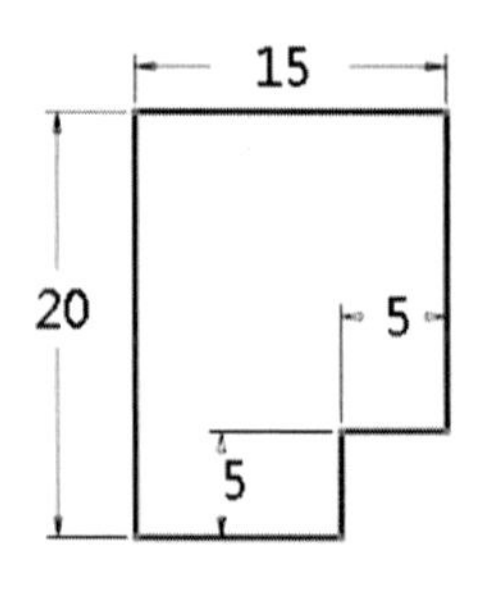

图17-38　编辑截面

5）在“草绘”操控板中单击“确定”按钮☑，在“拉伸”操控板中单击“确定”按钮☑。

6）切换到“xiangti_mold.ASM”模具图，再单击“重新生成特征”按钮，模具图将重新生成后，该零件的表面与动模板表面重合，如图17-39阴影面所示。

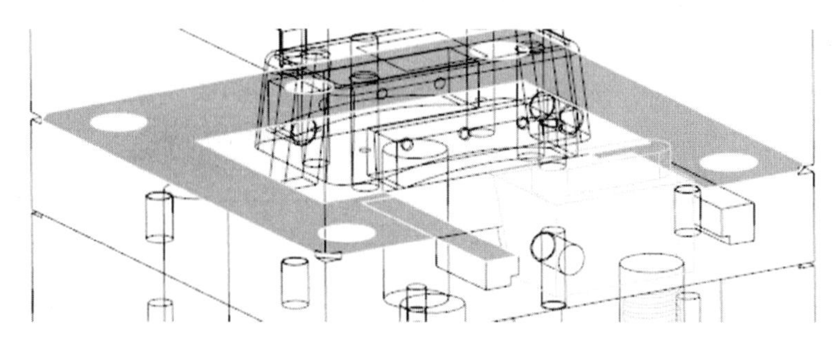

图17-39　两平面重合

Step 03 编辑第3个零件。

按照编辑第2个零件的方法，编辑第3个零件XIANGTI_SLID_Z185_R_001.PRT。

Step 04 编辑第4个零件。

将XIANGTI_SLID_Z1821_001.PRT的拉伸距离改为125mm，截面尺寸改为图17-40所示。

Step 05 编辑第5个零件。

将XIANGTI_SLID_Z182_001.PRT的拉伸距离为改125mm，截面尺寸改为图17-41所示。

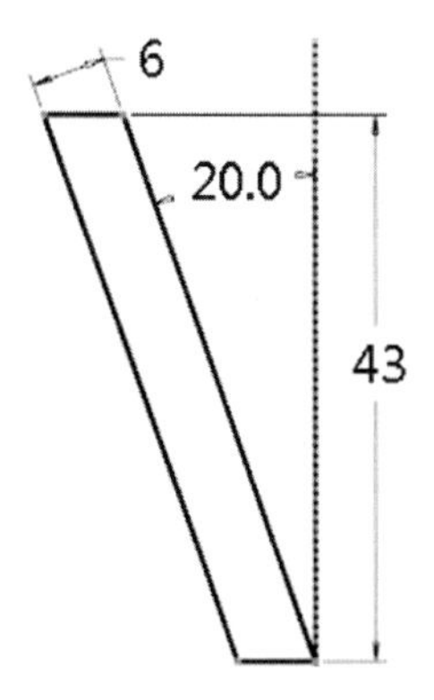

图17-40　修改截面尺寸

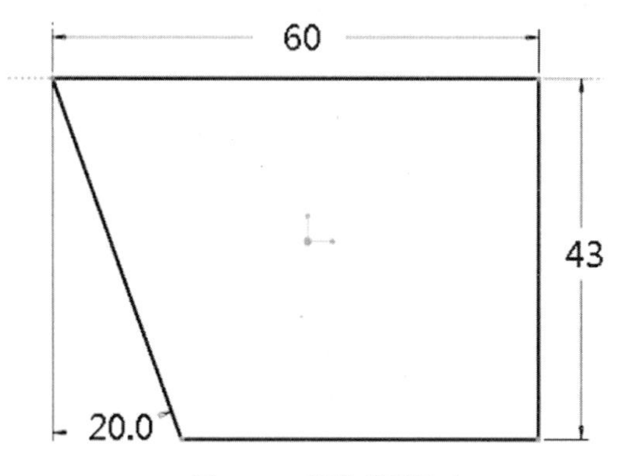

图17-41　修改截面尺寸

Step 06 编辑第6个零件。

将XIANGTI_SLID_Z186W_001.PRT，拉伸距离改为125mm，截面改为如图17-42所示。

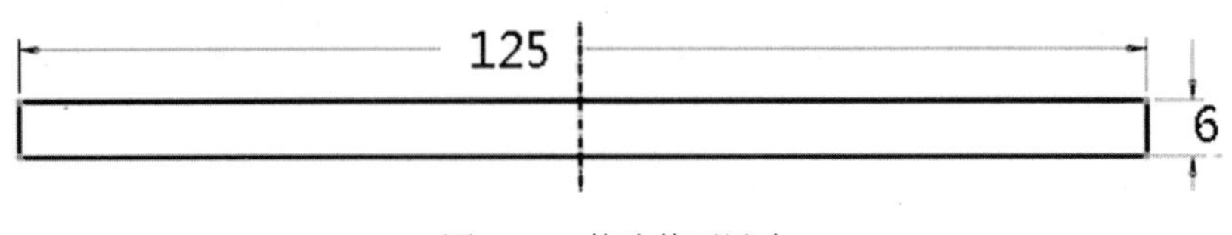

图17-42　修改截面尺寸

Step 07 编辑第7个零件。

将 XIANGTI_Z01_20_160.PRT的截面改为如图17-43所示。

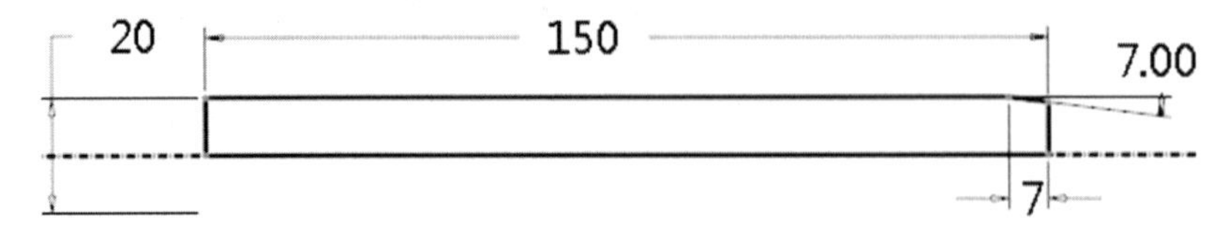

图17-43　修改第7个零件的截面尺寸

Step 08 切换到“xiangti_mold.ASM”模具图，再单击“重新生成特征”按钮。

Step 09 按照相同的方法，创建第二个滑块机构。

17.8　创建斜顶机构

17.8.1　创建斜顶坐标系

Step 01 在模型树中展开 MFG012.ASM，选中“斜顶-1”，单击鼠标右键，在活动窗口中选择“打开”按钮。

Step 02 按照创建滑块坐标系的方法，创建斜顶坐标系，其中定模方向为Z轴的正方向，斜顶水平开模方向为X轴正方向，如图17-44所示。

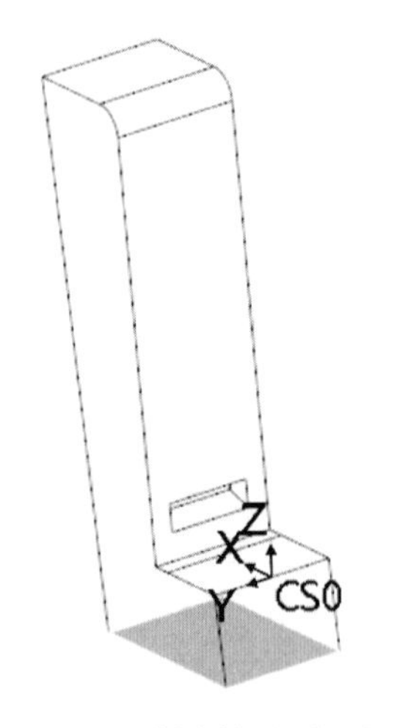

图17-44　创建斜顶坐标系

17.8.2　创建斜顶修剪面

Step 01 在屏幕上方选择“窗口”按钮，再选择“xiangti_mold.ASM”，打开“xiangti_mold.ASM”模具图。

Step 02 选择斜顶的底面，如图17-44阴影面所示。

Step 03 选择“模型”选项卡，再单击“操作”区域的“复制”按钮，然后单击“操作”区域的“粘贴”按钮。

Step 04 单击“曲面：复制”操控板中的“确定”按钮，复制所选中的曲面。

Step 05 单击“EMX装配”选项卡“准备”区域中的三角形按钮▼，在下拉菜单中选择“识别修剪面”命令，如图17-10所示。

Step 06 在【修剪面】对话框中选择原来已选择的曲面，再单击“移除”按钮⊟，将默认的曲面从已选定的修剪面中移除。

Step 07 再在【修剪面】对话框中单击“添加”按钮⊞，选择刚才复制的曲面为斜顶修剪面。

Step 08 单击【选择】对话框中的“确定”按钮 确定 ，单击“关闭”按钮。

17.8.3　初步创建斜顶机构

Step 01 选择“EMX元件”选项卡，单击“元件”区域的“斜顶机构”按钮。

Step 02 在【斜顶机构】对话框中选择“单位”为“◉ 毫米”，选择“供应商”为“progressive”，将“类型”选为“Flat_Blade”，“角度”选为8°（该角度值必须与项目12中图11-24的斜顶角度值相同），“坐标系”选择图17-44所创建的坐标系，选中“☑所有实例的阵列”和“☑按面组/参考模型修剪”复选框，如图17-45所示。“平面导向件”选择动模板的下表面，“平面限位器”选择顶针B板的下表面，如图17-46所示。

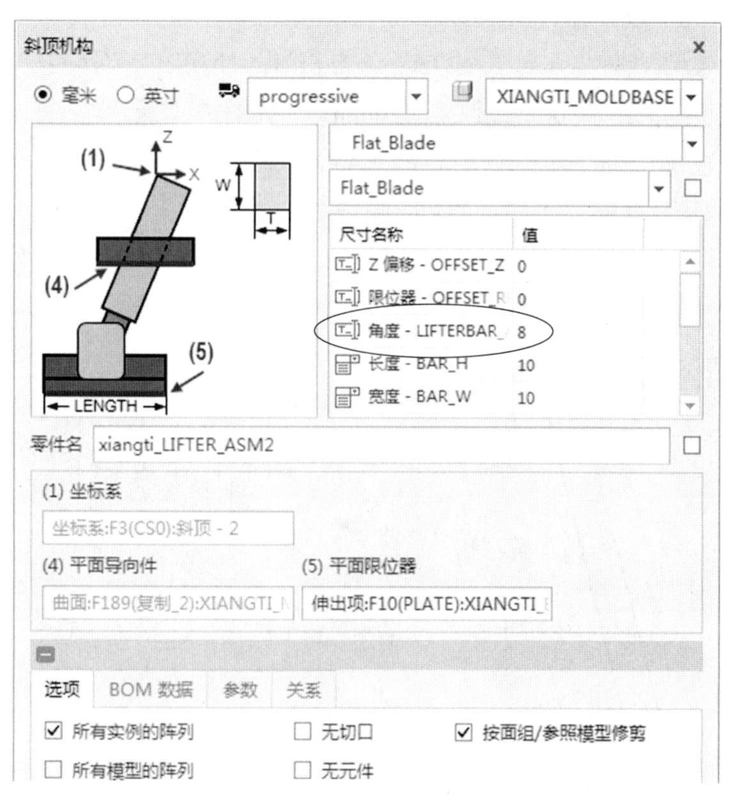

图17-45　设置【斜顶机构】对话框参数

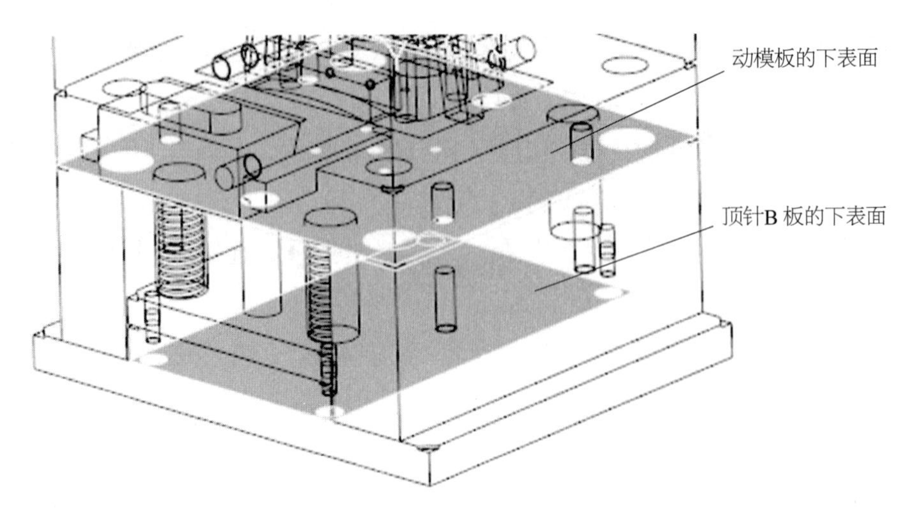

图17-46　选择“平面导向件”和“平面限位器”

Step 03 单击“确定”按钮，初步创建一个斜顶机构。

17.8.4　编辑斜顶机构零件

刚才创建的斜顶机构还不完善，需要进一步进行修改，才能符合要求，这个机构下面有 4 个零件，只对斜顶杆的参数进行修改，其他零件选用默认值。

Step 01 展开 XIANGTI_LIFTER_ASM1.ASM，再将 XIANGTI_LIFTER_BAR1.PRT 的截面进行编辑，将“宽度”值由“10mm”改为“20mm”，如图17-47所示。

Step 02 在【拉伸】对话框中将 XIANGTI_LIFTER_BAR1.PRT 的拉伸值改为15mm（“15mm”是图11-24创建的斜顶的截面值）。

Step 03 打开斜顶机构 XIANGTI_LIFTER_ASM1.ASM 的图形，重新生成后如图17-48所示。

Step 04 单击“保存”按钮，保存文档。

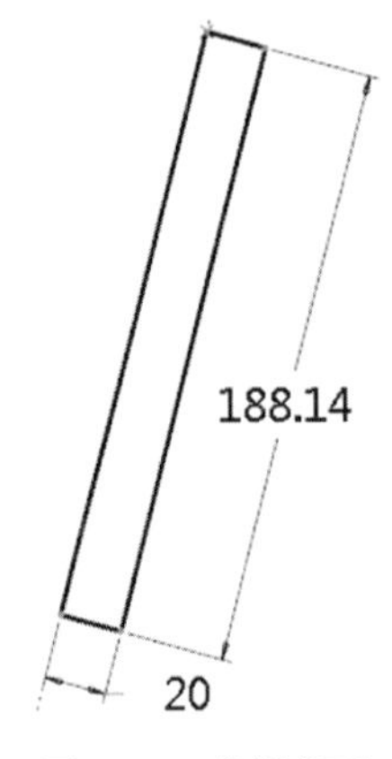

图17-47　编辑截面

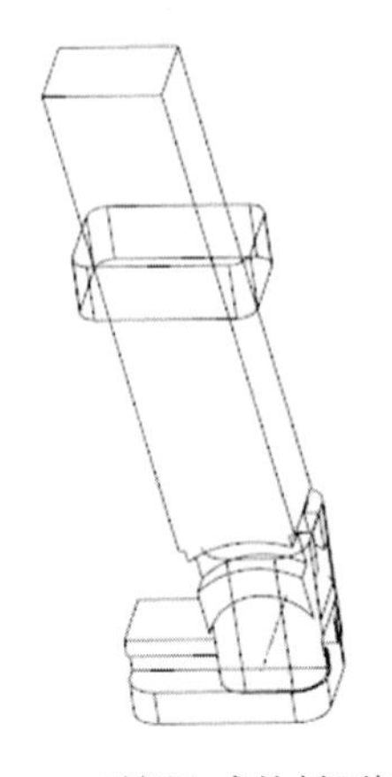

图17-48　重新生成的斜顶机构

Step 05 在屏幕上方选择“窗口”按钮，再选择“xiangti_mold.ASM”，打开“xiangti_mold.ASM”模具图。

Step 06 单击“重新生成特征”按钮，重新生成斜顶机构。

Step 07 采用相同的方法，创建另一个斜顶机构。

17.9 创建冷却系统

注塑模具必须有冷却系统，主要是控制型腔和型芯的温度，设计一个良好的冷却系统可以缩短成型周期和提高生产效率，下面介绍冷却系统的一般创建过程。

Step 01 创建冷却孔参考点

1）单击“模型”选项卡“基准”区域中的“草绘”按钮，选择模具图的前侧面为草绘平面，RIGHT面为参考平面。

2）单击“基准”区域的“点”按钮，绘制6个点，如图17-49所示。

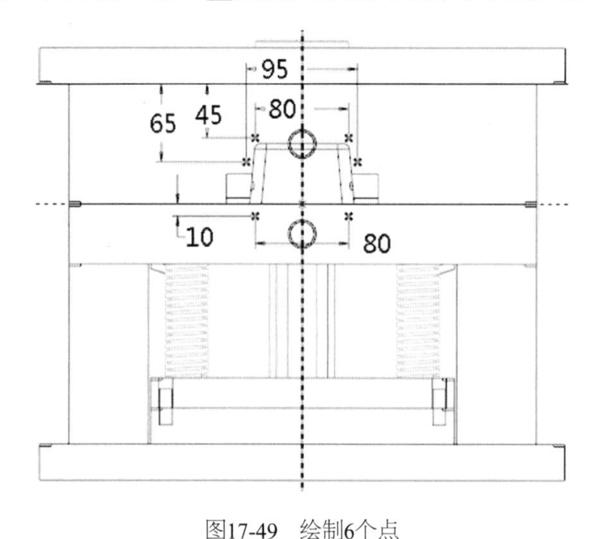

图17-49 绘制6个点

3）单击“草绘”操控板的“确定”按钮，创建6个点（不同的模具，点的数量不同）。

Step 02 定义冷却孔

1）选择“EMX元件”选项卡，单击“冷却元件”区域中的“冷却元件”按钮。

2）在【冷却元件】对话框中将“单位”选为“◉ 毫米”，将“供应商”选为“meusburger”，将“类型”选为“E2000 | 喷嘴”。

3）选择点：先在【冷却元件】对话框中单击“曲线 | 轴 | 点”所对应的“选择项”按钮，再选择图17-49中所创建的任意一点，然后单击“选择”窗口中的“确定”按钮。

4）选择曲面：先在【冷却元件】对话框中单击“曲面”所对应的“选择项”按钮，再选择模具的前侧面（即图17-49中6个点所在的草绘平面）。

5）在【冷却元件】对话框中设“DM2–直径”设为9mm，将“螺纹直径”选为“M8×0.75”，将“偏移”设为0，将“T5”设为400mm，如图17-50所示。

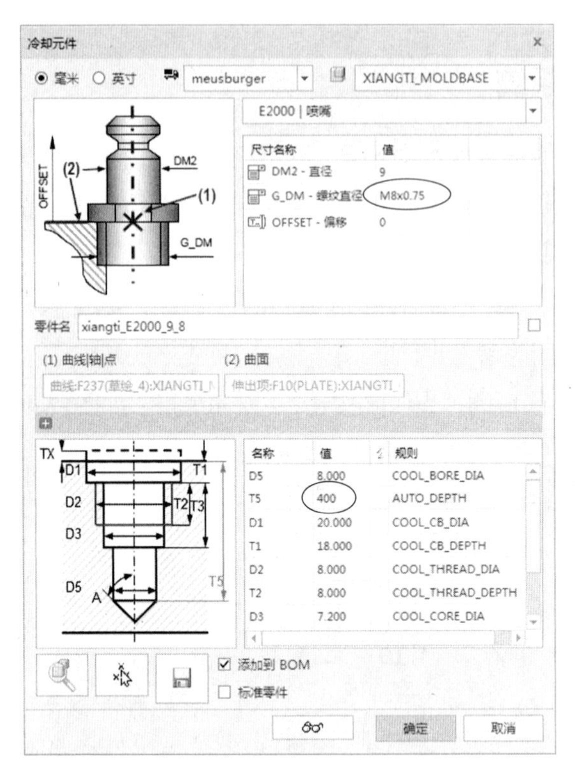

图17-50 设置【冷却元件】对话框参数

6）单击“确定”按钮 确定 ，创建冷却水路，如图17-51所示。

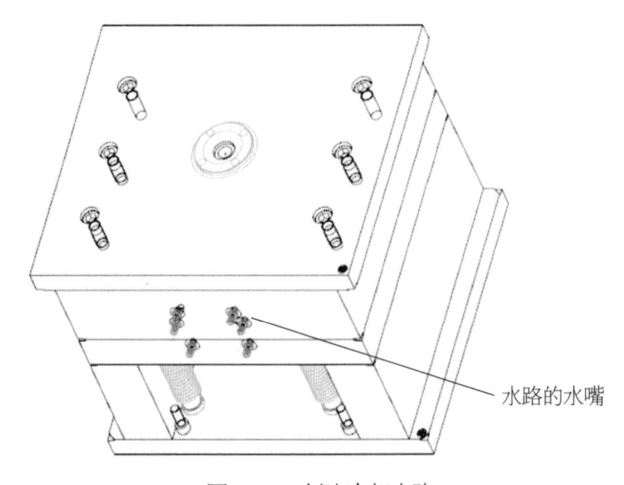

图17-51 创建冷却水路

说明：创建的点有关联性，虽然只选择 1 个点，但系统同时创建出 6 条冷却孔道。

17.10 模架开模模拟

模架的所有创建和修改工作完成后，可以通过“EMX 装配”选项卡中的“模架开模模拟”命令，来完成模架的开模仿真过程，并且还可以检查出模架中存在的一些干涉现象，以便用户及时修改。下面介绍模架开模模拟的一般过程。

Step 01 单击“EMX装配”选项卡中的“模架开模模拟”命令。

Step 02 在【模架开模模拟】对话框“模拟数据”区域中，将“开模总计”设为200mm，“步距宽度”设为“10mm”，即：每次开模的宽度为10mm，总共开模的距离为200mm。

Step 03 在“模拟组”区域选中“模拟组”选项，单击“计算新结果”按钮。

Step 04 单击对话框中的“运行开始模拟”按钮，如图17-52所示。

Step 05 单击【动画】对话框中的播放按钮，视频动画将在绘图区中演示。

图17-52 设定【模架开模模拟】对话框参数

项目 18 工程图设计

本章详细地介绍了创建 Creo 工程图图框、创建视图模板、创建视图、编辑视图、尺寸标注、注释的方法，以及装配明细表的创建过程等。

18.1 创建工程图图框

Step 01 单击“新建”按钮，在“新建”窗口中选择“◉ 格式”，文件名为“tukuang.frm”，如图18-1所示。

Step 02 单击“确定”按钮 确定 ，在【新格式】对话框选择“◉空”，在“方向”选项中选择“横向”，纸张大小选择“A3”，如图18-2所示。

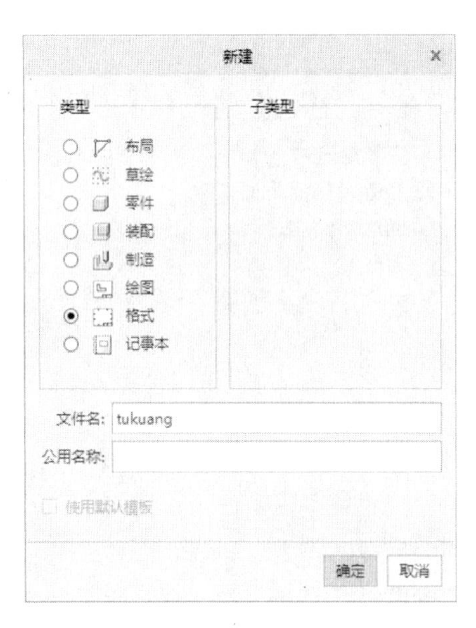

图18-1 在“新建”窗口中选择“◉ 格式”

图18-2 【新格式】对话框

Step 03 单击“确定”按钮 确定(O) ，进入工程图设计环境，并在工作区中绘制一个方框，该方框的大小就是“A3”的大小。

Step 04 在横向菜单中选择“草绘”选项卡，再单击“偏移边”按钮，在“菜单管理器”中选择“链图元”，如图18-3所示。

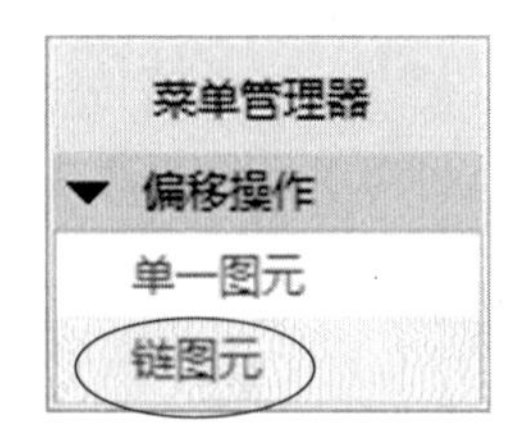

图18-3　选择“链图元”

Step 05 按住Ctrl键，先用鼠标选择图框的四条边，再在“选择窗口中”单击“确定”按钮 确定 或鼠标中键（或Enter键），在文本框中输入偏移距离3mm，如图18-4所示。

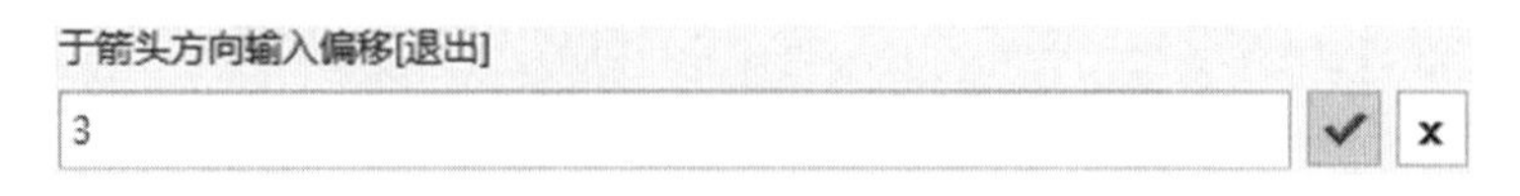

图18-4　输入偏移距离3mm

Step 06 单击“确认”按钮或鼠标中键（Enter键），使图框往外偏移复制3mm，如图18-5所示。

图18-5　创建图框

18.2　创建工程图标题栏

Step 01 在横向菜单栏中选择“表”选项卡，再单击“表”按钮，选择“插入表”命令。

Step 02 在【插入表】对话框中选择“向左且向上”按钮，设置列数为2，行数为3，行高为5mm，列宽为55mm，如图18-6所示。

Step 03 单击“确定”按钮，在【选择点】对话框上单击按钮，如图18-7所示。

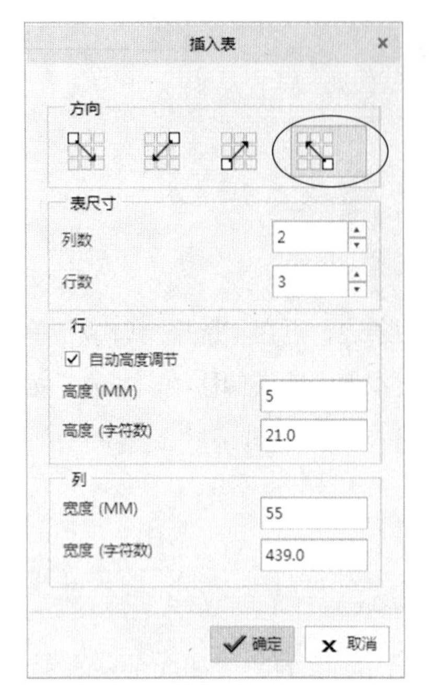

图18-6 【插入表】对话框

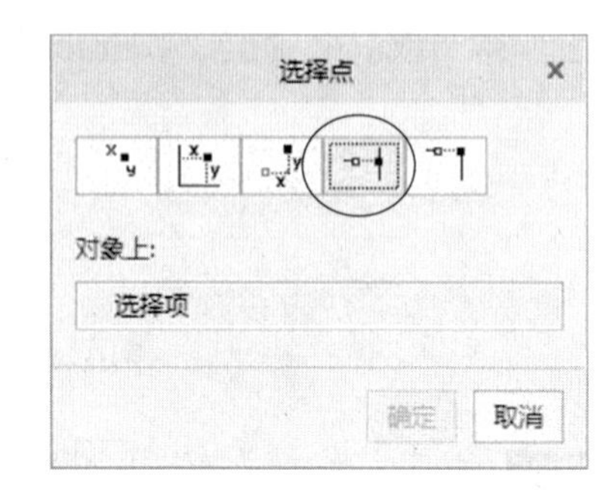

图18-7 【选择点】对话框

Step 04 选择方框右下角的顶点，创建第1个表格（2列3行），如图18-8所示。

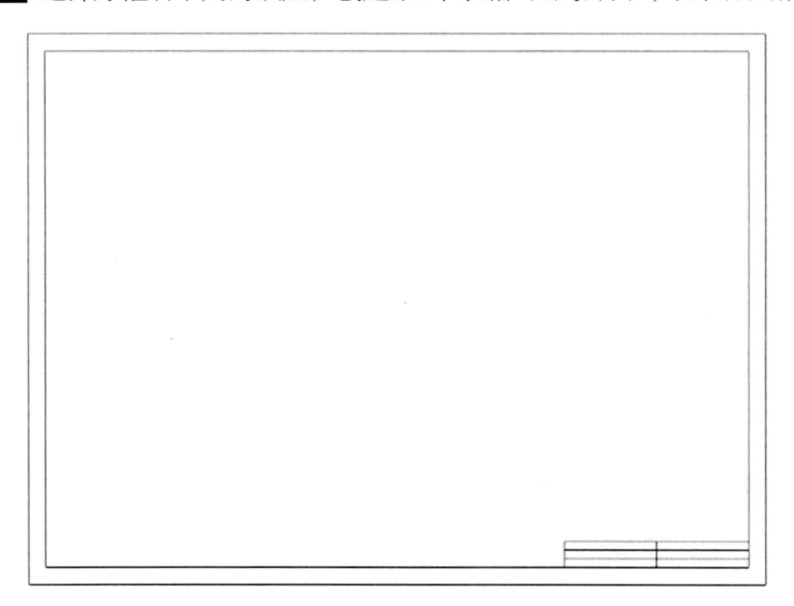

图18-8 创建表格（一）

Step 05 先选择表格左下方的单元格，再按住Ctrl键，选择右下方的单元格，然后单击“合并单元格”按钮合并单元格，最下方的两个单元格合并成一个单元格，如图18-9所示。

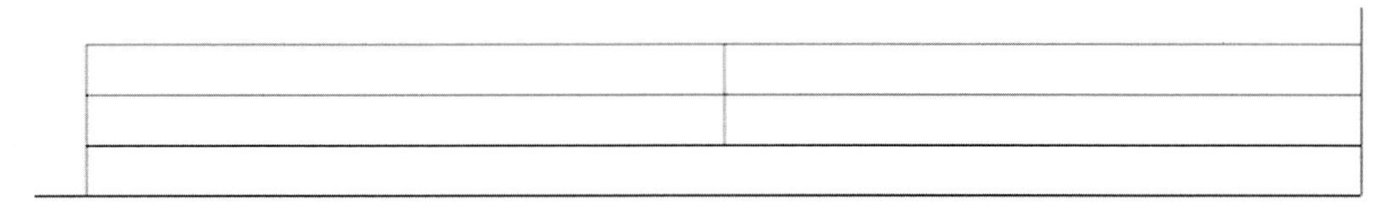

图18-9　合并单元格

Step 06 先用左键选中合并后的单元格，再长按鼠标右键，在下拉菜单中选“高度和宽度”命令，在【高度和宽度】对话框中取消“自动高度调节”复选框的选中状态，将高度设为15mm，如图18-10所示。

Step 07 单击“确定”按钮 确定 ，所选中的单元格高度调整为15mm，如图18-11所示。

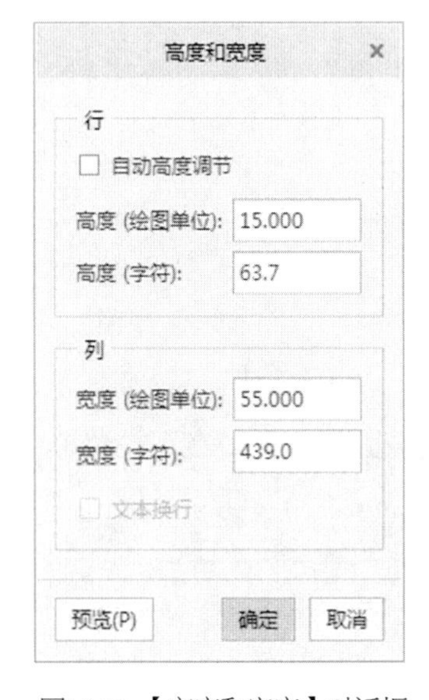

图18-10 【高度和宽度】对话框

图18-11　调整单元格高度

Step 08 在横向菜单栏中选择“表”选项卡，选择“表”下方的三角形按钮，选“插入表”命令。

Step 09 在【插入表】对话框中选择“向左且向上”按钮，列数为4，行数为5，行高为5mm，列宽为10mm。

Step 10 单击“确定”按钮，在【选择点】对话框上按下按钮，如图18-6所示。

Step 11 选择方框右下角的顶点，创建第2个表格(4列5行)，列宽为10 mm，行高为5 mm，表格（1）和表格（2）重叠，如图18-12所示。

Step 12 在模型树中选择 表 2，如图18-13所示。

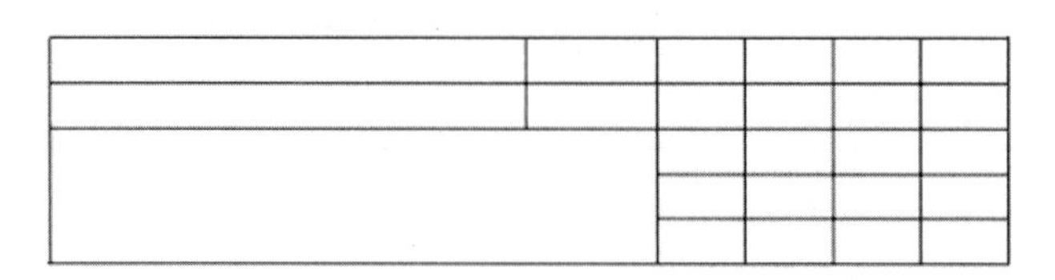

图18-12 表格（一）与表格（二）重叠

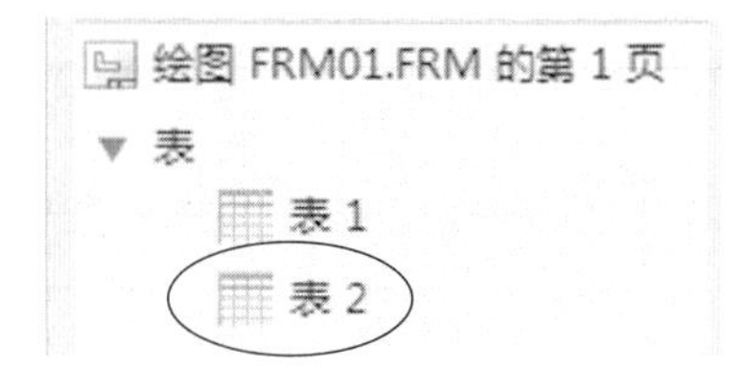

图18-13 在模型树中选择 表 2

Step 13 再在快捷菜单中单击 移动特殊 按钮，在工作区中空白处单击鼠标中键，在【移动特殊】对话框中选中“相对偏移”按钮，设置X的偏移量为0，Y的偏移量为25mm，如图18-14所示。

Step 14 单击“确定”按钮 确定 ，表格（2）移动后的位置如图18-15所示。

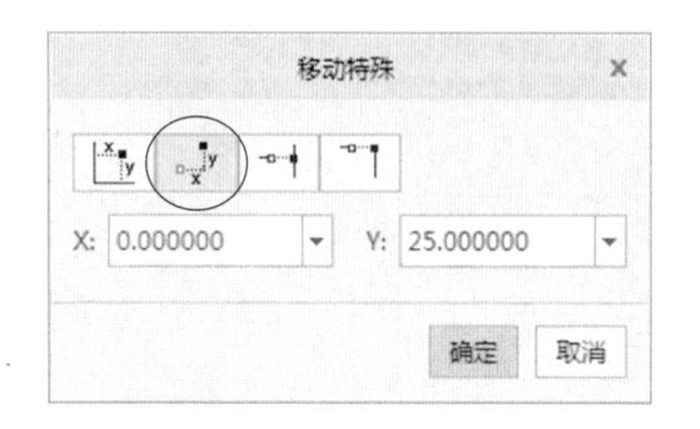

图18-14 【移动特殊】对话框

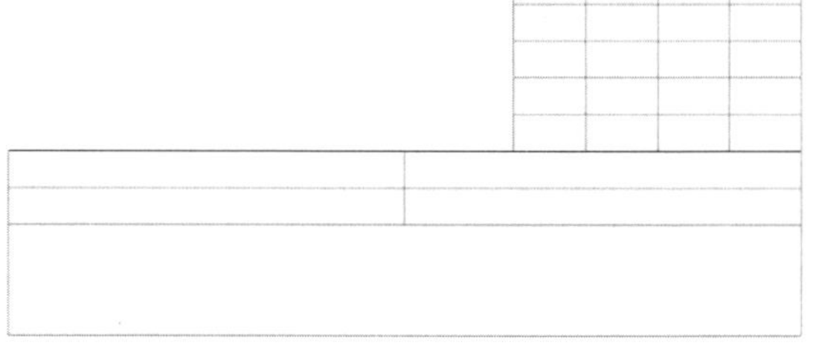

图18-15 移动表格2

Step 15 把鼠标放在第2个表格左上角的单元格中，长按鼠标右键，在下拉菜单中选择“从列表中拾取”命令，如图18-16所示。

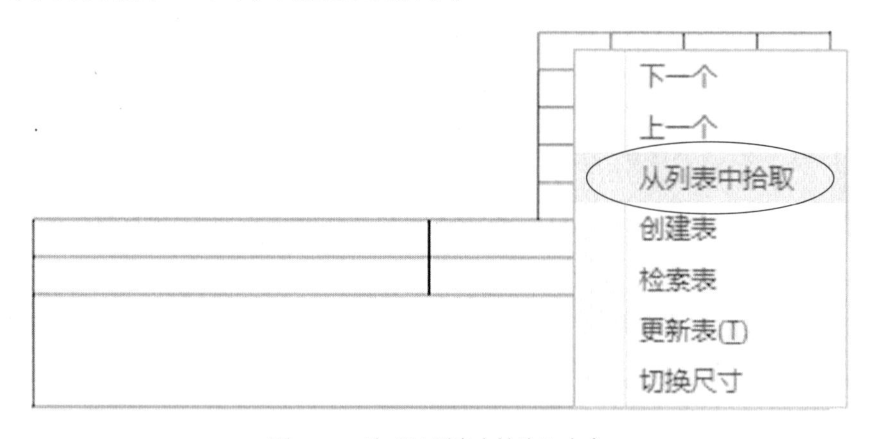

图18-16 选“从列表中拾取”命令

Step 16 在【从列表中拾取】对话框中选择“列：表”，如图18-17所示。

Step 17 再次把鼠标放在第2个表格左上角的单元格中，长按鼠标右键，在下拉菜单中选“宽度”命令，如图18-18所示。

图18-17 选择“列：表”

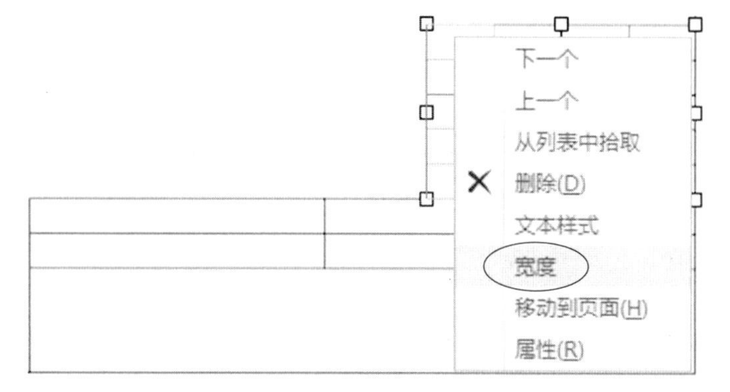

图18-18 选择“宽度”

Step 18 在【高度和宽度】对话框中输入列的宽度为8mm，如图18-19所示。

Step 19 采用同样的方法，调整表格（2）的列宽与行高，从左至右，列宽分别为：8 mm、9.5 mm、31 mm、10 mm，从上至下，行高分别为9.5 mm、5 mm、5 mm、5 mm、5 mm，如图18-20所示。

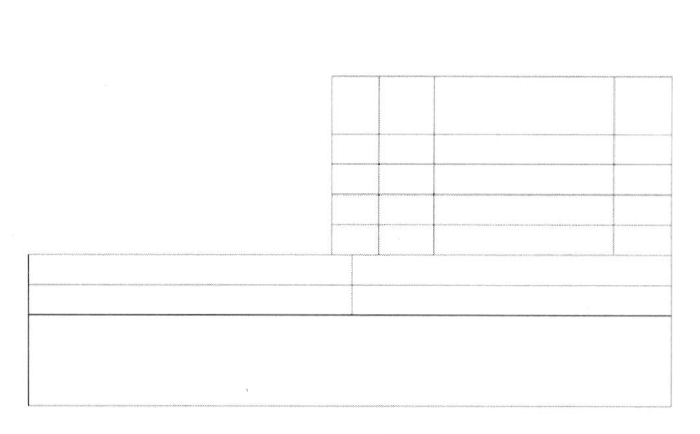

图18-19 输入列宽

图18-20 调整表格（2）

Step 20 采用同样的方法，创建表格（3）（6列4行），列宽为10，行高为5，表格（3）与表格（1）重叠，如图18-21所示。

Step 21 在模型树中选择 表 3，再在快捷菜单中单击 移动特殊 按钮，在工作区中空白处单击鼠标中键，在【移动特殊】对话框中选中“相对偏移”按钮，X的偏移量为−58.5mm，Y的偏移量为25mm，如图18-22所示。

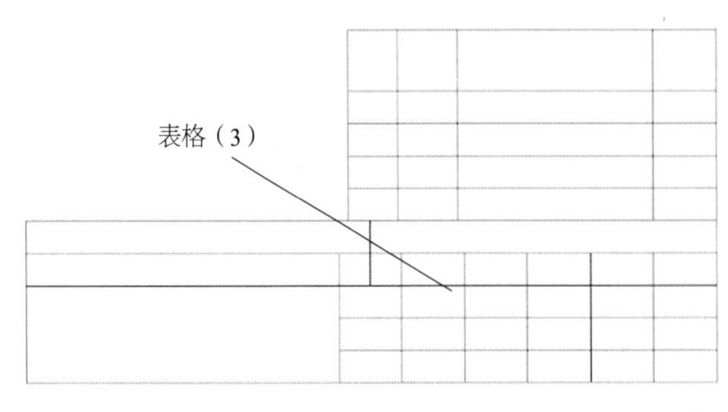

图18-21　创建表格（3）

图18-22 【移动特殊】对话框

Step 22 单击“确定”按钮 确定 ，表格（3）移动后的位置如图18-23所示。

Step 23 表格（3）的列宽，从左至右分别为：6、6、6、6、13.75、13.75，从下至上的行高分别为12.5、5、6、6，如图18-23所示。

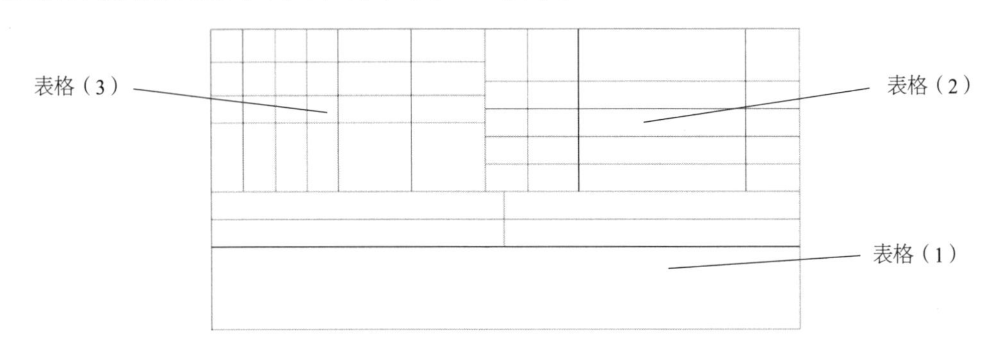

图18-23　表格（3）

Step 24 采用同样的办法，创建表格（4）（共3列6行，从左至右列宽为15、25、25，从上至下行高为19.5、7、7、7、7、7）。

Step 25 在模型树中选择 表4，再在快捷菜单中单击 移动特殊 按钮，在工作区的空白处单击鼠标中键，在【移动特殊】对话框中选中“相对偏移”按钮，X的偏移量为-110mm，Y的偏移量为0，表格4移动后如图18-24所示。

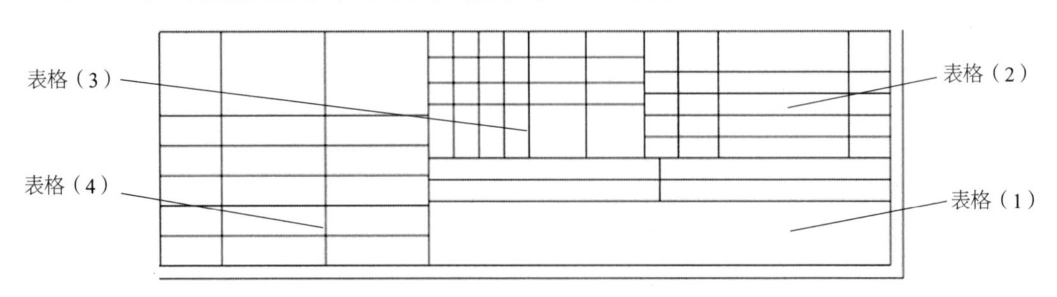

图18-24　绘制表格（4）

Step 26 对单元格进行合并，合并后如图18-25所示。

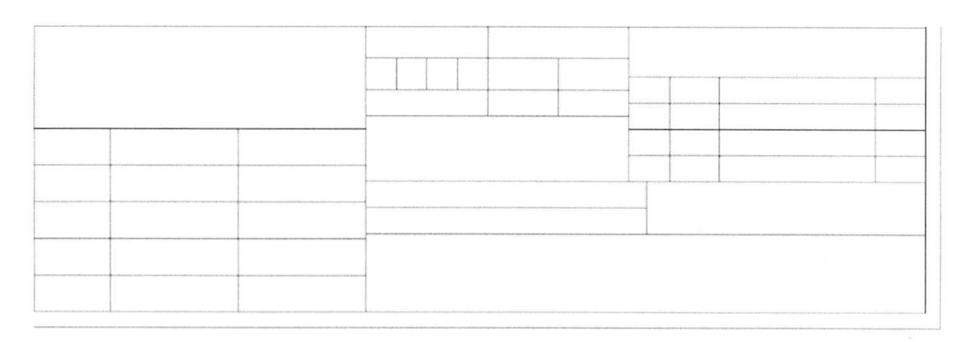

图18-25　合并其他单元格

18.3　在标题栏中添加文本

Step 01 更改默认文本的高度：选择“文件 | 准备（R） | 绘图属性”命令，在【格式属性】对话框中单击“更改”按钮。

Step 02 在“选项”窗口中将“text_height”的值设为8，如图18-26所示。

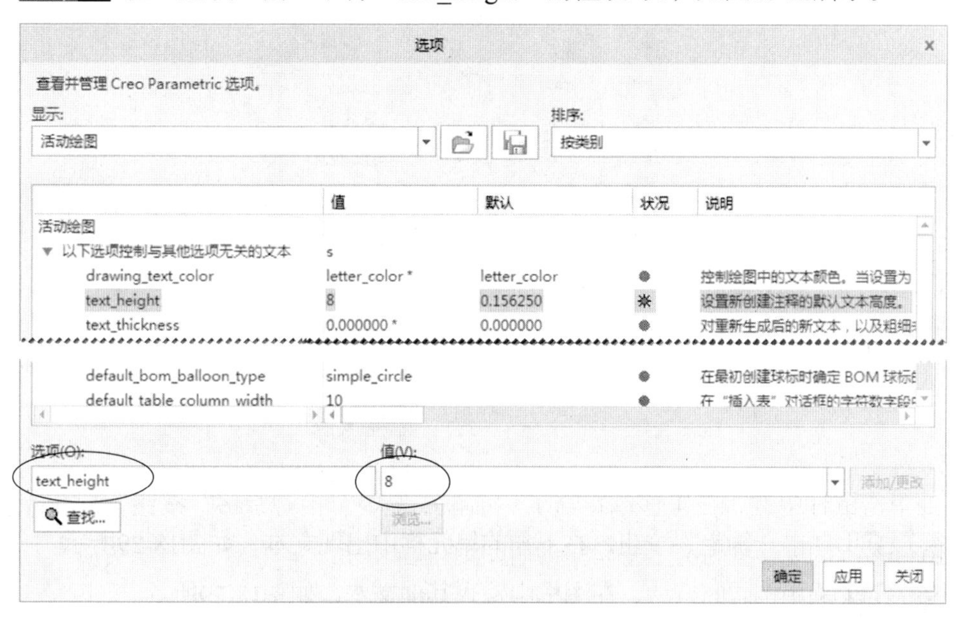

图18-26　更改文本高度

Step 03 双击右下方的单元格，输入“×××机械制造有限公司”，如图18-27所示。（如果没有文本，可能是上一步没有将字体的高度设置成功，导致创建字体太小，无法看清楚，需放大后才能看到文本，可按后续步骤将字体放大。）

Step 04 先用左键选择右下方的单元格，出现8个空白小方点后，再将鼠标放在“××× 机械制造有限公司”上面，长按鼠标右键，在下拉菜单中选择“文本样式”命令。

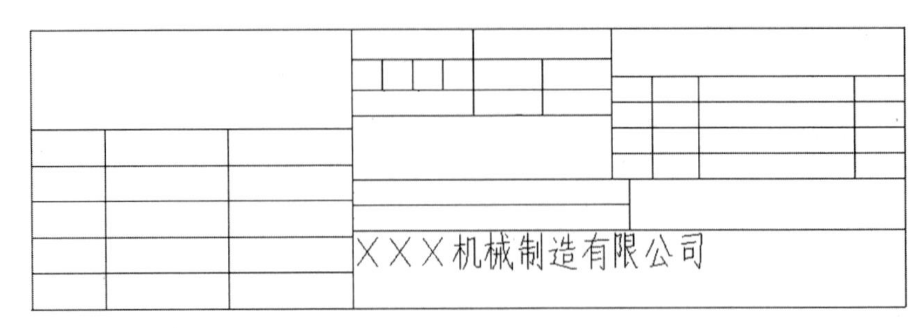

图18-27 在文本框中输入文字

Step 05 在【文本样式】对话框中将“高度”设为8mm，将“水平”选为“中心”，将“竖直”选为“中间”，如图18-28所示。

图18-28 设置【文本样式】对话框参数

Step 06 单击“确定”按钮，右下角的单元格中出现文本，如图18-29所示。

Step 07 采用相同的方法，在图框中输入其他文本，如图18-29所示。

产品工程图			共 张 第 张		投影方向： 第一视角			
			阶段标识	重 量 比 例				
设 计			产品名称：		标记	处数	更改文件号	签名
标准化			物料代码：		更改图纸记录版本号			
审 核			物料图号：					
会 签			XXX机械制造有限公司					
批 准								

图18-29 在图框中输入文本

18.4 添加注释文本

Step 01 在横向菜单中选择“注释 | 注解”命令，如图18-30所示。

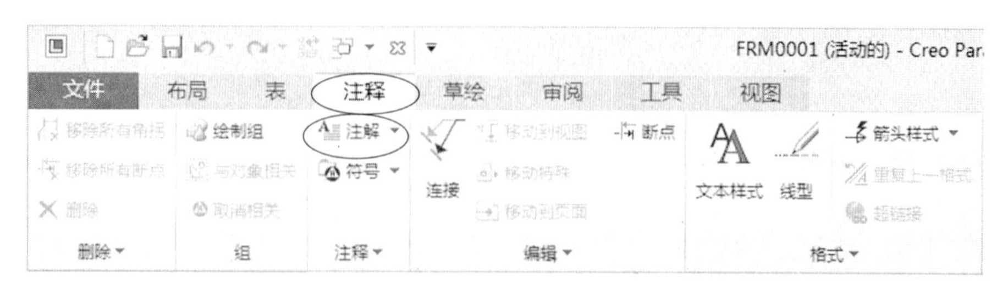

图18-30 选“注释 | 注解”命令

Step 02 选择图框中的适当位置即可在文本框中输入文本，如图18-31中的“技术要求”所示。

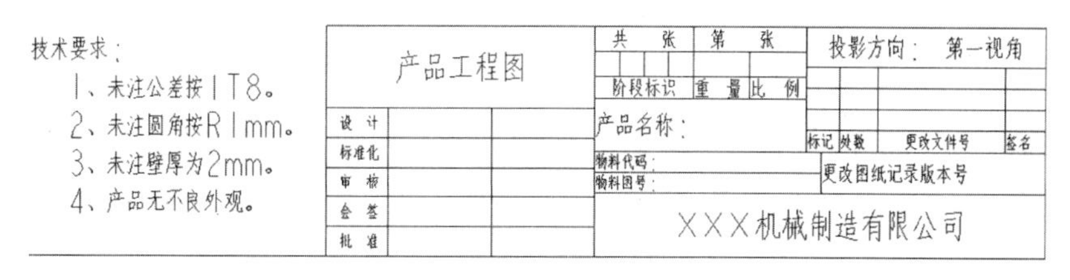

图18-31 输入文本

Step 03 选中刚才创建的文本，长按鼠标右键，在活动窗口中选择“chfntf”字体，设置字高为6.0mm，如图18-32所示。

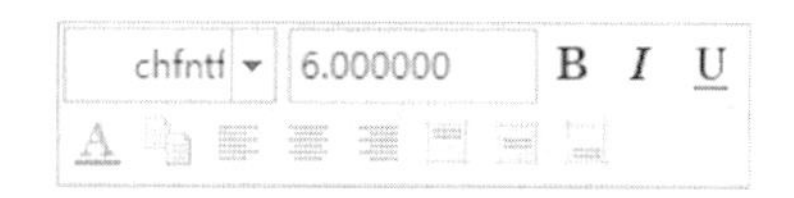

图18-32 选“chfntf”字体，字高为6.0mm

Step 04 选择“文件 | 保存”命令或单击按钮，保存文档。

18.5 创建工程图模板

Step 01 单击“新建”按钮，在【新建】对话框中选择“◉ 绘图”，设置“文件名”为“my-gongchengtu”，取消“☐使用缺省模板”复选框的选中状态，如图18-33所示。

Step 02 单击“确定”按钮，在【新建绘图】对话框中将“指定模板”选为“◉格式为空”，在“格式”选项中单击“浏览”按钮，选择刚才创建的图框“tukuang.frm”，如图18-34所示。

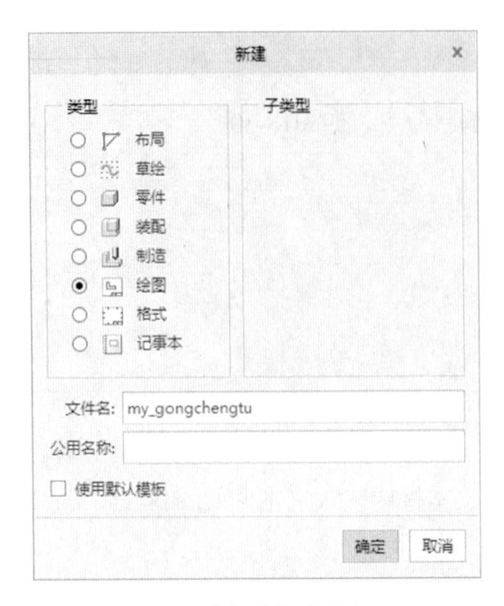

图18-33 【新建】对话框

图18-34 【新建绘图】对话框

Step 03 单击“确定”按钮，把tukuang.frm图框调进来，进入工程图界面。

Step 04 在横向菜单中选择“工具”选项卡，再单击“模板”按钮，如图18-35所示。

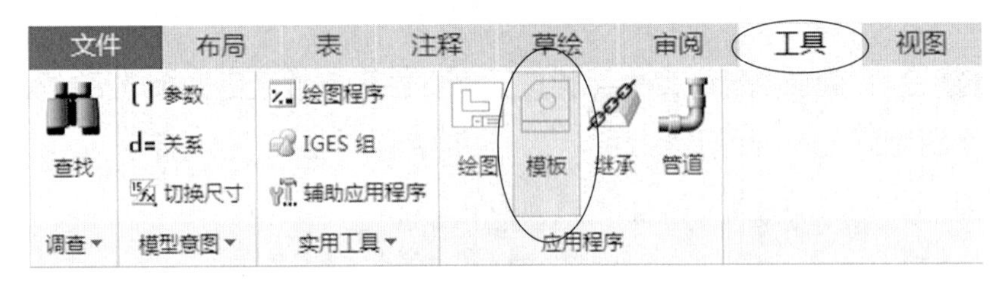

图18-35 单击“模板”

Step 05 在横向菜单中选择“布局”选项卡，再单击“模板视图”按钮，如图18-36所示。

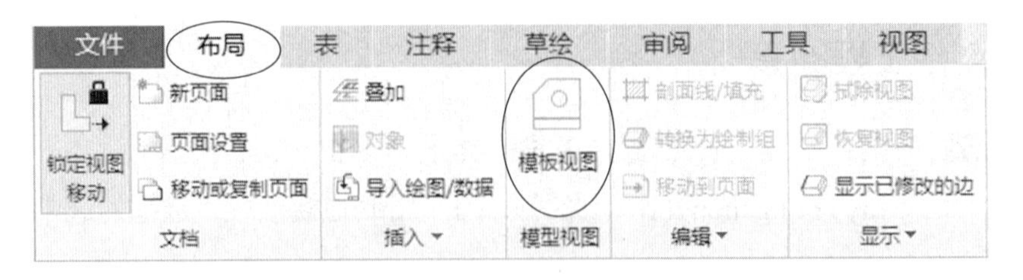

图18-36 选“模板视图”

Step 06 在【模板视图指令】对话框中，输入视图名称为“前视图”，在“类型”下拉列表框中选择“常规”，“方向”为“FRONT”，如图18-37所示。

图18-37 【模板视图指令】对话框

Step 07 单击“放置视图”按钮 放置视图... ，再在图框中选择任意位置，创建第一个视图，如图18-38所示。

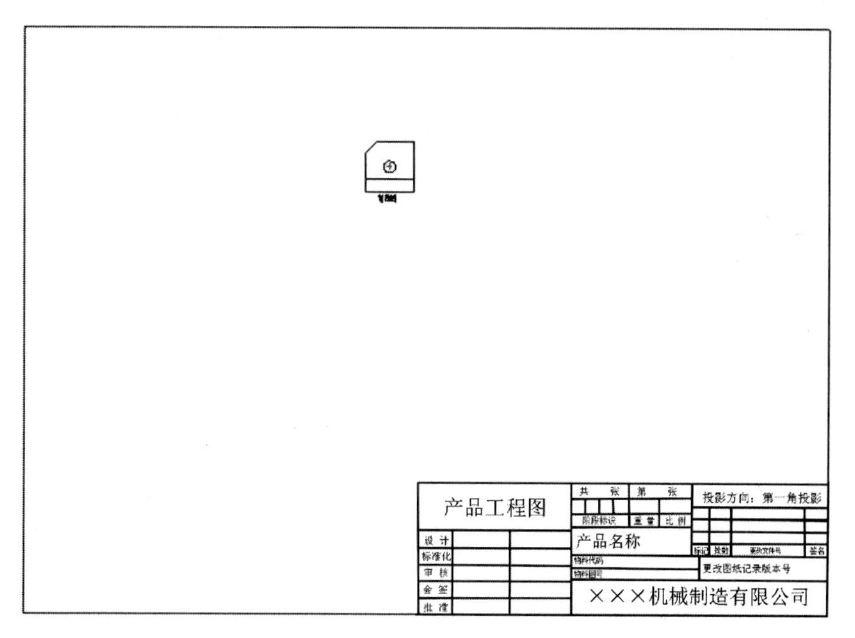

图18-38 绘制第一个视图

Step 08 选择“模板视图”按钮，在【模板视图指令】对话框中输入视图名称“左视图”，在“类型”下拉列表中选择“投影”，在“投影父项名称”下拉列表中选择“前视图”，如图18-39所示。

模板视图指令

名称：左视图

类型

投影　投影父项名称：前视图

视图符号

放置视图...　编辑...　替换...

重置　确定　取消

图18-39 【视图指令模板】对话框

Step 09 单击“放置视图”按钮 放置视图... ，在图框中前视图的右侧选择任意位置，再单击“确定”按钮 确定 ，创建左视图，如图18-40所示。

Step 10 在工作区中双击左视图，在【模板视图指令】对话框中单击“移动视图”按钮 移动符号 ，可以拖动左视图到适当位置。

Step 11 按上述方法，创建俯视图，如图18-40所示。

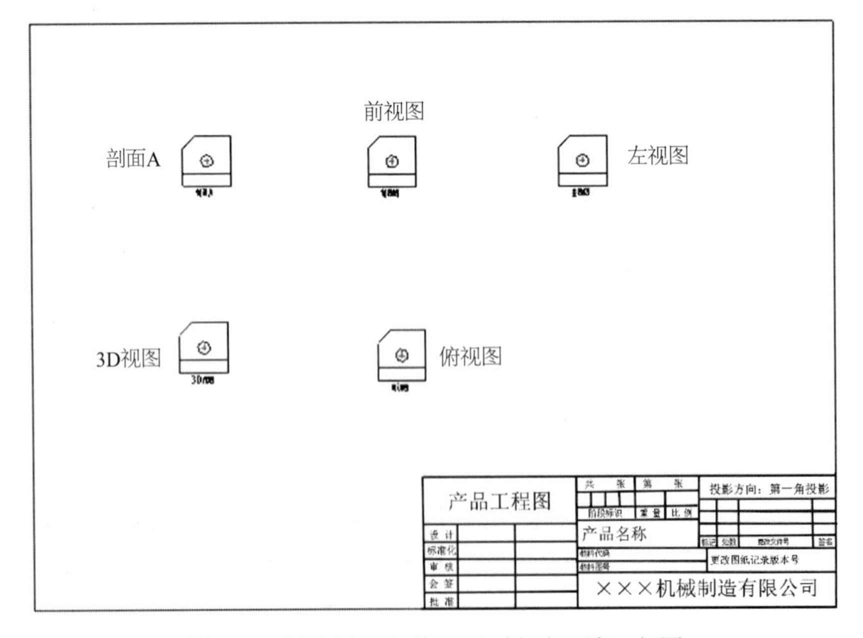

图18-40 创建左视图、俯视图、剖面视图和3D视图

Step 12 创建剖面视图

1）选择“模板视图”按钮，在【模板视图指令】对话框中输入视图名称为“剖面A”，在“类型”下拉列表中选择“投影”，在“投影父项名称”下拉列表中选择“前视图”，在“横截面”文本框中输入“A”，在“箭头放置视图”下拉列表中选择“俯视图”，选中“显示3D剖面线”复选框，如图18-41所示。

图18-41 设置【模板视图指令】对话框

2）单击“放置视图”按钮 放置视图... ，在前视图的左侧选择任意位置，单击【视图指令模板】对话框的“确定”按钮 确定 ，创建剖面视图，如图18-40所示。

Step 13 创建3D视图

1）选择“模板视图”按钮，在【模板视图指令】对话框中输入视图名称为“3D视图”，在“类型”下拉列表中选择“常规”，在“方向”本文框中输入“3D”，单击“放置视图”按钮 放置视图... 。

2）在图框中选择适当位置，单击【视图指令模板】对话框的“确定”按钮 确定 ，创建3D视图，如图18-40所示。

Step 14 单击按钮，保存文档，作为以后创建工程图的模板。

18.6　按模板创建工程图

Step 01 先将项目4中创建的“baowenhe.prt”和前面创建的“my_gongchengtu”复制到工作目录中。

Step 02 单击“确定”按钮 确定 ，在【新建绘图】对话框的“默认模型”选项区中选择项目4中创建的“baowenhe.prt”，在“指定模板”选项区选择“◉ 使用模板”选项，在“模板”选项区中单击“浏览”按钮 浏览... 按钮，选择“my_gongchengtu”为模板（在默认的文件夹中没有这个文件），如图18-42所示。

Step 03 单击“确定”按钮 确定(O) ，弹出“绘图模板错误信息”窗口，单击“关闭”按钮。

图18-42　调用“my_gongchengtu”模板

Step 04 软件自动按“my_gongchengtu.drw”视图的排列方式创建工程图，其中剖视图与3D视图没有创建成功，如图18-43所示。

Step 05 单击“关闭”按钮☒，不存盘退出。

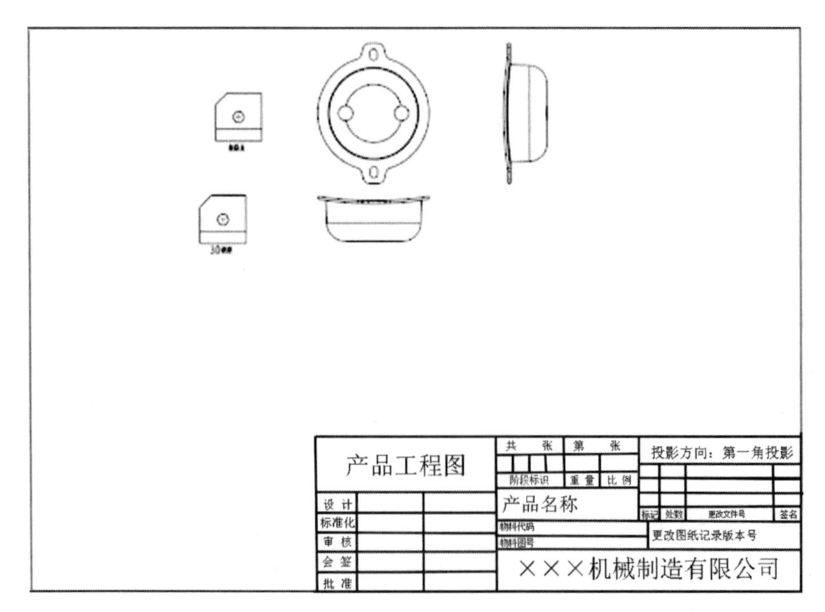

图18-43　按“my_gongchengtu.drw”视图的排列方式创建工程图

Step 06 单击“打开”按钮, 打开第4章创建的“baowenhe.prt”。

Step 07 在横向菜单中单击“视图”选项卡，再单击“标准方向”按钮（或同时按住键盘Ctrl+D），切换视图方向。

Step 08 单击“已保存方向”按钮，再选“重定向”命令，如图18-44所示。

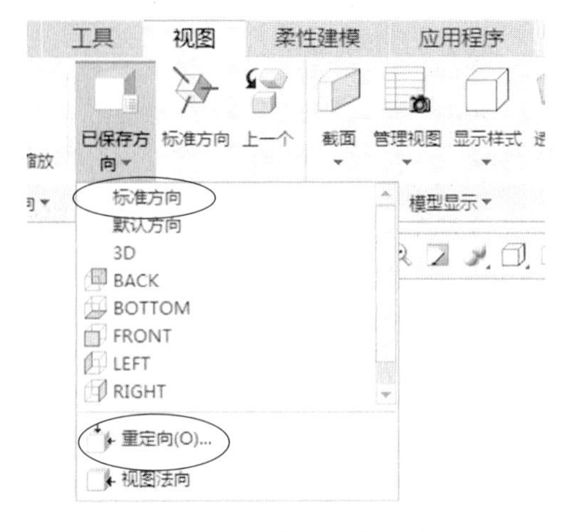

图18-44 选“重定向”命令

Step 09 在【视图】对话框中输入“视图名称”为“3D”，再在“视图名称”栏的右侧单击“保存”按钮，如图18-45所示。

Step 10 单击“确定”按钮，创建3D视图。

Step 11 在快捷菜单中单击“截面”下方的三角形按钮▼，再选择“平面”命令 平面，如图18-46所示。

图18-45 “视图名称”为“3D”

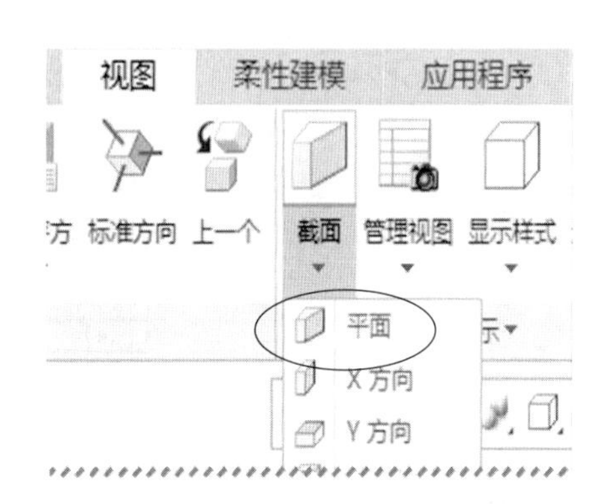

图18-46 选“平面”命令

Step 12 在模型树中选择“RIGHT”基准面，在操控板中单击“预览而不修剪”按钮，选择“属性”按钮，在“名称”文本框中输入“A”，如图18-47所示。

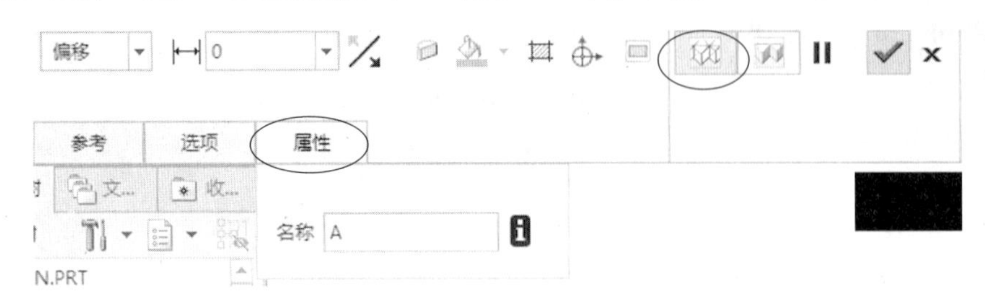

图18-47 截面操控板

Step 13 单击按钮，保存文档。

Step 14 单击“新建”按钮，在【新建】对话框中选择“◉ 绘图”，输入名称为“Drw”，取消“使用缺省模板”复选框的选中状态。

Step 15 单击“确定”，在【新建绘图】对话框的“默认模型”列表选择“baowenhe.prt”，将“指定模板”选为“◉使用模板”选项，在“模板”选项中单击“浏览”按钮，选择工程图模板“my_gongchengtu.drw”，如图18-42所示。

Step 16 单击“确定”按钮，按模板创建工程图，其中剖视图与3D视图创建成功，如图18-48所示。

Step 17 加上适当的尺寸，即可得到工程图（尺寸标注的方法将在后面详细讲解）。

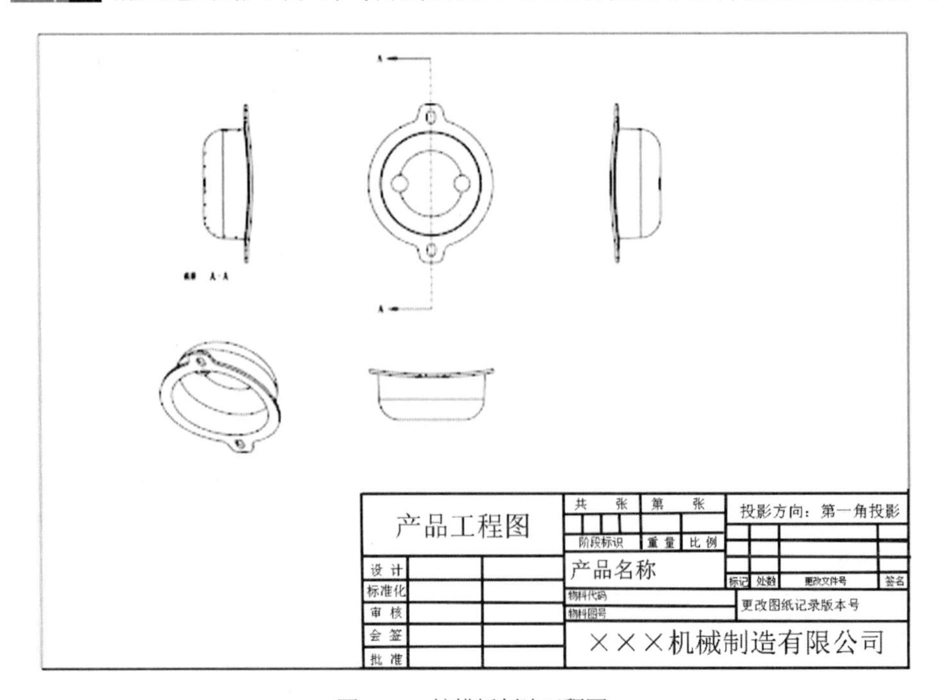

图18-48 按模板创建工程图

18.7 按缺省模板创建工程图

18.7.1 进入工程图环境

Step 01 单击“新建”按钮，在【新建】对话框中选择“◉ 绘图”，输入名称为“Drw03”，取消“使用缺省模板”复选框的选中状态。

Step 02 单击“确定”，在【新建绘图】对话框中“默认模型”列表中选择第4章创建的“baowenhe.prt”，在“指定模板”选项区中选择“◉ 格式为空”，单击“格式”选项对应的“浏览”按钮 浏览...，选择模板图框“tukuang.frm”（在默认的文件夹中没有这个文件），如图18-49所示。

图18-49 设置【新建绘图】对话框参数

Step 03 单击“确定”按钮 确定(O)，进入工程图界面。

18.7.2 更改工程图视角

Step 01 依次选择“文件 | 准备 | 绘图属性”命令，在【绘图属性】对话框的“详细信息选项”栏中单击“更改”按钮，如图18-50所示。

Step 02 将projection_type更改为first_angle，如图18-51所示。

 **说明：**中国、原苏联通常用第一视角绘图，英、美等国家通常用第三视角绘图。

图18-50　单击“更改”按钮

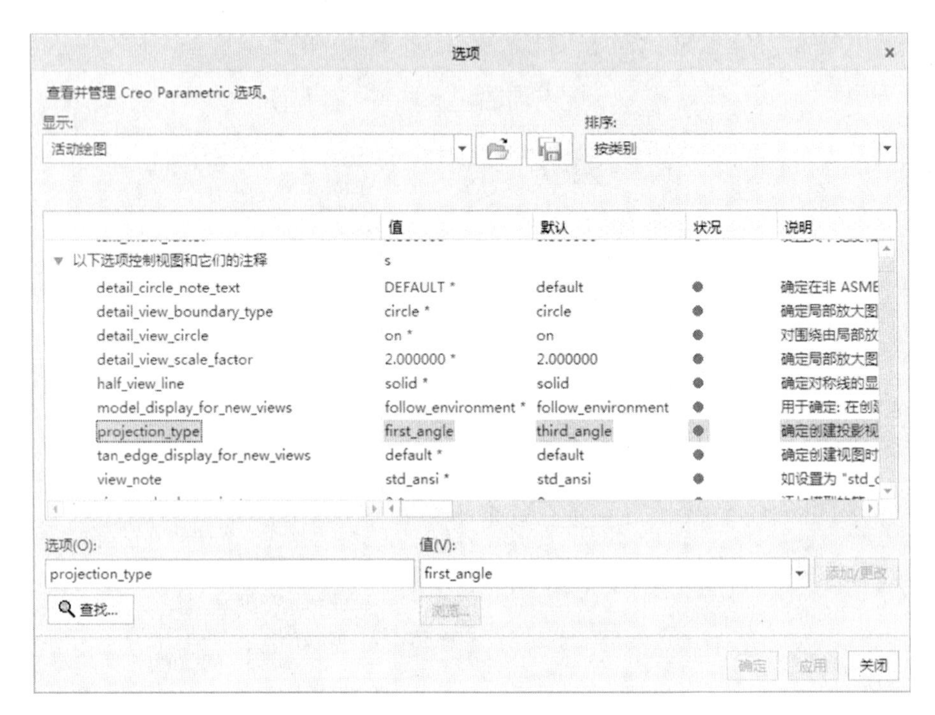

图18-51　将projection_type更改为first_angle

18.7.3　创建主视图

Step 01 在快捷菜单栏单击“普通视图”按钮，如图18-52所示。

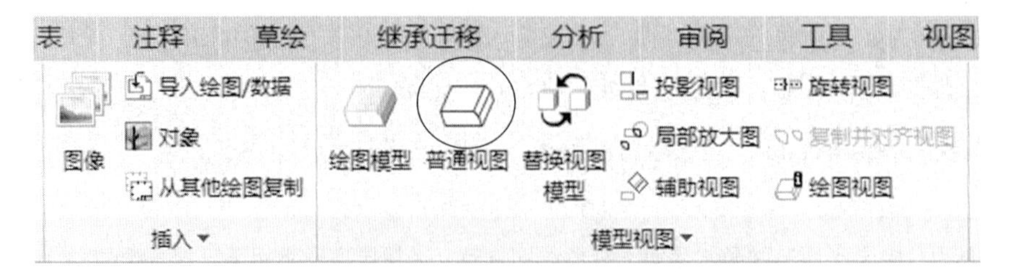

图18-52　单击“普通视图”按钮

Step 02 在“选择组合状态”窗口中选择“无组合状态”，单击“确定”，如图18-53所示。

Step 03 在图框中选择任意位置，在【绘图视图】对话框的“模型视图名”下拉列表中选择“TOP”，如图18-54所示。

Step 04 单击“确定”按钮，以参考零件的TOP视图创建主视图。

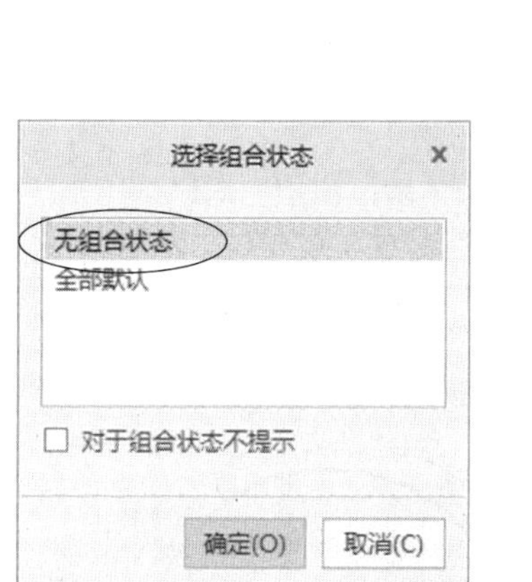

图18-53 选“无组合状态”

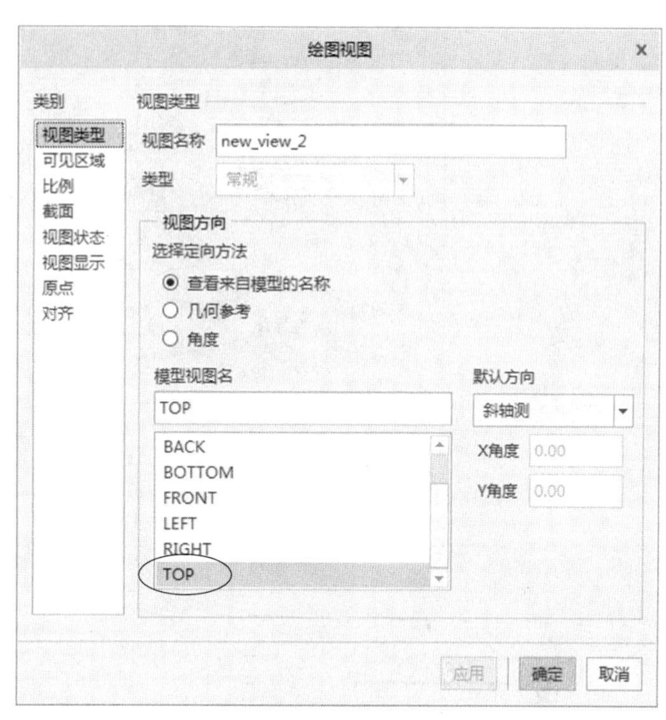

图18-54 选“TOP”

18.7.4 移动视图

Step 01 在模型树中选择 new_view_1，单击鼠标右键，在下拉菜单中选择“锁定视图移动” 锁定视图移动 命令，对应的视图上出现5个白色的正方形点。

Step 02 拖动视图，移至合适的位置。

18.7.5 旋转视图

Step 01 双击刚才创建的视图，在“绘图视图”窗口的“视图方向”选项栏中选择“◉ 角度”，将“旋转参考”选为“水平”，设置“角度值”为90°，如图18-55所示。

Step 02 单击“确定”按钮，视图旋转90°，如图18-56所示。

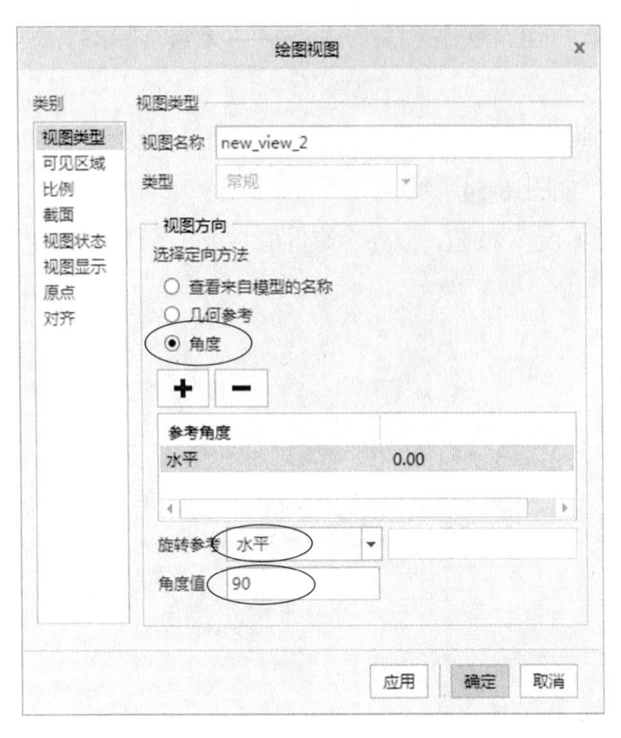

图18-55　在“视图方向”选项栏选择“◉ 角度”，设置“角度值”为90°

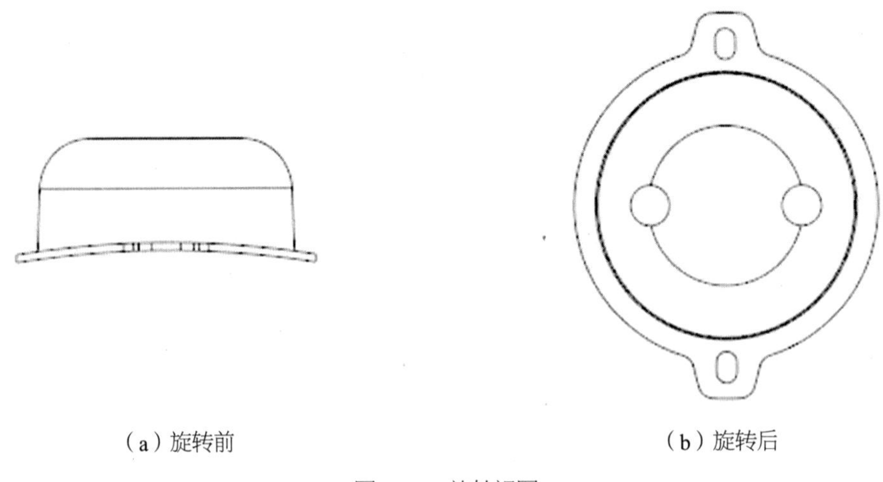

（a）旋转前　　　　（b）旋转后

图18-56　旋转视图

18.7.6　投影视图

Step 01 在快捷菜单栏单击“投影视图”按钮 投影视图，选择主视图为父视图，在主视图的右边，创建左投影视图与俯视图，如图18-57所示。

Step 02 采用相同的方法，在主视图的下方，创建俯视图，如图18-57所示。

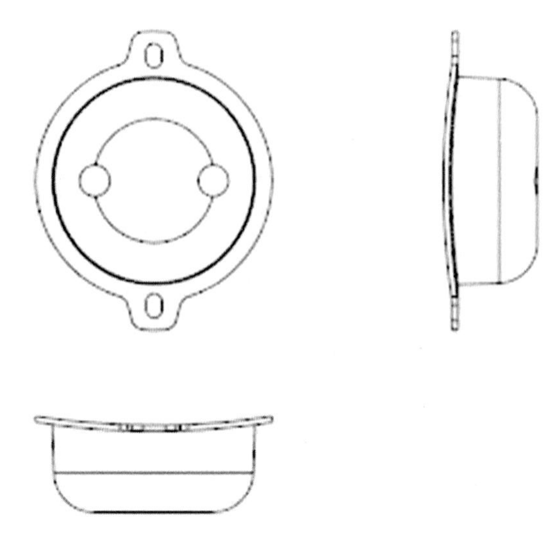

图18-57　创建左视图和俯视图

18.7.7　创建局部放大图

Step 01 单击“局部放大图”按钮局部放大图，在左视图上选择A点，再在A点周围任意选择若干点，单击鼠标中键，绘制一条封闭的曲线，系统将曲线转化为圆，选择适当的位置，创建局部放大视图，如图18-58所示。

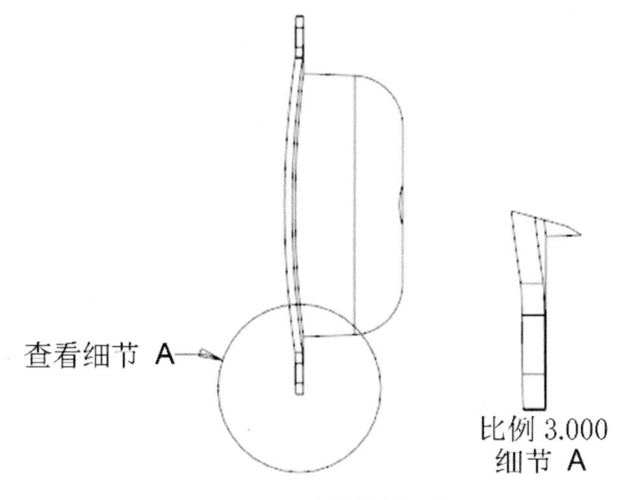

图18-58　创建放大视图

Step 02 双击局部放大视图，在【绘图视图】对话框的“类别”选项栏中选择“视图类型”选项，将“视图名称”设为A，选择“比例”选项，将“◉ 自定义比例”设为3，如图18-59所示。

Step 03 单击“确定”按钮，创建局部放大图，局部放大图放大3倍。

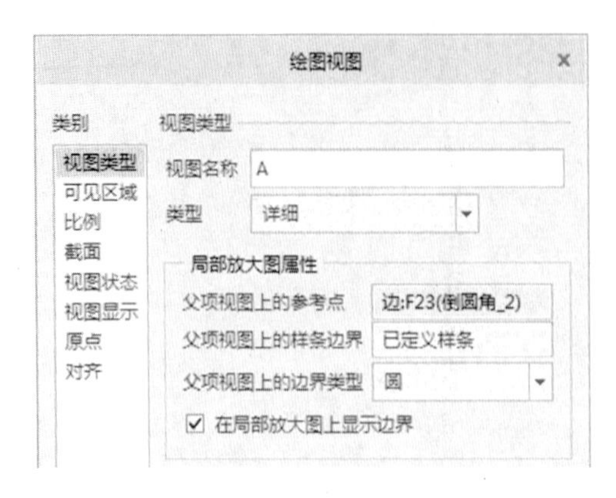

（a）“视图名称”为A

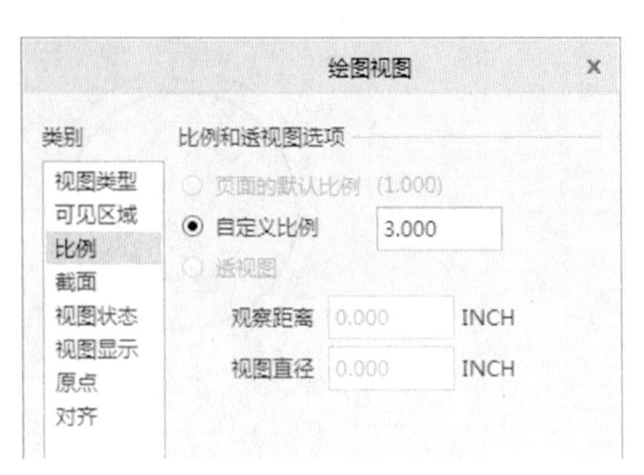

（b）“◉ 自定义比例”为3

图18-59 设置“视图名称”参数

18.7.8 创建辅助视图

Step 01 单击“辅助视图”按钮 辅助视图，选择斜边作为基准边，如图18-60所示。

Step 02 在斜边的垂直方向出现一个方框，选择适当位置，创建辅助视图，如图18-60所示。

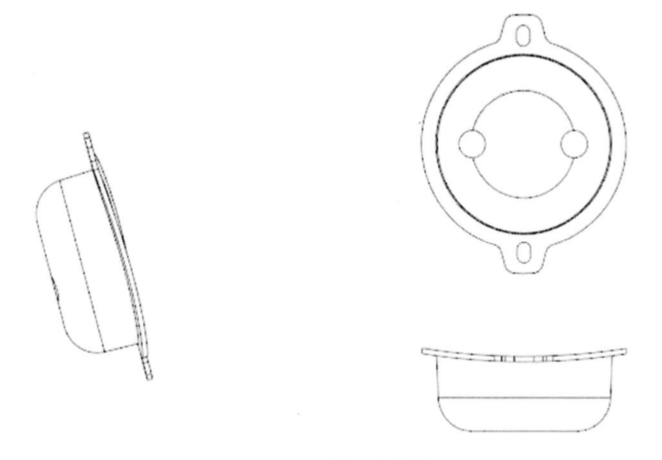

图18-60 创建辅助视图

18.7.9 创建复制并对齐视图

Step 01 单击“复制并对齐视图”按钮 复制并对齐视图，系统在工作区的左下方提示“选择一个要与之对齐的部分视图”。

Step 02 选择在前面创建的局部放大图，系统在工作区的左下方提示“选择绘制视图的中心点”。

Step 03 在图框中选择任意点，系统按局部放大图的比例显示局部视图的父视图，如图18-61所示。

Step 04 在放大的父视图中左上角选择A点为基准点，如图18-61所示。

Step 05 在中心点周围任意选择若干点，按鼠标中键确认，系统重新创建一个局部放大图，放大的比例与原视图相同。

Step 06 在新创建的放大视图中选择直线AB边作为对齐边。

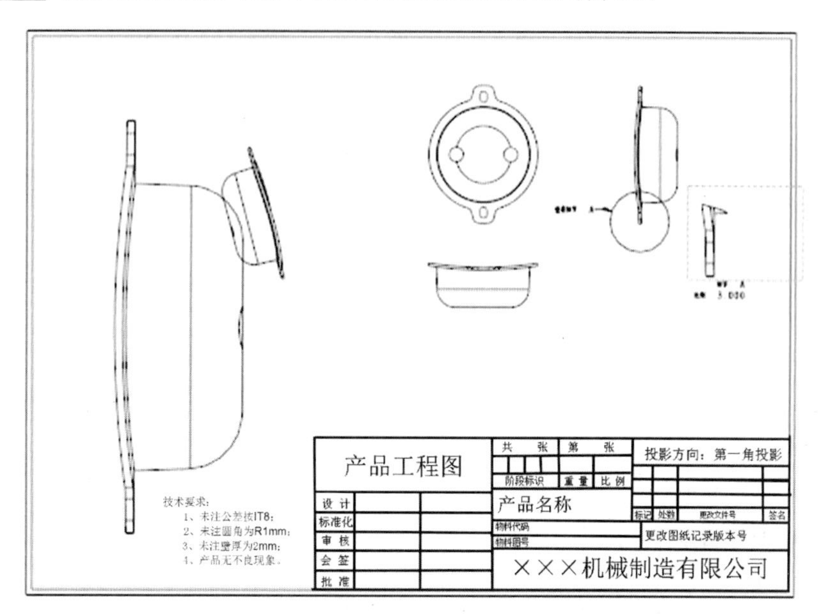

图18-61 按局部放大图的比例显示局部视图的父视图

Step 07 创建一个新的局部放大图，如图18-62所示，新的局部放大图与原局部放大视图存在父子关系。

Step 08 选择原来的局部放大视图，出现5个白色的方形点后，在图框中移动局部放大视图，新创建的视图同步移动。

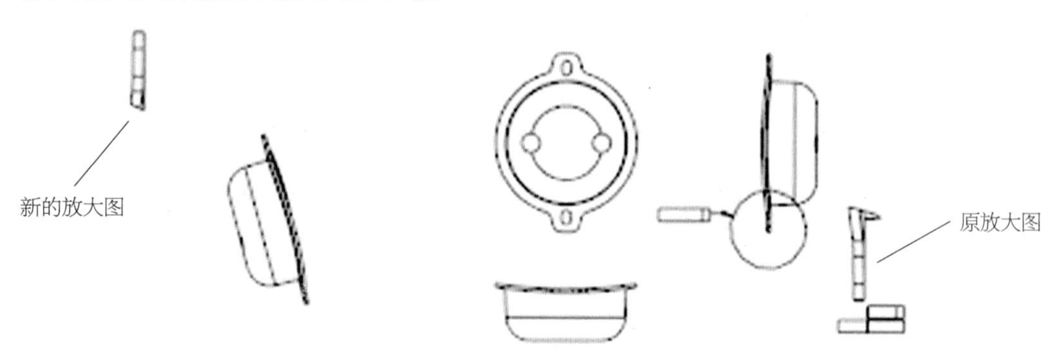

图18-62 创建新的局部放大图

18.7.10 创建半视图

拭去全视图的一部分，只显示整个视图的一部分。

Step 01 双击左视图，在【绘图视图】对话框的“类别”下拉列表中选择“可见区域”，将“视图可见性”选为“半视图”，将“半视图参考平面”选为TOP平面，将“对称线标准”选为“对称线ISO”，单击“保持侧”按钮，可以改变半视图的显示部分，如图18-63所示。

Step 02 单击“确定”按钮 确定 ，创建半视图，如图18-64所示。

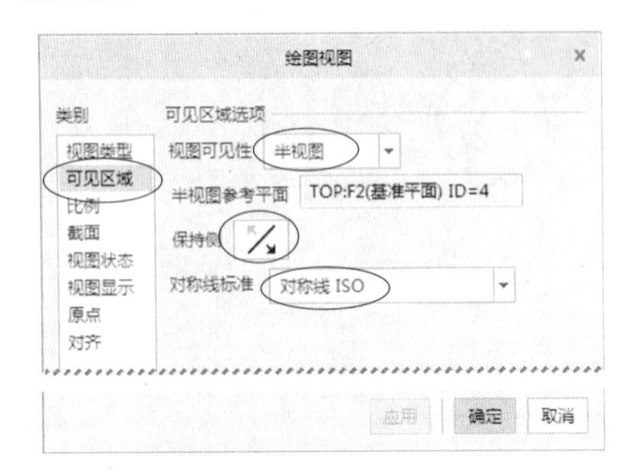

图18-63 【绘图视图】对话框

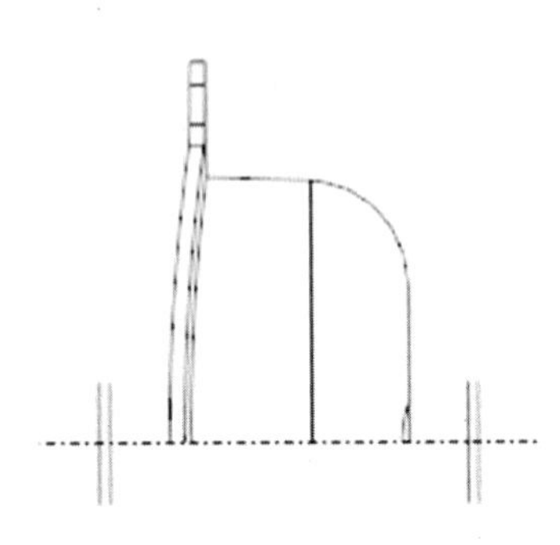

图18-64 创建半视图

18.7.11 创建局部视图

局部视图是显示草绘区域内的视图，并拭去草绘区域外的部分。

Step 01 双击辅助视图，在【绘图视图】对话框中的“类别”下拉列表中选择“可见区域”，将“视图可见性”选为“局部视图”，在辅助视图中选择C点，如图18-65所示。

Step 02 在C点周围任意选择若干点，按鼠标中键或单击“确定”按钮 确定 ，创建局部视图，如图18-66所示（局部视图与放大视图相比，局部视图没有按比例放大）。

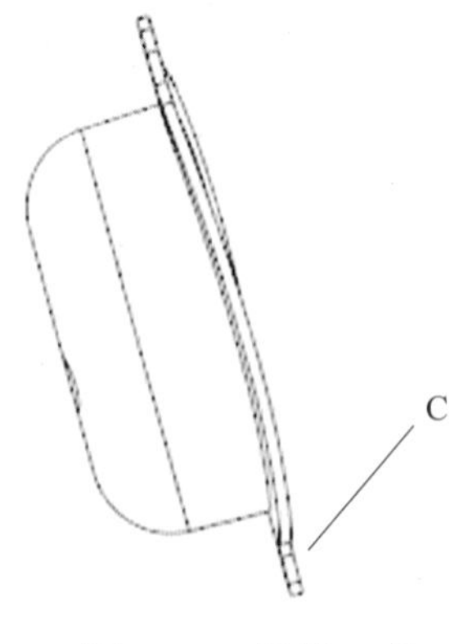

图 18-65 选择 C 点

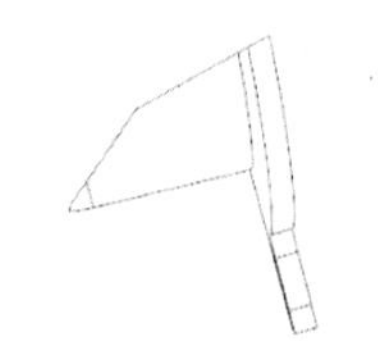

图 18-66 创建局部视图

18.7.12 破断视图

拭去两选定点之间的视图，并将剩余的视图合拢在一定距离内。

Step 01 双击俯视图，在【绘图视图】对话框的“类别”下拉列表中选择“可见区域”，将“视图可见性”选为“破断视图”。

Step 02 在【绘图视图】对话框中单击“添加断点”按钮 + ，在俯视图上先选择任意点，再鼠标往下绘制第一条竖直破断线，再在【绘图视图】对话框中单击“第二破断线”的 单击此处添加项 ，并绘制第二条竖直破断线，如图18-67所示。

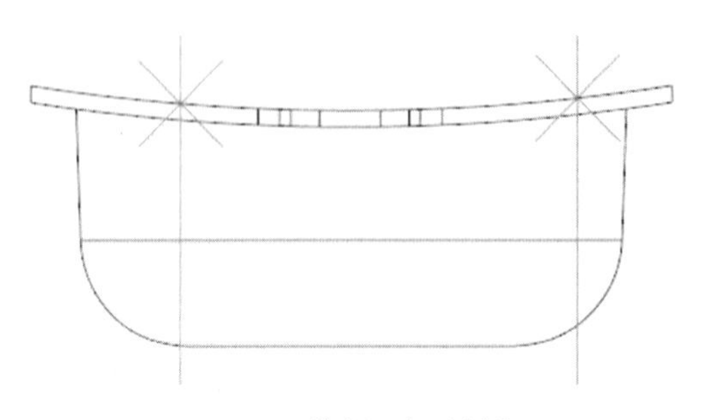

图18-67　绘制二条破断线

Step 03 在“破断线样式”列表框中选择“视图轮廓上的S曲线”，如图18-68所示。

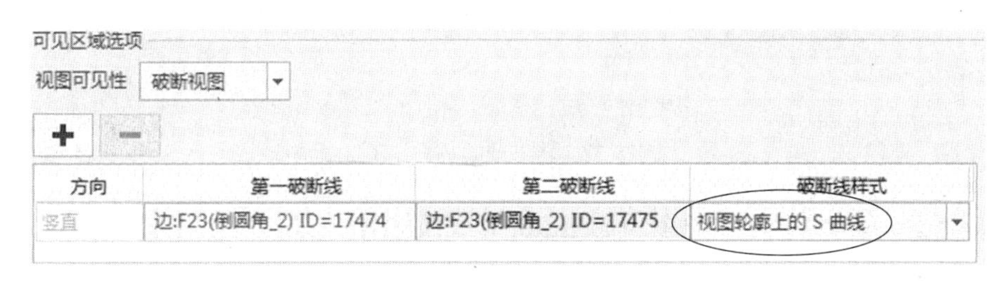

图18-68　定义破断线样式

Step 04 单击【绘图视图】对话框的“确定”，生成的“S”形破断视图如图18-69所示。

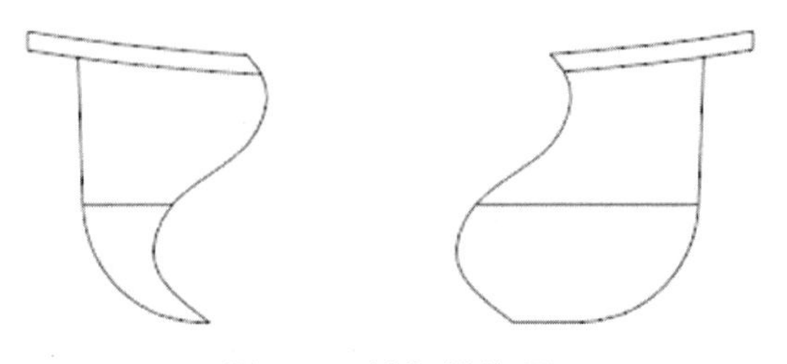

图18-69　创建破断视图

18.7.13　创建 2D 剖面视图

Step 01 重新创建一个主视图和左视图，并双击刚才创建的左视图，在【绘图视图】对话框的“类别”中选择“截面”，在“截面选项”栏中选择“◉ 2D横截面”，如图18-70所示。

Step 02 单击 + 按钮，再选择“新建”选项，在“横截面创建”菜单管理器上选择“平面 | 单一 | 完成”命令，如图18-71所示。

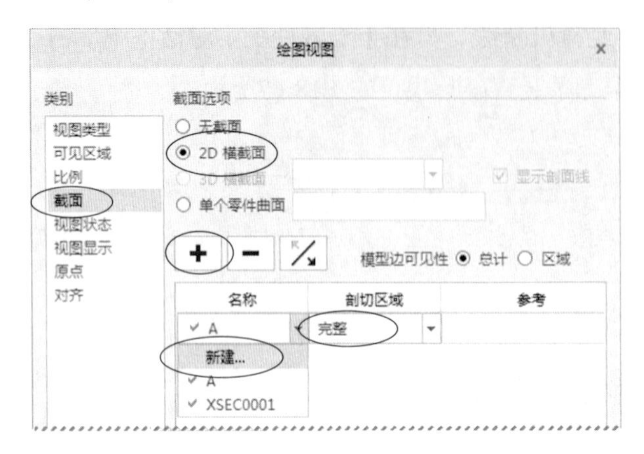

图18-70 设置【绘图视图】对话框

菜单管理器
横截面创建
平面
偏移
单侧
双侧
单一
阵列
完成
退出

图18-71 菜单管理器

Step 03 在活动窗口中输入截面名称“B”，如图18-72所示。

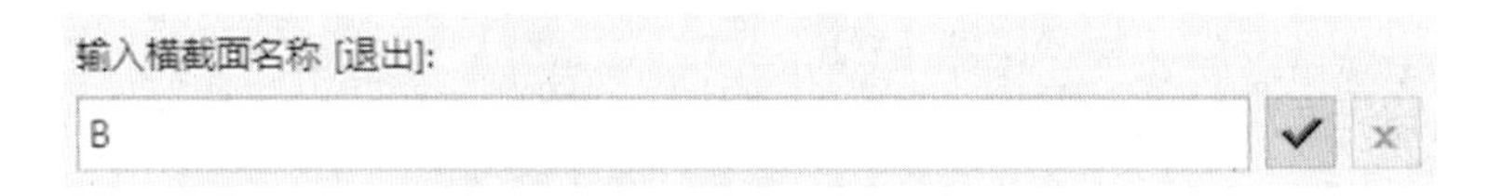

图18-72 输入截面名称“B”

Step 04 单击“确定”按钮☑或Enter键或按鼠标中键，在左下角弹出“设置平面”菜单管理器。

Step 05 在主视图上选择RIGHT基准面为剖切位置，在【绘图视图】对话框中“剖切区域”选择“完整”，单击“确定”，创建的2D剖面，如图18-73所示。

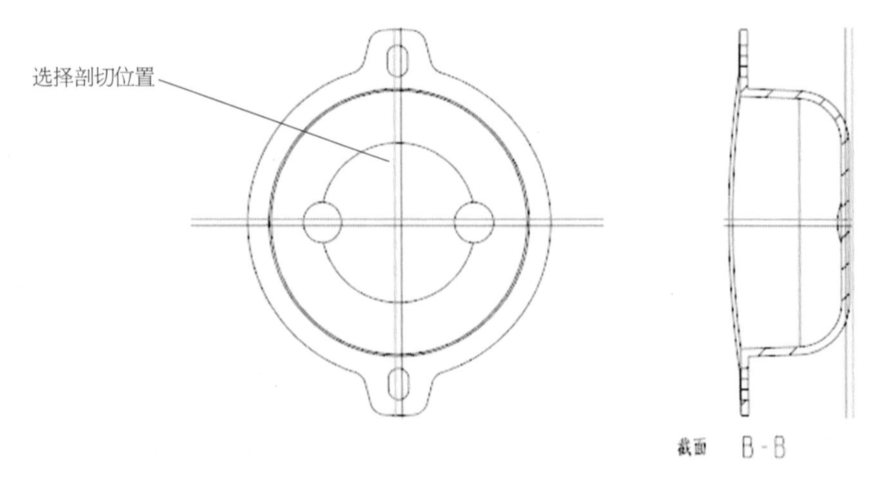

图18-73 创建2D剖面

18.7.14 沿折线创建的剖面视图

Step 01 在图框中增加一个主视图，如图18-74所示。

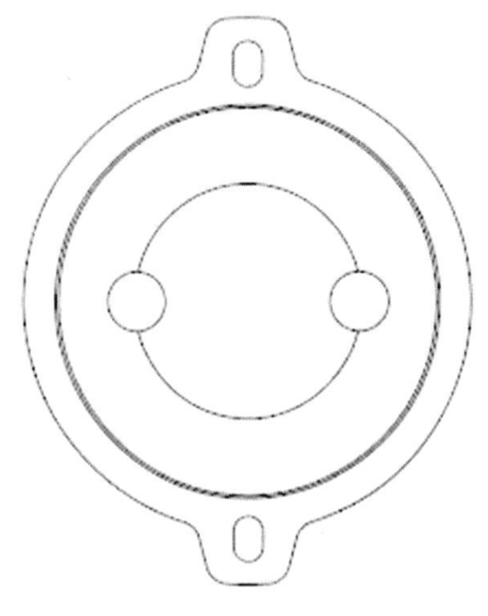

图18-74 添加一个视图

Step 02 双击刚刚创建的视图，在【绘图视图】对话框中将“类别”选为“截面”，在“截面选项”栏中选择“◉ 2D横截面”，单击 + ，选择“新建……”选项，如图18-70所示。

Step 03 在“横截面创建”菜单管理器上选择“偏移 | 双侧 | 单一 | 完成”命令，如图18-75所示。

Step 04 在活动窗口中输入截面名称“C”。

Step 05 单击“确定”按钮☑或Enter键或鼠标中键，在“设置草绘平面”菜单管理器上选择“新设置 | 平面”命令，如图18-76所示，弹出一个活动窗口。

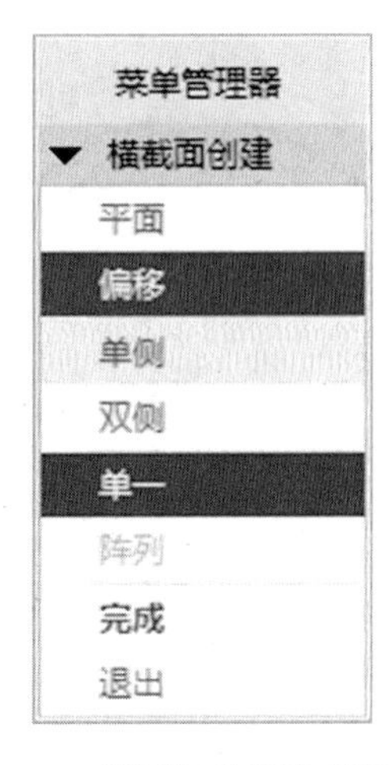

图18-75 “横截面创建”管理器

图18-76 “设置平绘平面”管理器

Step 06 在主窗口中选择“视图”选项卡，再按下“平面显示”按钮，显示基准平面（如已显示基准平面，则可以跳过此处）。

Step 07 在活动窗口上选择RIGHT为绘图平面，如图18-77所示。

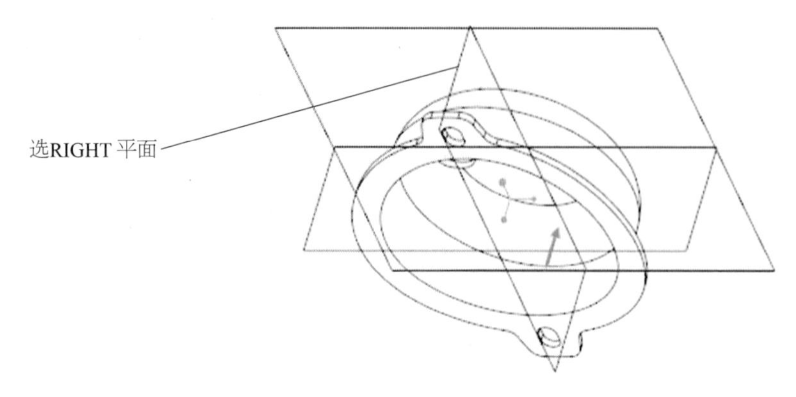

图18-77　选择RIGHT为绘图平面

Step 08 在“设置草绘平面”菜单管理器上选择“确认”，再选“默认”，弹出一个活动窗口。

Step 09 在活动窗口中依次选择“视图 | 方向 | 草绘方向”命令，切换到草绘方向。

Step 10 在主窗口中选择“视图”选项卡，再单击“平面显示”按钮，使呈弹起状态，隐藏基准平面，目的是保持桌面整洁。

Step 11 在活动窗口中选择“草绘 | 线 | 线”命令，绘制剖面位置线，如图18-78粗线所示。

Step 12 在活动窗口中选择“草绘 | 完成”命令，在【绘图视图】对话框中选择“应用”按钮，创建偏距2D剖面视图，如图18-79所示。

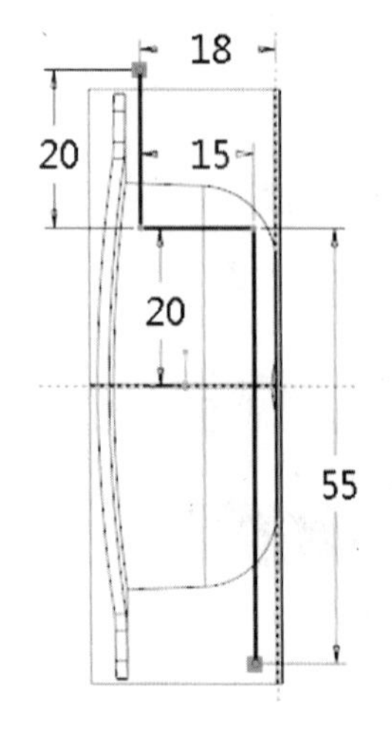

图18-78　绘制剖面位置线

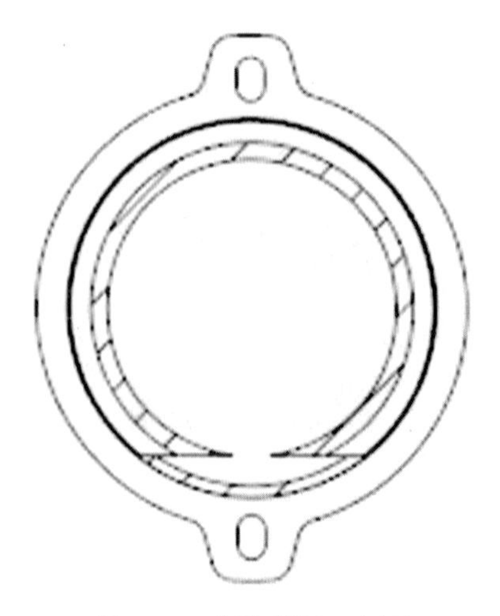

图18-79　创建偏距2D剖面

18.7.15 创建截面视图箭头

Step 01 双击截面A-A，在“绘图视图”的“类别”列表框中选择“截面”，选“◉ 2D横截面”，选择“◉ 总计”选项，单击“箭头显示”栏的“选择项”处，如图18-80所示。

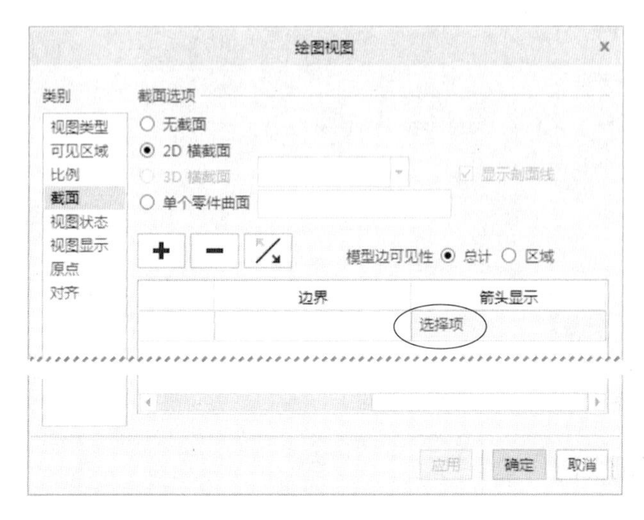

图18-80 单击“箭头显标”的“选择项”处

Step 02 双击截面A-A的父视图，单击【绘图视图】对话框的“确定”，即在父视图中显示剖面位置箭头，如图18-81所示（按住箭头或字符“A”，可调整位置）。

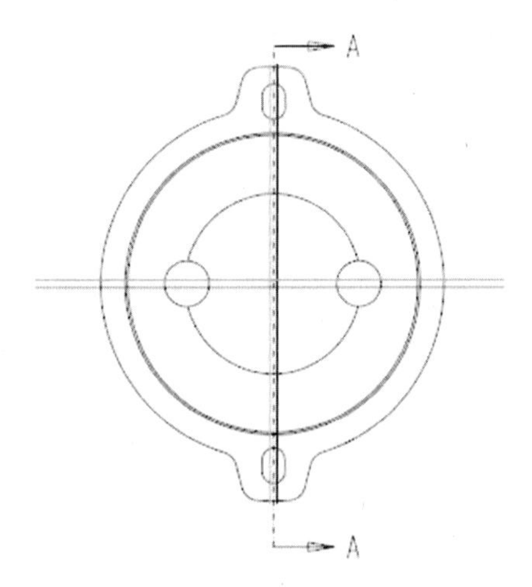

图18-81 显示剖面位置箭头

18.7.16 区域截面视图

Step 01 在“绘图视图”的“模型边可见性”选项中选择“◉ 2D横截面”，选择“◉ 区域”选项，如图18-82所示。

Step 02 单击“应用”，剖截面只显示截面部分的线条，其他线条不显示，如图18-83所示。

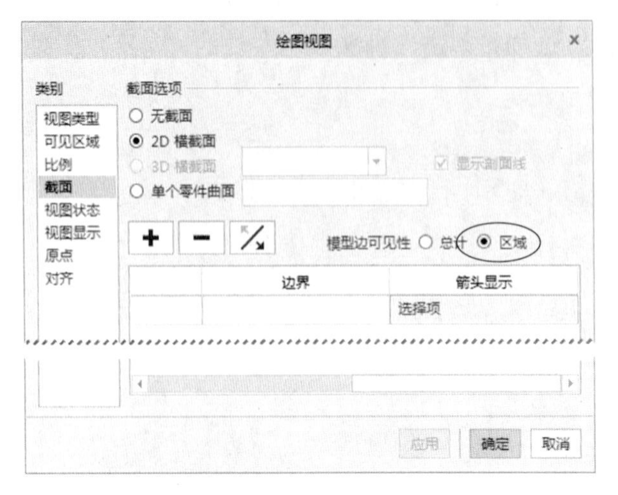

图18-82　选择“◉ 区域”选项

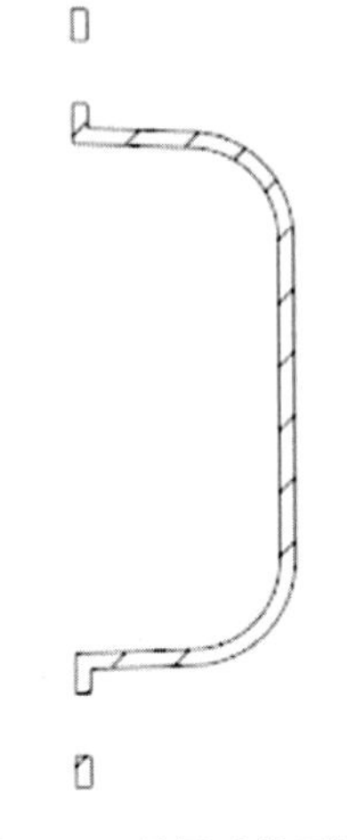

图18-83　只显示截面部分

18.7.17　创建半剖视图

Step 01 双击剖截面A-A，在“绘图视图”的“类别”列表框中选择“截面”，选择“◉ 2D横截面”选项，将“模型边可见性”选为“◉ 总计”，将“剖切区域”选为“半倍”，如图18-84所示。

Step 02 在快捷菜单中按下“平面显示”按钮，显示所有基准平面。

Step 03 选择RIGHT基准平面，单击“绘图视图”的“确定”，创建的半倍剖视图，如图18-85所示。

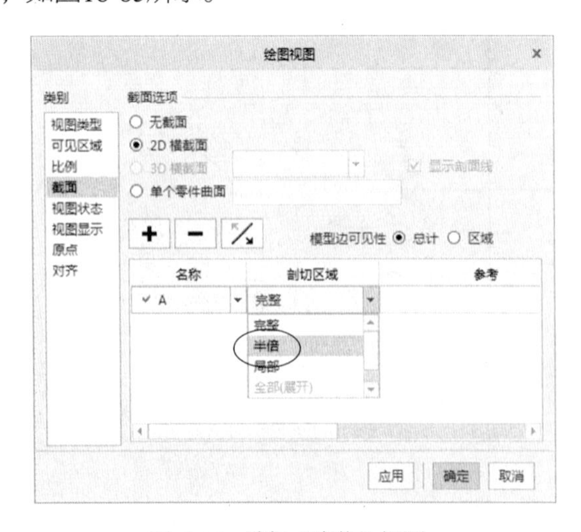

图18-84　选择“半倍”视图

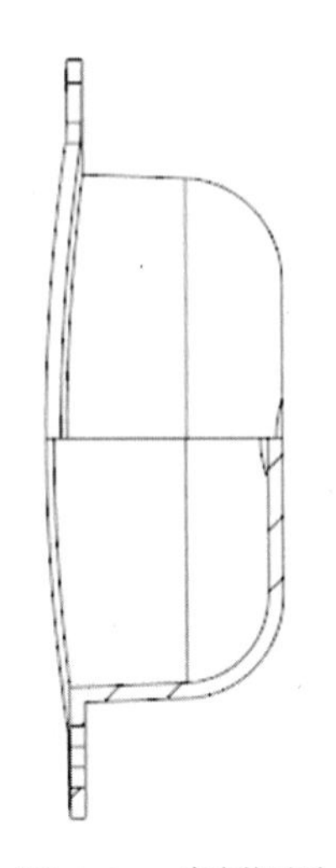

图18-85　半剖视图

18.7.18 创建局部剖视图

Step 01 双击俯视图，在“绘图视图”的“类别”列表框中选择“截面”，选择“◉ 2D横截面”选项，将“模型边可见性”选为“◉ 总计”。

Step 02 单击 ✚ 按钮，选择“新建……”选项，在“横截面创建”菜单管理器中选“平面 | 单一 | 完成”按钮，在活动窗口中输入截面名称“C”。

Step 03 选择TOP基准面为草绘平面，在【绘图视图】对话框的“剖切区域”中选择“局部”命令，在俯视图的右侧选择A点，并在A点周围选择若干点，形成一条封闭曲线，如图18-86所示。

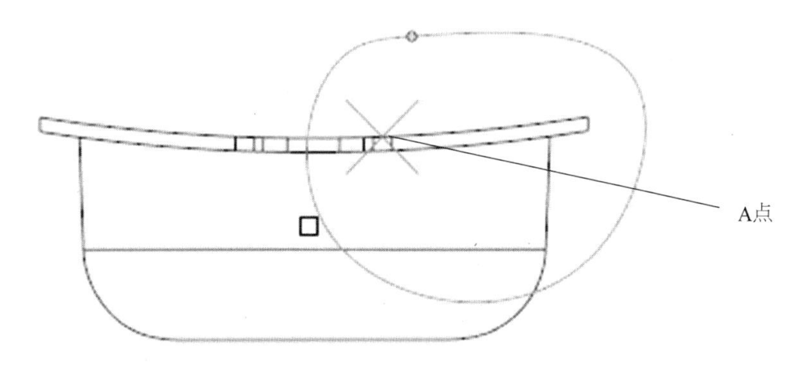

图18-86 形成一条封闭曲线

Step 04 单击“绘图视图”的“确定”，创建局部剖视图，如图18-87所示。

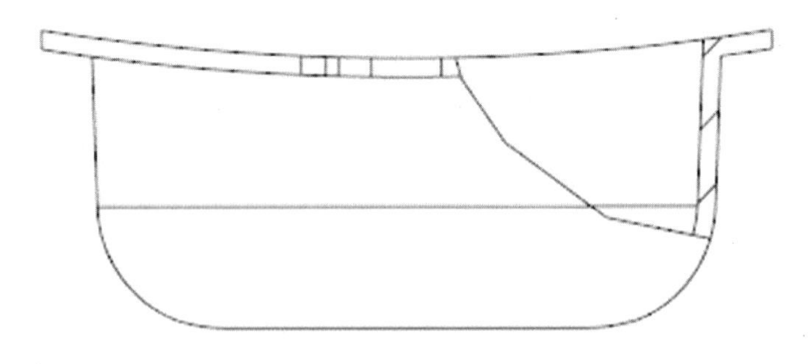

图18-87 创建局部剖视图

18.7.19 创建旋转剖视图

Step 01 在菜单栏上选择“旋转视图”按钮 旋转视图，选择主视图为父视图。

Step 02 在主视图的圆心附近选择任意一点，创建一个临时剖截面视图，如图18-88所示。

Step 03 在【绘图视图】对话框中选“新建……”，如图18-89所示。

Step 04 在右下角的“横截面创建”菜单管理器中选择“平面 | 单一 | 完成”按钮。

Step 05 在活动窗口中输入截面名称“E”。

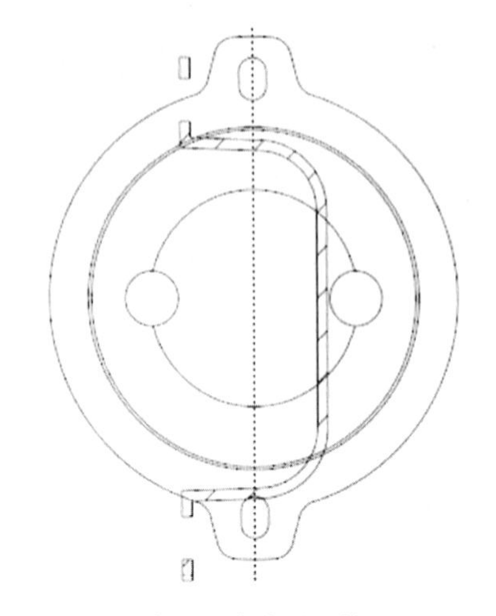

图18-88　创建一个临时剖截面视图

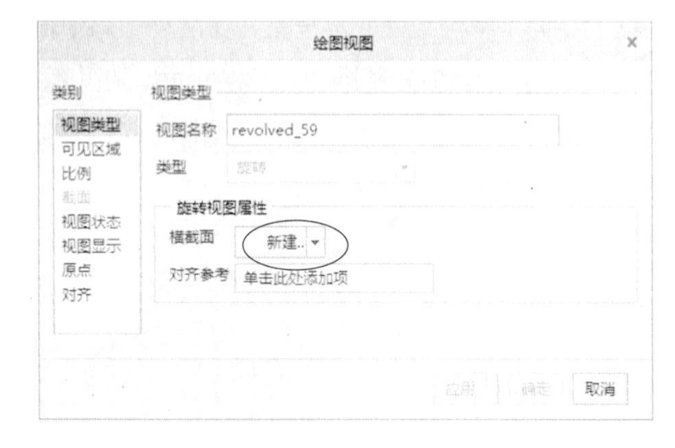

图18-89　选择“新建……”命令

Step 06 在模型树中选择TOP基准平面，创建一个新的旋转剖截面，单击“平面显示”按钮，使“平面显示”按钮呈弹起状态，隐藏基准平面后如图18-90所示。

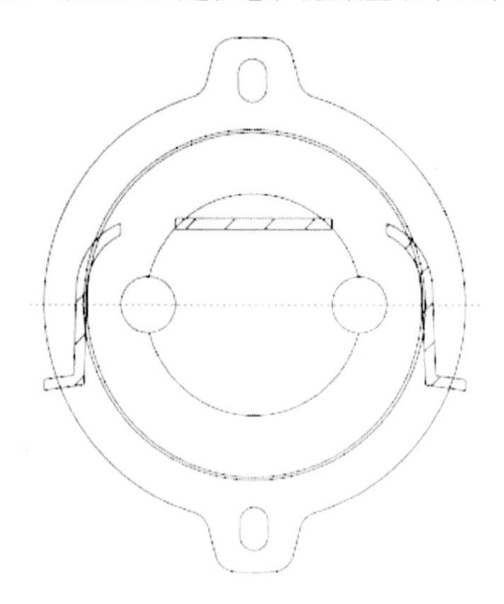

图18-90　创建旋转剖截面视图

18.7.20　显示隐藏线

Step 01 双击俯视图，在【绘图视图】对话框的“类别”下拉列表框中选择“视图显示”，将“显示样式”选为“隐藏线”，如图18-91所示。

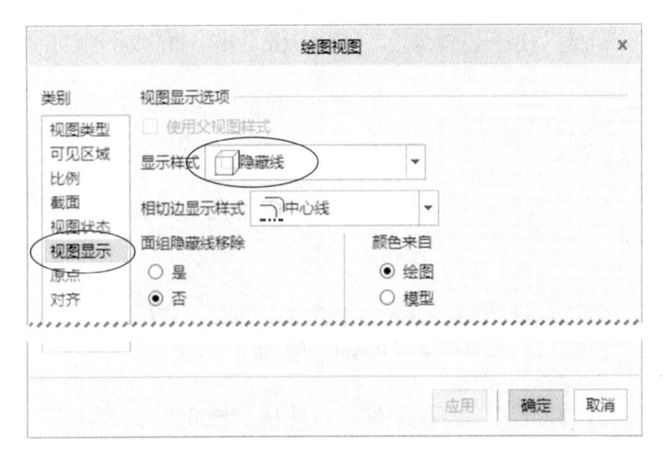

图18-91 选“隐藏线”

Step 02 单击“确定”按钮，在俯视图中显示隐藏线，如图18-92所示。

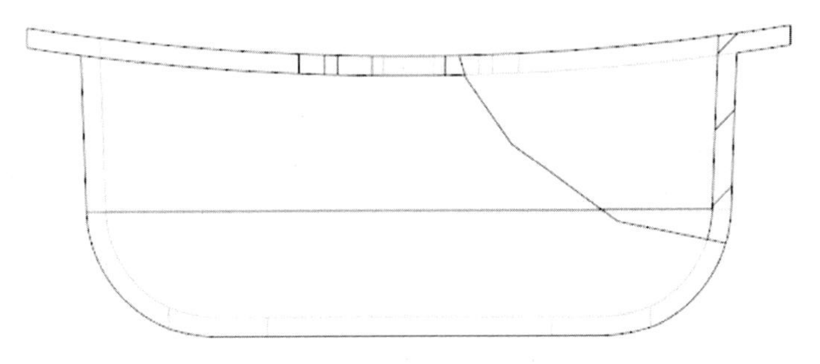

图18-92 显示隐藏线

18.7.21 修改剖面线

Step 01 双击左视图半剖视图的剖面线，在“修改剖面线”菜单管理器中选择“检索”命令，选择 custom_patterns.pat，单击“打开”按钮。

Step 02 在【剖面线图案】对话框中选“Plastic”，如图18-93所示。

剖面线图案

Glass
Insulation
Iron
Plastic
Stars
Steel

确定 取消

图18-93 选Plastic

Step 03 单击“确定”按钮 确定 ，“Plastic”的剖面线形状如图18-94所示。

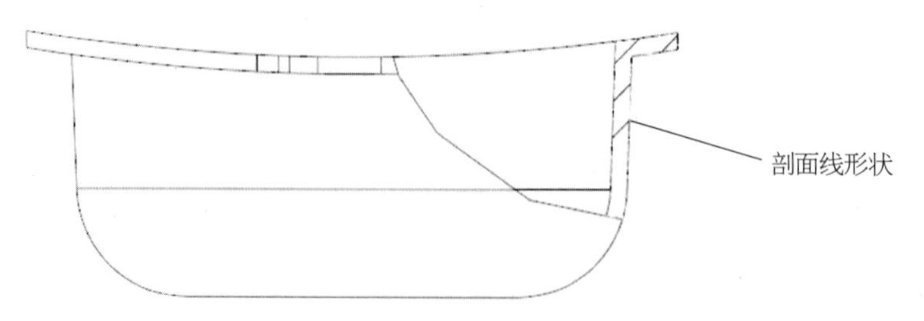

图18-94 “Plastic”的剖面线形状

Step 04 在“修改剖面线”菜单管理器中选择“比例”，再选择“半倍”，剖面线显示比例为原来的一半，如图18-95的剖面线所示。

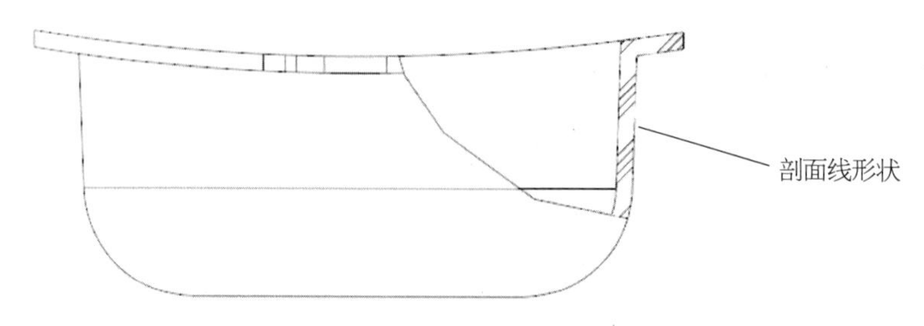

图18-95 更改剖面线的比例

18.7.22 创建中心线

Step 01 打开baowenhe.prt。

Step 02 单击“基准轴”按钮，按住<Ctrl>键，选择RIGHT与TOP基准平面。

Step 03 单击“确定”按钮 确定 ，通过RIGHT与TOP基准平面的交线创建一条基准轴。

Step 04 采用相同的方法，通过FRONT与TOP基准平面的交线创建基准轴，如图18-96所示。

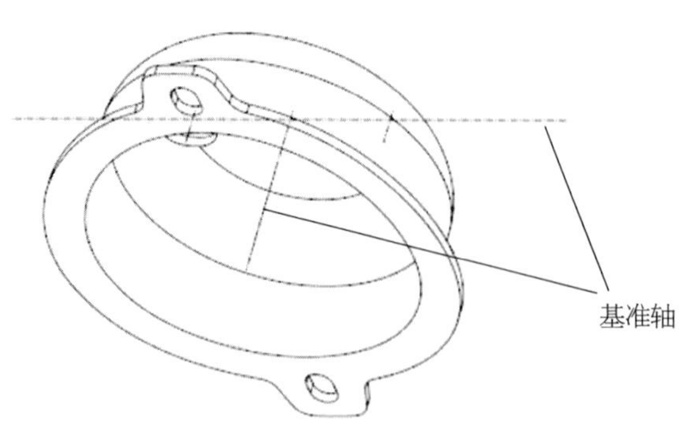

图18-96 创建基准轴

Step 05 在屏幕上方单击“窗口”按钮，选“DRW03.drw”，打开工程图。

Step 06 选择“注释”选项卡，先选择主视图，再单击“显示模型注释”按钮。

Step 07 在【显示模型注释】对话框中选择“显示模型基准”按钮，在【显示模型注释】对话框中选中基准轴，如图18-97所示。

Step 08 单击“确定”按钮 确定 ，在工程图上显示基准轴，如图18-98所示。

图18-97 【显示模型注释】对话框

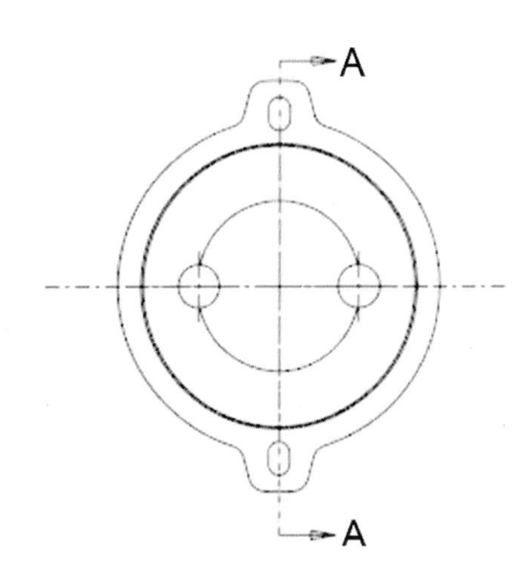

图18-98 显示中心轴

Step 09 双击圆弧的“十”字型中心线，拖动中心线的控制点，可以将中心线的长度延长或缩短。

18.7.23 尺寸标注

Step 01 单击“标注尺寸”按钮，选择第一个圆周的中心线，按住<Ctrl>键，再选第二个圆周的中心线，选择合适的位置，单击鼠标中键，即可创建标注，如图18-99中尺寸为30mm的标注所示。

Step 02 单击“标注尺寸”按钮，选择第一点，按住<Ctrl>键，再选第二点，选择合适的位置，单击鼠标中键，即可创建标注，如图18-99中尺寸为2mm的标注所示。

Step 03 半径尺寸标注：单击“标注尺寸”按钮，选中圆弧，选择合适的位置，单击鼠标中键，即可创建标注，如图18-99尺寸为R3mm的标注所示。

Step 04 直径尺寸标注：单击“标注尺寸”按钮⊢⊣，双击圆弧，选择合适的位置，单击鼠标中键，即可创建标注，如图18-99尺寸为φ60mm的标注所示。

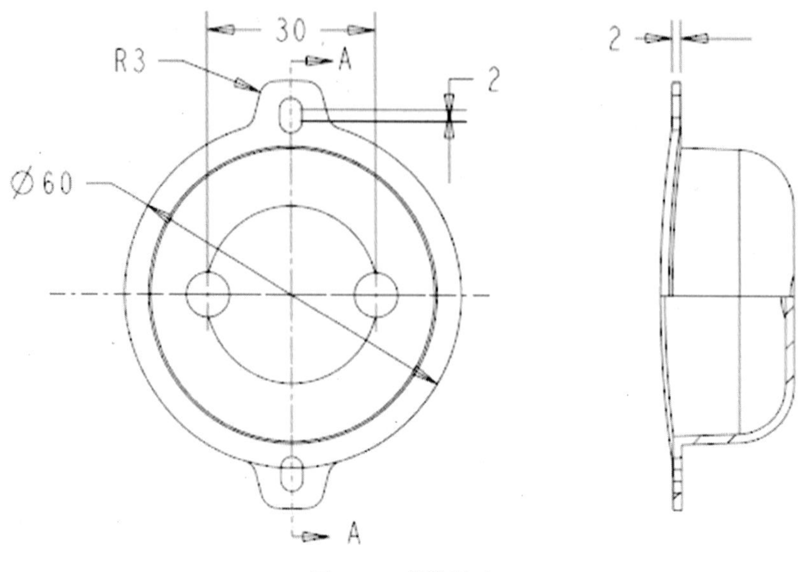

图18-99　标注尺寸

18.7.24　改变尺寸界线位置

Step 01 在主视图中选择数字为“2”的尺寸标注，在“弧连接”栏中选择“最大”，如图18-100所示。

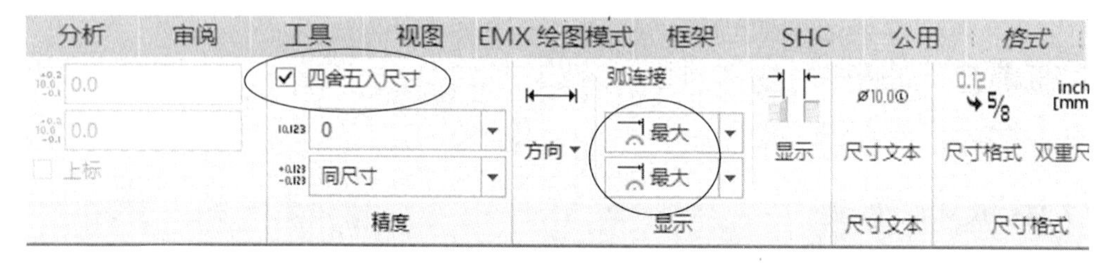

图18-100　在“弧连接”栏中选择“最大”

Step 02 尺寸数字由“2”变为“6”，如图18-101主视图所示。

18.7.25　四省五入标注尺寸

Step 01 先选中“布局”或“表”或“注释”或“草绘”选项卡，再选择左视图中数字为2的尺寸标注。

Step 02 取消“四省五入尺寸”复选框的选中状态，将尺寸数字“2”修改为“1.5”，如图18-101左视图所示。

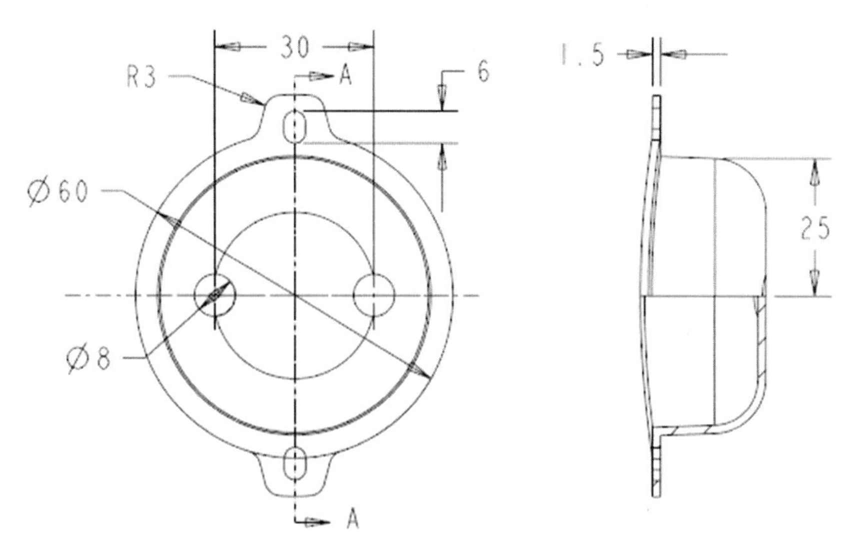

图18-101 更换尺寸界线

18.7.26 添加前缀

Step 01 选中数字为ϕ8mm的标注，在快捷菜单栏中选择“尺寸文本”按钮尺寸文本。

Step 02 在文本框中添加前缀符号“2×ϕ”，如图18-102所示。

Step 03 单击Enter键，“ϕ8”前面添加前缀，变为“2×ϕ8”，如图18-103所示。

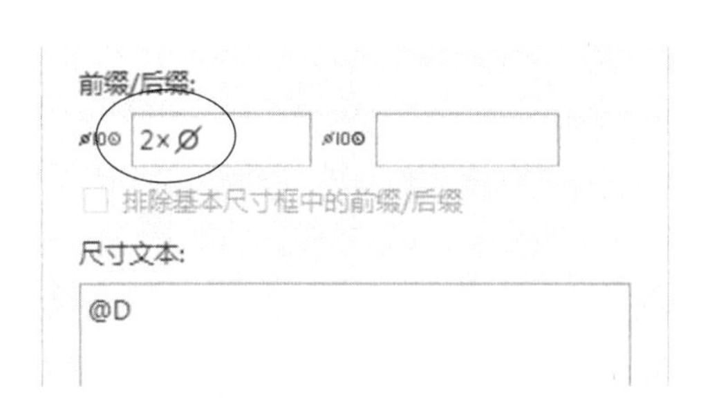

图18-102 添加前缀符号“2×ϕ”

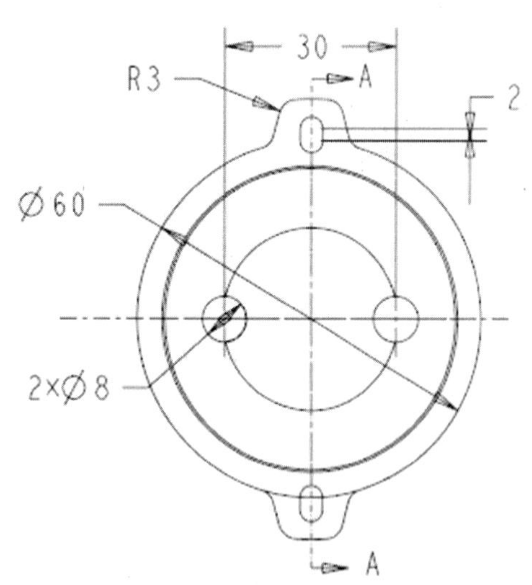

图18-103 添加前缀

18.7.27 更改标注方向

Step 01 在图18-101左视图中，选择数字为“25”的尺寸标注，在快捷栏中选择“方向”，再选“水平”，如图18-104所示。

Step 02 由竖直尺寸改为水平尺寸标注，如图18-105所示。

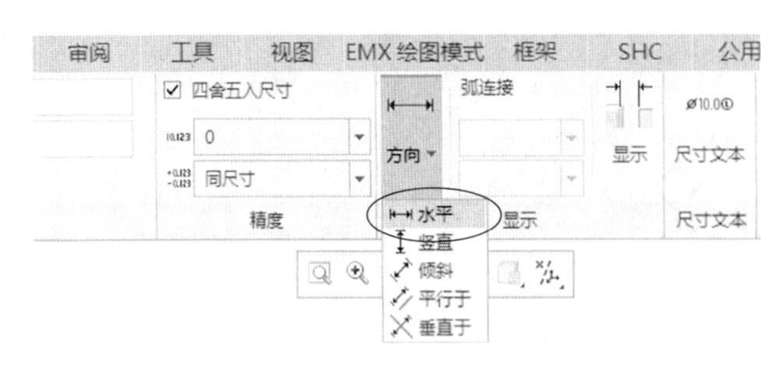

图18-104 选择“方向”，再选择“水平”

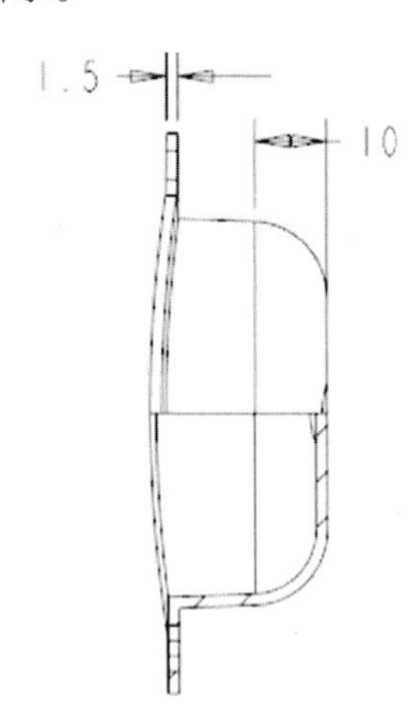

图18-105 竖直尺寸改为水平尺寸标注

18.7.28 带引线注释

Step 01 选择“注释”选项卡，再选择“注解 | 引线注解”命令，如图18-106所示。

Step 02 先选择第一个圆心，按住Ctrl键，再选择其它位置为箭头指向的位置。

Step 03 单击鼠标中键，选择文本放置的位置，并输入“装配位置”，如图18-107所示。

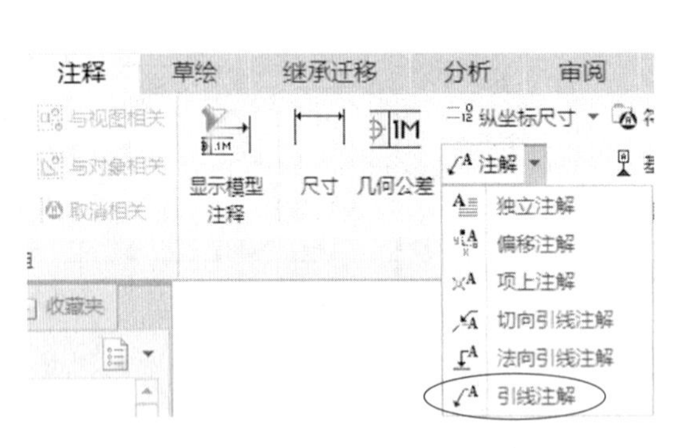

图18-106 选“引线注解”命令

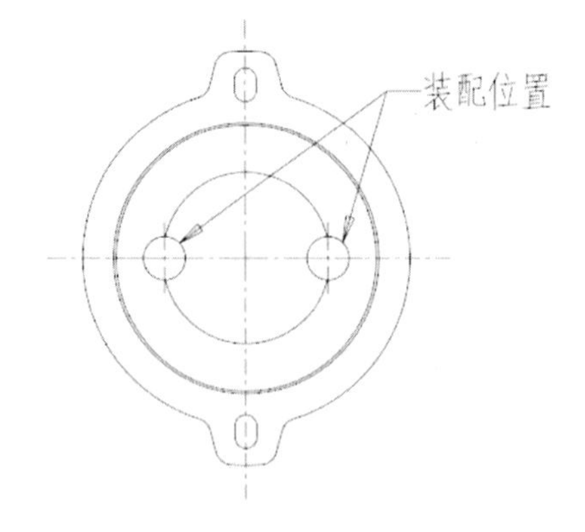

图18-107 带引线注释

Step 04 双击“装配位置”，可以改变文本的字体和高度，如图18-108所示。

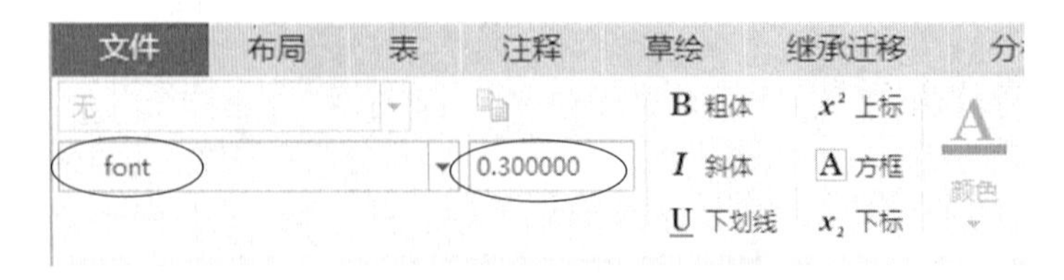

图18-108 改变文本的字体和高度

18.7.29 标注纵坐标尺寸

Step 01 对于方形的材料，标注纵坐标尺寸，就非常实用，为了方便讲解该命令，请先创建一个400mm × 300mm的方形实体，并按图18-96创建中心线。

Step 02 创建一个工程图文件，并按图18-97在工程图中显示中心线，如图18-109所示。

Step 03 单击“纵坐标尺寸”命令，如图18-110所示。

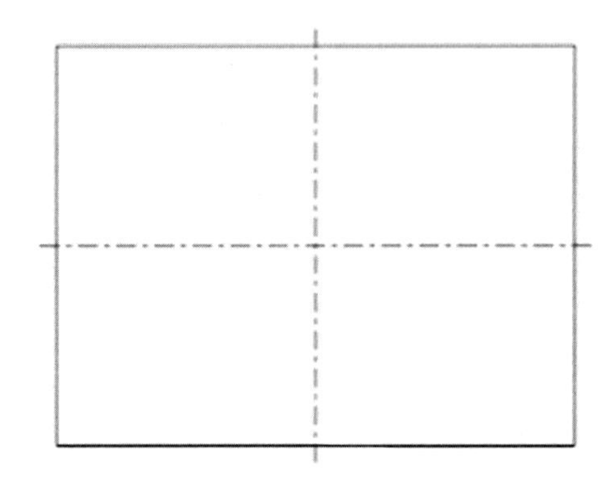

图18-109 在工程图中显示中心线

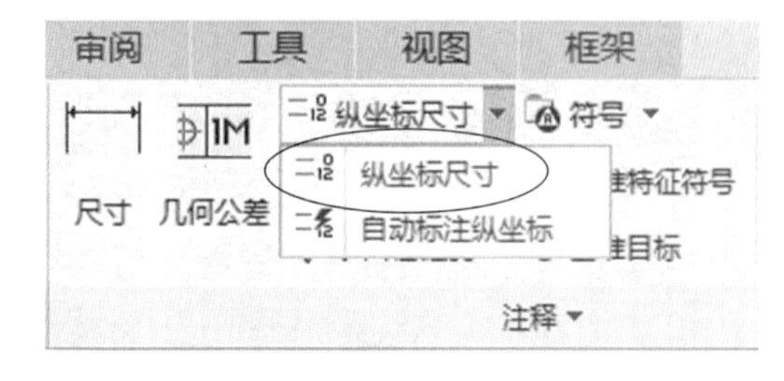

图18-110 选“纵坐标尺寸”命令

Step 04 先选择直线AB为起点，再按住Ctrl键，选择直线CD、水平中心线。

Step 05 单击鼠标中键，放置纵坐标，如图18-111所示。

Step 06 采用相同的方法，以AD为起点，竖直中心线、BC为终点，创建纵坐标，如图18-111所示。

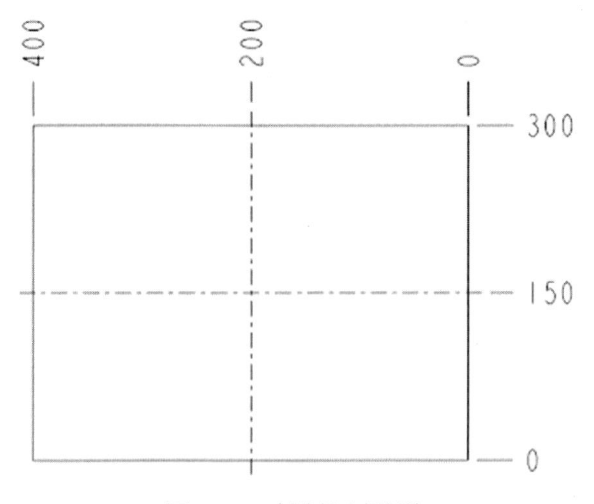

图18-111 创建纵坐标标注

参考文献

[1] 詹建新 . Creo4.0 造型设计实例精讲 [M]，北京：电子工业出版社，2017.

[2] 王咏梅 . Pro/EMGINEER Wildfire 4.0 中文版基础教程 [M]. 北京：清华大学出版社，2008.

[3] 钟日铭 . Pro/EMGINEER 野火版 4.0 三维设计 [M]. 北京：机械工业出版社，2009.